华东交通大学教材（专著）基金资助项目
国家自然科学基金（61961018）项目资助
江西省杰出青年人才计划项目（20192BCB23013）资助
江西省自然基金（20192ACB21003）项目资助

轨道交通车地间毫米波通信技术

丁青锋 邓玉前 连义翀 王丽姚 著

西南交通大学出版社
·成 都·

图书在版编目（CIP）数据

轨道交通车地间毫米波通信技术 / 丁青锋等著. —
成都：西南交通大学出版社，2020.9
ISBN 978-7-5643-7611-6

Ⅰ. ①轨… Ⅱ. ①丁… Ⅲ. ①轨道交通－极高频－通
信技术 Ⅳ. ①TN928

中国版本图书馆 CIP 数据核字（2020）第 168084 号

Guidao Jiaotong Chedijian Haomibo Tongxin Jishu

轨道交通车地间毫米波通信技术

丁青锋　邓玉前　连义翀　王丽姚　著

责任编辑	梁志敏
封面设计	吴　兵
出版发行	西南交通大学出版社 （四川省成都市金牛区二环路北一段 111 号 西南交通大学创新大厦 21 楼）
发行部电话	028-87600564　028-87600533
邮政编码	610031
网　　址	http://www.xnjdcbs.com
印　　刷	成都蜀通印务有限责任公司
成品尺寸	170 mm × 230 mm
印　　张	13.25
字　　数	210 千
版　　次	2020 年 9 月第 1 版
印　　次	2020 年 9 月第 1 次
书　　号	ISBN 978-7-5643-7611-6
定　　价	88.00 元

目 录

第1章　绪　论

1.1　研究背景及意义

铁路作为人们出行的主要交通方式之一，具有便捷高效、速度快、运载量大等特点。而高速铁路凭借其安全、准点、快捷、受气候条件影响小和环境舒适的独有优势，使得高铁客运量在铁路客运总量中所占的比重逐年增长。在高铁为国家建设和人们出行发挥了巨大作用的背景下，高速行驶场景下的无线通信面临着巨大难题。铁路无线通信网络不仅要为高速场景下列车控制系统提供安全可靠的通信环境，同时还要满足乘客使用的视频、实时语音和在线游戏娱乐等要求高信息传输速率和低网络时延业务的需求。伴随智能手机的广泛使用，人们对网络的需求持续扩大。在高铁场景下，如何为快速移动的用户终端提供更高的传输速率、更稳定的通信服务，以及如何降低系统能耗，越来越受到人们的关注。

1.1.1　轨道交通无线通信演进过程

随着高铁的迅速发展，铁路通信技术逐渐以“数字化”“无线移动化”“宽带综合业务”为其发展目标。因此，将宽带无线网络（Broadband Wireless Network，BWN）应用于高速铁路会是发展的热点：一方面，高铁的列车控制系统需要BWN来保证列车运行信息（如视频监控信息等）的安全传输；另一方面，为高铁上的用户提供丰富的多媒体业务（如视频电话、在线游戏、视频会议等）也是一个热切的发展需求。随着智能手机和平板计算机等终端设备的普及，高铁旅客对列车车厢内无线宽带接入服务的需求也愈发迫切。

高铁移动通信的上述需求意味着高铁移动通信系统必须成为可以提供大容量、高可靠、高安全性语音、视频等数据传输的综合承载平台。如图1.1所示，现有的铁路通信系统GSM-R（Global System for Mobile

Communications for Railway）体系[1]主要基于第二代全球移动通信系统GSM（Global System for Mobile Communications），仅能提供语音业务和低速率业务，不能满足未来铁路通信发展需求，无论是对铁路的覆盖范围还是覆盖质量也均无法满足列车上用户的需求。而基于第四代通信系统——长期演进（Long Term Evolution，LTE）系统具有高速率、低延时、分组传输等特点，因此，将是最有希望应用于未来铁路通信的系统之一。多输入多输出（Multiple Input Multiple Output，MIMO）技术，作为LTE的关键技术之一，其在发送端和接收端都使用多个天线，并结合有效的无线传输技术和信号处理技术，从而高效利用无线信道的多径条件而建立并行传输通道，实现在发射功率和宽带都不增加的情况下数据传输速率和通信质量都加倍提高的目标。此外，下一代铁路通信 LTE-R 网络以及基于 5G 的铁路通信网络，在提升网络频谱效率、能量效率，增加网络密集程度，减少系统传输延迟，增强用户体验等方面均做出了很大的改进，并且都将对移动性的支持放到了很高的程度。LTE/LTE-R 网络可以支持 350 km/h 的移动性，而未来的 5G 网络将对移动性的支持提升到高达 500 km/h[2]，这对基于蜂窝网络构建的高铁移动通信系统而言是非常有利的。

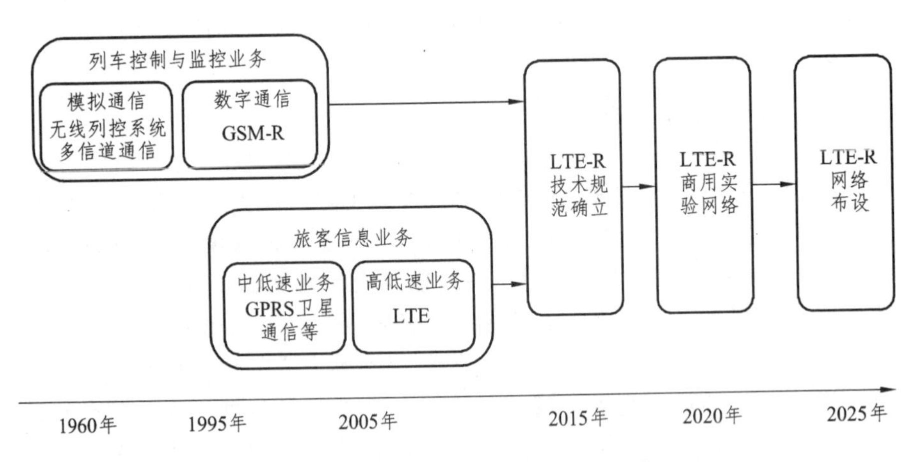

图 1.1　轨道交通无线通信系统演进

为了满足高移动性下铁路及旅客不断增长的无线需求，并最终形成统一的语音、数据承载平台，必须研究与之对应的高铁移动宽带接入技术。但在高移动性下，无线信道经历快时变衰落，接收端信号存在明显的多普勒频移与扩展，强视距特性使多天线技术的优势很难发挥[3]。而且随着列车的运行速度增长而不断降低的系统性能也制约着高铁移动通信系统提供稳定连续的数据速率，对网络可靠性保障提出了挑战。铁路高数据速率和旅客的无线宽带接入服务需求需要高铁移动通信系统实现成倍的数据速率提升，但现有的蜂窝网络所使用的微波频段已逐步耗尽，且逐渐达到频谱效率理论极限[4]，这需要从其他角度进行考虑，以提供更高的数据速率传输。

因此，有必要对高移动性环境下如何通过利用不断出现的新型多天线、毫米波、波束成形及越区切换等技术来实现铁路及旅客大容量、可靠性、安全性传输问题进行深入的研究和探讨。

1.1.2 轨道交通毫米波通信

在高速铁路无线通信系统中，除了无线接入速率有待提高，轨旁基站的能耗也不可忽视。高速铁路无线通信系统中，各基站小区呈链状排布在铁路沿线。以西环铁路为例，线路总长为 345 km，轨旁基站建有 307 个铁塔站，通信基站的电力容量为 919.8 kW[5]。由于线路长，所需通信基站众多，其基站能耗巨大。在链路通信过程中，铁轨旁的基站全天候地向周围列车发送全向的波束，使行驶到该波束范围内的列车与基站建立通信连接。然而，当铁轨旁的基站在空间中发射无线信号向周围全方向辐射时，只有很小一部分信号被通过的列车收到成为有用信号[6]，而空间中的大部分信号并没有被相应的列车接收到。因此，系统的利用率低下，并且浪费了大量发射能量，造成基站不必要的电力浪费。

5G 移动通信无论是在频谱效率和能量效率方面都有较大提升。2019 年 6 月 6 日，工业和信息化部发放 5G 商用牌照，标志我国正式进入 5G 时代。同时，考虑到 5G 的铁路应用场景，高速铁路的无线通信也将会发生翻天覆地的变化[7]。由表 1.1 可以看出，5G 的时延特性、移动性、能效等指标非常适合高速铁路的应用[8]。由于毫米波拥有大量可用的频谱资源，故其已经成为 5G 关键技术之一。毫米波波长较短，能够在很小的设备上安装大规模天线阵列，而使用波束成形技术能够很好地弥补毫米波在传播过程中面临巨大的路径损耗的不足，使得毫米波在 5G 移动通信的应用成为可能[9]。同时，由于铁路控制中心对列车位置已知，可以使用波束成形技术对高速列车进行定向波束覆盖，来降低基站发射信号所需的功耗[6]。

表 1.1　5G 关键性能指标（与 4G 对比）

指标名称	流量密度	连接密度	时延	移动性	能效	用户体验速率	频谱效率	峰值速率
4G	0.1(Mb/s)m^2	1×10^5/km^2	10	350 km/h	1 倍	10 Mb/s	1 倍	1 Gb/s
5G	10(Mb/s)m^2	1×10^6/km^2	1	500 km/h	100 倍	100 Mb/s	10 倍	20 Gb/s

因此，考虑到现有高速铁路通信接入速率的有限性和基站高能耗等问题，以 5G 技术发展为契机，对高速铁路通信系统中的频谱效率和能量效率进行研究，利用毫米波及波束成形技术提出高铁场景的解决方案，可以为满足高铁无线通信不断增长的业务需求提供理论和技术支撑。

1.1.3　轨道交通列车通信越区切换

由于人们对网络要求日渐严格，未来无线通信网络不仅要具有低延时、高移动性、高传输速率的特点，同时还需要满足节能环保、稳定等多种要求[10-12]，针对这些要求 3GPP（第三代合作伙伴计划）组织提出了 LTE 网络。LTE 系统网络架构呈扁平化，满足低通信延时的要求。而高铁通信场景具有沿线地形复杂、用户群体移动速度快等特点，公共通信网络显然不适用于这样的场景。为了适用高铁通信场景的特殊性，国际铁路联盟以公共通信网络为基础进行改进，提出了 LTE-R 系统。LTE-R 系统的基站分布在铁路沿线，各基站小区呈链状排布在铁路沿线。在无线通信网络中，基站的覆盖范围是有限的，这使得列车在行驶过程中，不断穿越不同基站信号覆盖区域，如图 1.2 所示。为了保障良好的通信质量，移动终端需要不停地断开与当前服务基站的通信连接，然后与下一个基站建立连接，这种提供通信服务的基站发生改变的过程称为越区切换[13,14]，简称切换。

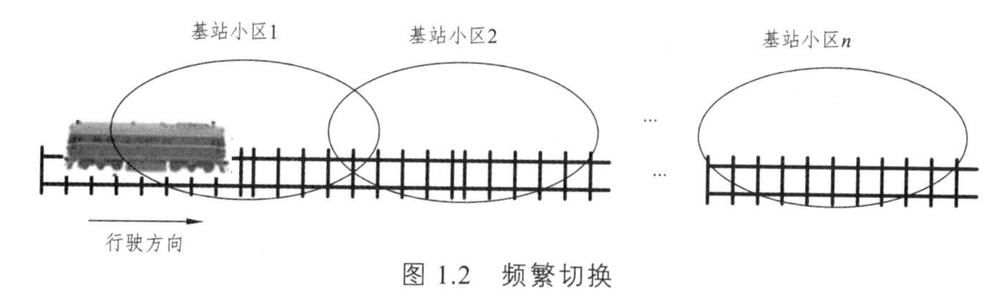

图 1.2　频繁切换

当列车速度不断加快时，列车穿越基站小区用时更短，切换的发生就更加频繁。通信链路从一个基站转移至另一个基站需要一定时间，而高铁场景下列车穿越小区的时间缩短，为了保持与基站的通信链路，就要求在更短的时间内完成切换操作[15]。切换作为高速场景无线通信系统的重要环节，其目的是使移动终端设备与能提供良好的通信质量的基站建立连接[16]，因此耗时短、成功率高的切换算法对提高用户通信质量有很大的帮助。

移动终端低速移动时，传统切换算法可以满足用户的通信需求，而高铁场景相对于低速运动场景面临更多的挑战，对切换算法也有了更高的要求。一方面，列车运行速度越快，多普勒效应对信号影响越大，同时由于信道快时变特性[17]，移动终端可能在相邻基站之间进行多次切换操作，这不仅会导致出现切换失败概率高、频谱利用率低等问题[18]，而且会导致通信中断增多。另一方面，随着智能手机的普及，用户对通信需求越来越高，传统切换算法存在切换成功率低、乒乓切换率高和通信中断率高等不足，无法满足用户高峰值率、宽频带和低延时的通信需求。此外，我国铁路沿线经历山区、丘陵、高原、平原、隧道和高架桥等复杂地形，导致高速铁路网络建设面临覆盖难度大的问题[19-21]，也对高铁场景下切换算法提出了更高的要求。

因此，研究在高速移动、通信环境恶劣、地形复杂的通信环境中具有优越性能的切换算法，成为高速铁路无线通信网络需要解决的重要问题。

1.2　相关技术研究现状

1.2.1　轨道交通毫米波技术研究现状

为了提升高速铁路无线通信系统的接入速率和容量，除了利用大规模 MIMO 技术的增益优势之外，另一个简单、直接的方式就是在无线通信系统中拓展频谱资源，使用更高频段的毫米波。随着 5G 移动通信的到来，毫米波逐渐进入研究者的视野。

1. 毫米波技术及其特点

毫米波由于可以提供更为广阔的频谱资源与更大数量级的带宽，且可实现无线通信的速率大幅度提升，使得毫米波无线通信成为当今的研究热点[22-24]。早期毫米波无线通信技术的应用主要集中于卫星和雷达军用系统上[25]。在民用频谱资源越来越紧缺的情况下，毫米波段拥有巨大的频谱资源，所以使用毫米波频段成为大规模 MIMO 通信系统的首要选择之一[26]。

毫米波是指频率范围为 30 ~ 300 GHz 的电磁波[27]。毫米波的带宽可达 270 GHz，超过从直流到微波全部带宽的 10 倍，拥有极宽的带宽。用于发射毫米波的设备所需的天线尺寸很小，易于在较小的空间内集成大规模天线阵[28]。在相同天线尺寸下，毫米波的波束要窄于微波的波束，且与激光相比，毫米波的传播受气候的影响要小得多，可以认为具有全天候特性，且由于其频段高、干扰较少，所以传播稳定可靠[29]。然而，由于毫米波频率较高、波长较短，以及传播环境的吸收和散射，无线信号通过大气传播时会产生信号衰减损耗，且易受天气、温度、湿度等环境因素的影响[30]。同时，由于波长较短，使得毫米波在传输过程中的传播距离较短。

为了能够更好地将毫米波应用于室外的无线通信，可以利用大规模 MIMO 技术和波束成形技术来改进毫米波通信系统的缺点。毫米波大规模 MIMO 系统在使用波束成形技术进行无线通信时，拥有较大的带宽、较高的传输速率以及较大的频谱效率等优点。

2. 高铁场景下毫米波技术关键问题及研究现状

在现代无线通信系统中，由于毫米波频段带宽较大，拥有较高的频谱资源，且大部分频段都未实际应用，使得在高频频段的开发利用毫米波对当今无线通信性能的提升具有重要意义[31]。然而，从毫米波的实际应用场景考虑，其主要的瓶颈在于如何克服信号损耗、阴影衰落、硬件设备功率消耗等问题[32]。为了克服毫米波无线通信过程中的路径损耗问题，一种较为有效的方法是将大规模 MIMO 技术与波束成形技术结合[33]，利用大规模天线阵列产生高增益的定向波束来提高无线通信的性能，用波束成形所带来的巨大增益抵消其在传输过程中的损耗。在毫米波无线通信系统中，为了进一步地降低硬件成本和系统的复杂度，采用混合波束成形结构可以达到良好的性能[32-34]。

为了提高铁路无线通信的系统容量和传输速率，使用毫米波进行高速铁路的无线通信已经成为研究的趋势，其与大规模 MIMO 技术和波束成形技术的结合也有一定的研究成果[35-37]。在高铁场景下，列车车身可视为配置移动中继基站，毫米波无线通信的研究可以根据车身中继基站的通信对象分为两种链路结构：第一跳链路结构为轨旁基站与车载天线阵列的通信，第二跳链路结构为车载接入点天线与列车内用户之间的通信[38]。

当今对毫米波通信的研究，根据两种链路结构可以分为两种类型。一种是在第一跳链路和第二跳链路分别使用微波频段、毫米波频段，利用多个频段进行系统的组网，对高速铁路无线通信进行组网[39]。然而，该类型的通信方案在第一跳链路只使用了微波进行车载通信，使得整个高速无线通信的性能被大大降低，限制了整个通信系统的通信容量。第二种类型是将毫米波用于第一跳链路结构中，且利用波束成形技术来提高系统增益[40,41]。在高铁环境下，通过研究毫米波信道的时间和空间特性，可以针对高铁环境的角域信道跟踪和混合波束成形，在到达角时间内跟踪空间波束增益，使得空间波束增益可以进一步得到提升[40]。此外，利用毫米波频段可以进行混合空间调制波束成形，其方法为在数字领域利用空间调制技术激活天线阵列，在模拟领域选择最佳波束，该方案几乎可以实现传统 MIMO 难以实现的多天线增益[41]。在高铁环境下，较为突出的毫米波传输的相关技术以及方案如表 1.2 所示。

表 1.2　毫米波传输相关技术与方案

克服毫米波缺陷的相关技术	高速铁路毫米波通信方案	链路特征	相关文献
大规模 MIMO 技术 波束成形技术	多频段组网	第一跳、第二跳	[39]
	角域信道跟踪/混合空间调制	第一跳	[40]、[41]
	多流波束成形与波束选择	第一跳	[42]
	基于到达角的混合波束成形	第一跳	[43]
	长期发射机与短期接收机波束成形	第一跳	[44]

本书主要基于第二种思路展开，即第一跳链路中使用毫米波频段进行数据传输。如何将毫米波与波束成形技术互补结合，仍是目前研究的热点。

1.2.2 高铁场景下波束成形技术研究现状

用于定向传输信号的波束成形技术可有效结合毫米波与大规模 MIMO 技术，用来提高高速铁路无线通信系统的频谱效率和能量效率。波束成形利用大规模天线阵列对多天线阵元接收到的各路信号进行加权合成，并对预编码进行设计，形成所需的理想信号[45]。在通信线路中，波束成形具有较高的增益特性，其原因在于可以调整发射端天线阵列的载波相位来实现接收端的信号相干结合。同样，在高速铁路通信系统中，考虑到列车位置已知，可在第一跳链路中利用轨旁基站定向发射波束至列车端，以此来提高高铁环境下的频谱增益。

1. 波束成形技术及其特点

波束成形技术可以对大规模 MIMO 系统中天线阵列的方向图进行控制，可将能量集中在列车方向，如图 1.3 所示。在第一跳链路中利用波束成形技术能够较好地服务于高铁场景下的无线通信，提高系统的频谱效率和传输速率。

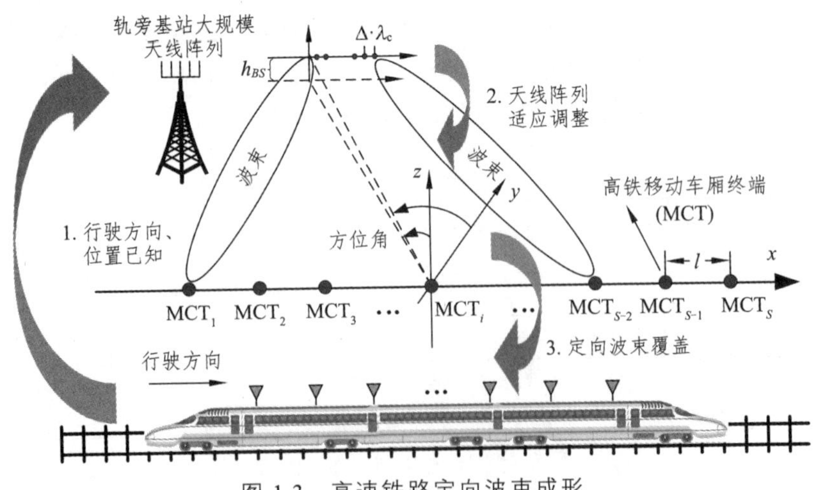

图 1.3　高速铁路定向波束成形

在高速列车波束成形技术中，高铁移动车厢终端配置有天线阵列。考虑轨旁基站对机车位置是可知且可预测的，利用波束成形技术，设计合理的预编码权重因子，不断调整天线阵列的天线阵元的相位角，可以根据列车位置在一个方向上生成高指向性波束，用于定向覆盖机车[46]。而这些波束成形权重因子需要进行联合优化[47,48]。一般来说列车会车次数并不高，车厢的个数有限，因而可以利用波束成形技术将毫米波能量集中于高速列车。该高指向性波束由于具有较高的能量辐射，可以有效地消除对同频小区的车载台造成的不必要干扰，并提升系统的能量效率。

2. 高铁场景波束成形技术关键问题及研究现状

高铁场景下的波束成形技术的应用，可以克服毫米波的路径损耗较大的缺点，在结合大规模 MIMO 技术获得阵列增益后，对系统传输信号的预编码进行设计，可以有效地提高系统的传输性能。从信号传输角度来讲，波束成形技术通常使用预编码技术来实现。传统的波束成形预编码方案有数字预编码和模拟预编码，两者结构如图 1.4 所示。

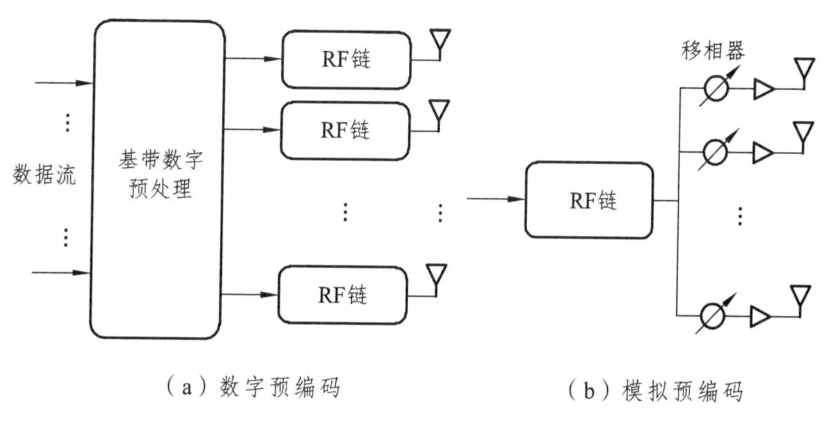

图 1.4 传统波束成形技术中两种预编码结构

已有较多文献关注于预编码技术在高铁场景中的研究[46,49,50]。该技术主要包括数字预编码、模拟预编码、混合预编码三种。如图 1.4（a）在数字预编码中，每一个 RF 链都需要对应的天线与之链接，该结构不仅可以改变发射信号的幅度，同时也能根据需要改变发射信号的相角，具有较好的灵活性。但当该结构应用于大规模天线阵列时，其硬件成本及系统复杂度大大增加，不利于实际的应用[50]。模拟预编码只需要应用单个 RF 链，如图 1.4（b）所示，与之对应的是使用大量的移相器来对发射信号的相位进行调整，进而形成定向波束。该结构与数字预编码相比使用的 RF 链大大减少，具有良好的经济性，然而其只能改变信号的相位，灵活性较差[46]。

与两者相比较为折中的方案为使用混合波束成形，即结合使用 RF 链和移相器，利用混合预编码技术在系统性能与灵活性之间实现了折中[45]，其结构如图 1.5 所示，可分为全连接结构和部分连接结构。该结构在设计最优的混合预编码后，可达到近乎与数字波束成形相近的性能，同时又可以降低系统的硬件成本和复杂度[51]。

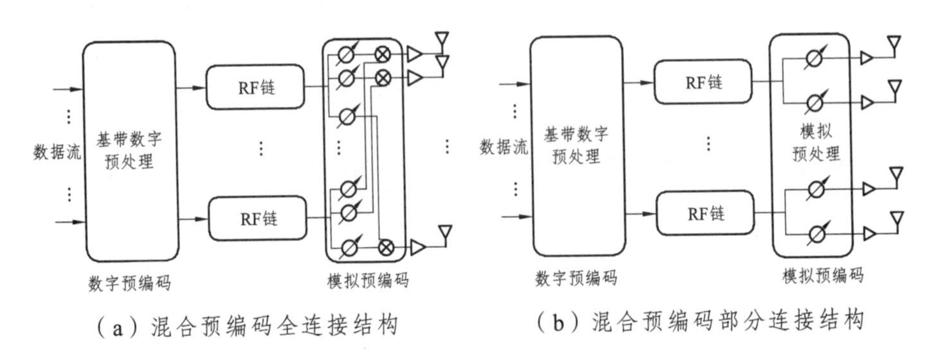

（a）混合预编码全连接结构　　（b）混合预编码部分连接结构

图 1.5　混合波束成形系统中两种混合预编码结构

对于应用于不同场景的混合预编码方案，目前具有代表性的混合预编码方案如表 1.3 所示。在混合预编码结构中，需要进行最优化的混合预编码矩阵的设计，以期达到最优的系统频谱效率。在毫米波大规模 MIMO 系统中的混合预编码矩阵设计时，需要联合优化数字预编码矩阵和模拟预编码矩阵[60]。模拟预编码受幅值的限制，其相位角可调。而混合预编码矩阵受发射功率的限制，其联合优化问题的求解限制条件表现出非凸特性，这增加了混合预编码设计的难度与复杂度[61,62]。针对求解最佳混合预编码时遇到的非凸约束条件和 CSI 的特点，在全连接混合预编码结构中，分别应用于单用户和多用户的空间稀疏政教匹配追踪[52]和无监督聚类学习[54]等技术方案被提出；同时，在部分连接混合预编码结构中，分别应用于单用户和多用户的连续干扰消除[56]和等增益传输与破零波束成形[58]等技术方案也被提出。这些方案都在一定程度上提升了系统性能。

表 1.3　现有部分代表性混合波束成形方案总结

系统架构	场景	技术方案	信道估计	文献
全连接混合预编码结构	单用户	空间稀疏正交匹配追踪	完美 CSI	[52]
	单用户	分层多分辨率码本设计	自适应 CSI	[53]
	多用户	无监督聚类学习	完美 CSI	[54]
	多用户	阵列响应矢量选择	完美 CSI	[55]
部分连接混合预编码结构	单用户	连续干扰消除	完美/非完美 CSI	[56]
	单用户	干扰对齐和分式规划	完美 CSI	[57]
	多用户	等增益传输与 ZF 算法	完美 CSI	[58]
	多用户	双极化面阵天线	发射端 CSI	[59]

注：CSI 为信道状态信息。

在上述关于混合预编码技术方案的文献中，无论是利用分层多分辨率码本设计思路为目的的混合预编码技术，还是基于等增益传输与迫零（Zero Force，ZF）算法的多用户场景下的混合预编码方案，大多数都未进行系统能量效率的分析和优化，如何利用这种情况下的预编码技术来提升系统的传输性能并降低系统的能耗也是高铁场景下需要解决的问题。

1.2.3　非理想硬件损耗的研究现状

目前，对于铁路环境下的大规模 MIMO 系统的研究几乎都是建立在发射机和接收机为理想硬件的基础上进行的，这在实践中是不现实的。实际大规模 MIMO 系统性能容易受收发器硬件损耗的影响，如相位噪声、同相/正交相位不平衡、放大器非线性及量化误差等。尽管可以通过两侧校准方法和补偿方案来减轻硬件损耗带来的影响，但由于估计误差、不正确的校准方法和不同类型的噪声，依然存在残余硬件损耗。因此，如何降低大规模 MIMO 硬件损耗成为一个亟待解决的问题。

非线性射频模块带来的硬件损耗在一定程度上抑制了大规模 MIMO 下行系统的频谱效率和能量效率性能[63]。从信道估计角度出发，硬件损耗下的毫米波大规模 MIMO 系统可以利用贝叶斯算法将收发损伤的信道估计重新构造为稀疏恢复问题，进而提高信道估计算法的性能[64]。从信号优化角度出发，可以利用不正确的高斯信号准确地为通信系统的总硬件损耗的影响建模，并将自适应方案用于某些特殊条件下最大高斯信号和一般高斯信号间的切换，从而以最少的计算/优化开销来提高系统性　能[65]。从安全通信角度出发，对于 Cell-Free 中大规模 MIMO 系统硬件损耗对物理层安全的影响，能够使用连续逼近和路径跟踪算法，进而获得最佳功率分配方案，从而使可达到的保密率最大化[66]。对于硬件损耗下无线传输驱动的大规模 MIMO 系统，可以通过分数编程结合时间和功率分配从而达到最大化系统能效[67]。同时，具有射频损伤的稀疏量化大规模 MIMO 系统信道估计和上行链路可达速率，存在 ADC（模拟数字转化器）精度和射频链损伤之间的可观补偿[68]。

因此，对于硬件资源与通信性能的研究都需要以绿色通信和节能减排为最终目标，并致力于设计各种高效的新技术（如预编码、信道估计等）或者进行资源优化（如功率分配、天线选择等）[69]，以此为铁路环境下的大规模 MIMO 系统的优化提供理论依据。

1.2.4　轨道交通列车通信越区切换算法研究现状

1. 国内外硬切换算法研究现状

铁路环境下的 LTE-R 通信系统为实现低延时以及降低网络信令开销，采用扁平化系统架构。扁平化的系统架构适合采用过程简单的硬切换算法。硬切换算法切换过程中，移动终端首先需要暂时断开与基站的连接后，才能建立与另一基站的通信[70]。硬切换过程必然会造成通信暂时中断，而使用合适的切换触发条件，可减少无效切换次数，降低通信中断次数，同时对提高硬切换成功率具有很大的作用。为提高切换性能，国内外学者对硬切换算法进行了大量的优化，可总结分类如下：

1）基于速度的切换算法

传统切换算法的切换性能在低速场景下可以满足用户需求。而在移动终端快速移动的情况下，仍然使用与低速移动相同的切换参数，就会导致切换成功率降低和乒乓切换率增多的问题。针对这一问题，需要根据速度调整切换参数，并基于列车行驶方向和速度，设计与调整切换参数组合的切换算法，该算法与使用固定切换参数的传统算法相比，能有效防止乒乓发生切换和降低链路连接失败率[71]。此外，将切换迟滞门限值与速度建立减函数关系，使用反函数、椭圆函数、一次减函数这三种具有代表性的减函数进行仿真，可以发现使用椭圆函数时，切换成功率得到有效提升，同时链路失效率能实现较低水平[72]。这两种算法都对切换参数进行了调整，但是这种调整主要依赖速度，并未考虑终端接收信号和终端位置等其他影响因素。

2）基于位置的切换算法

移动终端在位于源基站覆盖范围还未进入重叠带范围时，由于距离源基站较近，与源基站通信质量高于目标基站。若在移动终端还未进入重叠带，就触发切换至目标基站，容易再次触发切换，重新建立与源基站的通信链路。硬切换方式下，移动终端在相邻两基站发生多次切换，会多次产生中断影响通信服务质量。一种基于波束成形的切换算法是当移动终端达到重叠带时，源基站和目标基站调整波束成形增益值，以提高移动终端接收信号强度的方式，达到提高切换成功率的目的[73]。为避免较小的切换参数导致乒乓切换次数增加，可以将相邻基站之间的距离划分区域，在移动终端未驶进重叠带时，使用较大的切换难度，以避免乒乓切换发生[71]。

3）基于预承载的切换算法

切换延时是衡量切换算法优越性的一个重要方面。硬切换过程中，移动终端需要暂时断开与基站的通信链路，延时长短与重新建立连接耗时有很大关联。若在切换之前，目标基站完成相关资源和参数配置，将有效缩短切换延时，提高通信服务质量。基于网络侧辅助切换的切换算法被提出，由源基站提前将切换信息发送至目标基站，以加速切换进程[74]。针对 LTE-R 系统切换延时高、切换成功率低的问题，利用列车速度提前触发的切换算法，通过设置切换预设承载点的方式，使目标基站提前完成切换有关准备，达到比传统切换算法更短的切换延时的目的[75]。

2. 国内外无缝切换算法研究现状

硬切换信令流程简单，但是切换过程中移动终端与基站之间的通信连接需要“先断开，后连接”，因此硬切换算法存在通信中断的弊端。软切换过程中移动终端与基站的通信链路“先连接，后断开”，弥补硬切换存在中断的问题，在降低数据包丢失方面具有优越的表现。

鉴于软切换在降低中断方面的优越表现，国内外学者借鉴软切换的特点，提出适合 LTE-R 通信系统网络架构的无缝切换方案。无缝切换过程中，移动终端使用不同天线分别执行切换和通信任务。无缝切换与软切换相似，都需要占用较多网络资源，而 LTE-R 系统资源充足，为实现无缝切换提供了条件。当移动终端在穿越重叠带时，采用多点协同传输与双车载中继站协作的方式可提高接收信号增益，相关理论分析和仿真结果表明，这种增强接收信号的方式可有效保障通信稳定性并降低通信中断概率[76]。为降低切换中断率，针对高速场景下相关硬切换和软切换进行仿真的结果表明，软切换算法以增加复杂度的代价，可以保持通信通畅稳定，同时能够有效减少切换次数[70]。此外，可以利用卫星通信实现无缝切换的方案，相关结果研究表明该方案在吞吐量和服务质量方面都得到了巨大的提升[77]。使用双天线并利用双播方式，能够减少数据包丢失率，降低转发延时，相关仿真结果表明，该方式在降低切换失败率，以及减少链路失效方面具有巨大的优越性[78,79]。

1.3 本书主要内容

本小节主要对本书所研究内容和章节的安排进行了简要阐述。

第一章，针对轨道交通无线通信技术的应用，介绍了高铁场景下的毫米波大规模 MIMO 混合波束成形和列车通信越区切换的研究背景及意义。同时分析了轨道交通毫米波技术、非理想硬件损耗和列车通信越区切换算法的研究现状。

第二章，主要对高铁场景下毫米波大规模 MIMO 通信及关键技术展开叙述，并详细介绍了五种传统预编码方案，同时仿真比较了五种传统预编码方案的不同特性。然后针对大规模 MIMO 上、下行链路信号传输特性，给出了基站端信号处理算法和系统性能评估指标。最后，对切换相关内容概念及切换流程和切换触发事件分类进行了详细介绍，此外着重介绍了基于 A3 事件切换触发。

第三章，主要针对轨旁基站的大规模天线阵列，研究了四种天线阵列对于点对点的毫米波大规模 MIMO 系统混合预编码的影响，分析不同天线阵列对混合预编码系统性能的影响，并仿真分析了不同排列方式的天线阵列的频谱效率及能量效率。

第四章，为降低轨旁基站大规模天线与移相器的硬件成本，提出一种基于离散移相器的混合预编码设计方案。以最优化频谱效率为目标，利用正交匹配追踪的思想将模拟预编码器进行量化，实现了低精度移相器应用的可能。

第五章，为降低空间相关信道和干扰机影响，研究了基于低/混合精度 ADC 的大规模 MIMO 上行系统性能。建立空间相关信道模型，基于得到的频谱效率近似结果，分析不同参数对系统性能的影响。构建系统功耗模型，进一步分析能量效率与频谱效率的折中方案。

第六章，为降低系统的硬件成本和能耗，研究了基于低精度 ADCs/DACs 的多用户全双工大规模 MIMO 系统和毫米大规模 MIMO 混合预编码系统性能。基于得到的频谱效率近似结果，并分析不同参数对系统性能的影响。构建系统功耗模型，进一步分析能量效率和频谱效率之间的折中方案。

第七章，为降低系统硬件损耗和能耗，研究了理想 CSI 和非理想硬件下基于低精度 ADCs/DACs 的多用户大规模 MIMO 下行系统性能。基于此，推导出频谱效率的精确和近似表达式，并建立系统功耗模型，进一步分析能量效率和频谱效率之间的折中方案。

第八章，研究轨道交通车地通信中的越区切换问题，提出基于位置信息动态调整切换迟滞门限值的优化算法、基于位置信息的无缝切换优化算法，以及基于模糊逻辑的切换优化算法，分别用于降低乒乓切换率、避免硬切换过程存在通信中断，以及提高通信质量。

第 2 章　高铁场下大规模 MIMO 系统及相关技术

高速铁路无线通信将会伴随着下一代移动通信的更新而提速，大规模 MIMO 技术作为最有潜力提高系统频谱效率的技术之一，可以很好弥补铁路无线通信性能的匮乏。本章在介绍高铁场景下的大规模 MIMO 系统模型后，引申出传统的预编码方案、信号传输技术及 LTE-R 网络规划与切换技术。

2.1　毫米波大规模 MIMO 系统模型

2.1.1　高铁场景的毫米波信道模型

毫米波以其独特的超大带宽和丰富的频带资源，为无线通信性能的提升带来巨大的发展潜力。同时，在高铁环境下，基于轨旁基站和车载终端的点对点的毫米波大规模 MIMO 波束成形技术用于点对点的第一跳链路可支持高速铁路的高速无线通信，其传输模型如图 2.1 所示。在毫米波频率下的蜂窝无线通信中，由于毫米波路径损耗较大，传输距离受到一定限制，这是亟待解决的问题。而大规模 MIMO 技术和波束成形技术可以利用大规模天线阵列的高指向性波束所提供巨大的增益，来消除毫米波在传输过程中的路径损耗。同时，由于毫米波波长较短，使其在大规模 MIMO 中配置大量天线阵列变得可能。

毫米波在无线传播时，其空间路径中的散射体的个数是有限的[23]。此外，由于毫米波自身频率与波长的特性，在自由信道传输的电磁波无法在周围的环境中很好地被反射，且当遇到的物体表面较为粗糙时会加剧信道的分散，使得信号的损耗增加。由于毫米波在传输过程中散射体的个数有限，低频段中假设的丰富散射体模型并不适用于毫米波信道[80]。

为了更好地展示高铁场景下的毫米波信道的低秩和空间相关特性，通常采用 Saleh-Valenzuela（SV）几何信道模型[56,81,82]来表示。

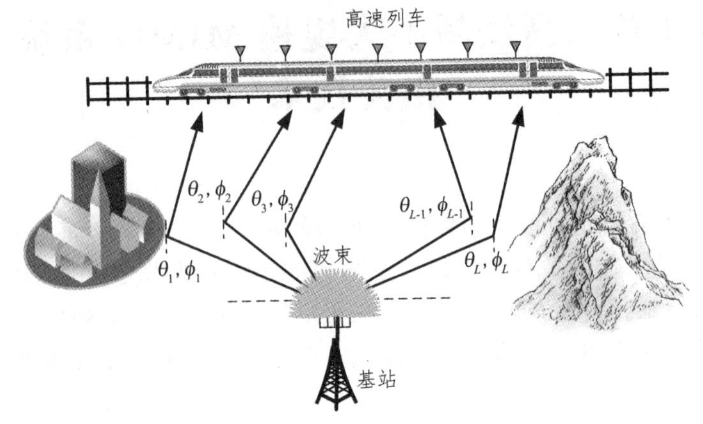

图 2.1　高铁场景下毫米波大规模 MIMO 波束成形

假设毫米波信道中具有 L 个散射体，且每个散射体只散射或反射一条路径，则系统的毫米波信道矩阵 $\boldsymbol{H}$ 可以写成[56,59]

$$\boldsymbol{H}=\sqrt{\frac{MK}{L}}\sum_{l=1}^{L}\alpha_l\boldsymbol{a}_{\mathrm{r}}(\phi_l^{\mathrm{r}},\theta_l^{\mathrm{r}})\boldsymbol{a}_{\mathrm{t}}^{\mathrm{H}}(\phi_l^{\mathrm{t}},\theta_l^{\mathrm{t}}) \tag{2.1}$$

式中，M 为接收端的天线数量；K 为发射端的天线数量；L 为基站与用户之间的有限信道路径的数量；N_{c} 为信道中散射体的数量；$\alpha_l\sim(0,\sigma_l^2)$ 表示为第 l 条路径的信道增益；$\phi_l^{\mathrm{t}}(\theta_l^{\mathrm{t}})$ 为信号的出发角；$\phi_l^{\mathrm{r}}(\theta_l^{\mathrm{r}})$ 为信号在接收端的到达角；$\boldsymbol{a}_{\mathrm{r}}$ 与 $\boldsymbol{a}_{\mathrm{t}}$ 分别表示为列车端和轨旁基站的天线阵列响应矢量。

为了便于表示，可将式（2.1）中的信道 $\boldsymbol{H}$ 分解为阵列相应矢量的形式，进而可以表示为

$$\boldsymbol{H}=\boldsymbol{A}_{\mathrm{r}}\,\mathrm{diag}(\boldsymbol{z})\boldsymbol{A}_{\mathrm{t}} \tag{2.2}$$

式中，$\boldsymbol{A}_{\mathrm{t}}=[\boldsymbol{a}_{\mathrm{t}}(\phi_1^{\mathrm{t}},\theta_1^{\mathrm{t}}),\boldsymbol{a}_{\mathrm{t}}(\phi_2^{\mathrm{t}},\theta_2^{\mathrm{t}}),\cdots,\boldsymbol{a}_{\mathrm{t}}(\phi_L^{\mathrm{t}},\theta_L^{\mathrm{t}})]$，表示轨旁基站端的大规模天线阵列的阵列响应矩阵，$\boldsymbol{A}_{\mathrm{r}}=[\boldsymbol{a}_{\mathrm{r}}(\phi_1^{\mathrm{r}},\theta_1^{\mathrm{r}}),\boldsymbol{a}_{\mathrm{r}}(\phi_2^{\mathrm{r}},\theta_2^{\mathrm{r}}),\cdots,\boldsymbol{a}_{\mathrm{r}}(\phi_L^{\mathrm{r}},\theta_L^{\mathrm{r}})]$，表示用户终端全部天线阵列响应矩阵，$\boldsymbol{z}=\sqrt{\frac{MK}{L}}[\alpha_1,\alpha_2,\cdots,\alpha_L]^{\mathrm{T}}$，表示毫米波信道中全部路径的增益集合。

阵列响应矢量 $\boldsymbol{a}_{\mathrm{r}}(\phi_l^{\mathrm{r}},\theta_l^{\mathrm{r}})$ 和 $\boldsymbol{a}_{\mathrm{t}}(\phi_l^{\mathrm{t}},\theta_l^{\mathrm{t}})$ 取决于轨旁基站端和列车端的天线阵列的结构，其主要的排列方式和性能特征将在第二章重点分析研究。

2.1.2 单用户毫米波大规模 MIMO 系统

毫米波通信中可以将大规模 MIMO 技术与波束成形技术进行有效的结合，不仅能够增加系统容量、提高信息传输速率、增加通信稳定性，还能利用毫米波巨大的带宽解决频谱资源的短缺问题。毫米波、大规模 MIMO 技术与波束成形技术三者相辅相成，毫米波通信系统利用大规模 MIMO 技术将大规模天线阵列集中于较小的区域内。同时，大规模 MIMO 技术为波束成形技术提供支撑，使得毫米波通信中的路径损耗可以通过波束成形技术得以弥补。

本节考虑传统单用户大规模 MIMO 的一般预编码结构，如图 2.2 所示。其中，轨旁基站端和列车段接收的信息流均为 N_{S}，轨旁基站发射端的天线数量为 M，列车接收端的天线数量为 K，且满足 $N_{\mathrm{S}} \leqslant M$，$N_{\mathrm{S}} \leqslant K$。轨旁基站端所需发射的信息流通过基带预编码 $\boldsymbol{F} \in \mathbb{C}^{M \times N_{\mathrm{S}}}$ 进行编码处理后，经过大规模天线阵列发射到毫米波信道中，轨旁基站天线阵列所发射的信号可以表示为

$$\boldsymbol{x} = \boldsymbol{F}\boldsymbol{s} \tag{2.3}$$

式中，$\boldsymbol{s} = [s_1, s_2, \cdots, s_{N_{\mathrm{S}}}]^{\mathrm{T}}$ 表示为信号的数据流矩阵，且满足 $\mathbb{E}[\boldsymbol{s}\boldsymbol{s}^{\mathrm{H}}] = \boldsymbol{I}_{N_{\mathrm{S}}}/N_{\mathrm{S}}$ 的条件，$\boldsymbol{x} = [x_1, x_2, \cdots, x_M]^{\mathrm{T}}$ 表示轨旁基站端所需发射的信号。

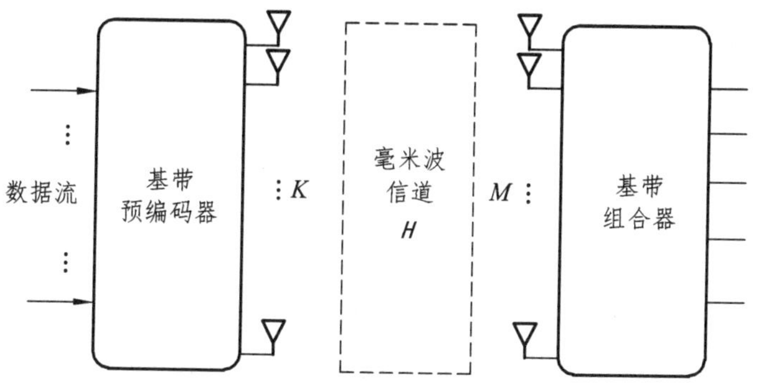

图 2.2 单用户大规模 MIMO 系统模型

所需传输的信号经过信道被列车端的天线阵列接收后，可表示为

$$y = \sqrt{P}\boldsymbol{HFs} + \boldsymbol{n} \tag{2.4}$$

其中，$\boldsymbol{n} \in \mathbb{C}^{K\times 1}$ 为高斯白噪声矩阵，其服从均值为 0，协方差矩阵为 $\boldsymbol{I}_K$，P 表示为系统的平均接收功率，$\boldsymbol{H}$ 为毫米波信道矩阵；$\boldsymbol{y} = [y_1, y_2, \cdots, y_K]^{\mathrm{T}}$ 为列车段接收到的信号。

假设无线通信过程中的 CSI 在发射与接收端已知，且在接收端的基带组合器完全解码，则系统的频谱效率 R 可以表示为

$$R = \log_2\left(\left|\boldsymbol{I}_K + \frac{P}{N_{\mathrm{S}}}\boldsymbol{HFF}^{\mathrm{H}}\boldsymbol{H}^{\mathrm{H}}\right|\right) \tag{2.5}$$

2.2 传统预编码技术研究

在毫米波波束成形系统中，由于通信过程中的无线信道具有复杂且易变的特性，且通信过程中的干扰问题降低了系统传输的性能，这在信号传输过程中都是不可忽视的。为了解决这一问题，预编码技术被广泛应用在通信传输过程，用于消除干扰信号，提高系统的性能，降低信号处理的复杂度。在传统的预编码技术中，较为常见的预编码方案有最大比传输（Max Ratio Transmission，MRT）预编码[83,84]、ZF 预编码[85]、最小均方误差（Minimum Mean Square Error，MMSE）预编码[86]、块对角（Block Diagonalized，BD）预编码[87]及奇异值分解（Singular Value Decomposition，SVD）预编码[88,89]等。本小结将以这五种常见的预编码为主，介绍并分析其应用于毫米波大规模 MIMO 系统中的相关特点与性能。

2.2.1 MRT 预编码

MRT 预编码以其简单、复杂度低的特点，被广泛应用于信号的处理。该预编技术在设置时将信道矢量与自身的矢量设置为同一个方向。其预编码矩阵可以设置为[84]

$$F = \delta H^{\mathrm{H}} \quad (2.6)$$

式中，δ 为约束轨旁基站端的发射功率常量，其满足 $\delta = \sqrt{1/\mathrm{tr}(PP^{\mathrm{H}})}$，$P = H^{\mathrm{H}}$。

MRT 预编码的主要思想是利用用户端的信噪比（Signal-to-Noise Ratio，SNR）对信号进行预处理，其性能的好坏主要根据传输时的信道环境来决定。然而，由于毫米波大规模 MIMO 系统具有大规模天线阵列，信号在自由信道传播时其信道很难做到相互独立存在。因此，该预编码方案在大规模 MIMO 系统中的干扰较为严重。

2.2.2 ZF 预编码

与 MRT 预编码不同的是，ZF 预编码主要编码思路是正交于非用户方向，其矩阵完全对角化，使得干扰信号为零。ZF 预编码可以表示为[86]

$$F = \delta H^{\mathrm{H}}(HH^{\mathrm{H}})^{-1} \quad (2.7)$$

式中，δ 为约束轨旁基站端的发射功率常量，且满足 $\delta = \sqrt{1/\mathrm{tr}(PP^{\mathrm{H}})}$，$P = H^{\mathrm{H}}(HH^{\mathrm{H}})^{-1}$。由式（2.7）可以看出，其预编码矩阵在求解过程中需要求得伪逆，从原理上消除了用户之间的干扰。在预编码后，接收端的第 u 个用户接收到的信号为

$$y_u = \sqrt{P} H_u F s_u + n_u \quad (2.8)$$

式中，n_u 为在接收端第 u 个用户的高斯白噪声。

从式（2.7）可以观察出，由于在预编码过程中需要求解信道矩阵的伪逆，使得系统的求解复杂度增加。从性能角度来看，该预编码方案的在一定程度上使得用户之间的干扰得到消除，但在接收端由于高斯白噪声难以避免，使其在低信噪比时的性能较低。

2.2.3 MMSE 预编码

MMSE 预编码是一种利用最小化均方误差原则的预编码方法，该方法在处理信号时将接收端的用户干扰和系统噪声一起考虑其中，相比

MRT 预编码和 ZF 预编码都有一定的改进。MMSE 预编码在实际的信号处理过程中，以最小化接收与发射端的均方误差作为优化对象，利用接收端用户的最大化信干噪比（Signal to Interference Plus Noise Ratio，SINR）对信号进行预编码处理。MMSE 预编码可以表示为

$$\boldsymbol{F}=\delta\boldsymbol{H}^{\mathrm{H}}(\boldsymbol{H}\boldsymbol{H}^{\mathrm{H}}+\boldsymbol{I}_K)^{-1} \tag{2.9}$$

式中，δ 为约束轨旁基站端的发射功率常量，且满足 $\delta=\sqrt{1/\mathrm{tr}(\boldsymbol{P}\boldsymbol{P}^{\mathrm{H}})}$，$\boldsymbol{P}=\boldsymbol{H}^{\mathrm{H}}(\boldsymbol{H}\boldsymbol{H}^{\mathrm{H}}+\boldsymbol{I}_K)^{-1}$。

2.2.4 BD 预编码

除了利用预编码矩阵全对角化外，还可以利用块对角化方案来将用户之间的干扰进行处理，这是 BD 预编码的主要设计思路。该方案在设计时需要对系统的天线进行设置，即需要满足发射端天线大于接收端天线个数的条件。假设在接收端共有 U 个用户，每个用户的天线个数为 N，轨旁基站的天线个数为 M，则接收端的信号为

$$\begin{aligned}\boldsymbol{y}_u&=\sqrt{P}\boldsymbol{H}_u\sum_{i=1}^{U}\boldsymbol{F}_i\boldsymbol{s}_i+\boldsymbol{n}_u\\&=\sqrt{P}\boldsymbol{H}_u\boldsymbol{F}_u\boldsymbol{s}_u+\sqrt{P}\boldsymbol{H}_u\sum_{i=1,i\neq u}^{U}\boldsymbol{F}_i\boldsymbol{s}_i+\boldsymbol{n}_u\end{aligned} \tag{2.10}$$

式中，$\boldsymbol{H}_u$ 为基站到第 u 个用户之间的信道矩阵；$\boldsymbol{F}_u$ 为第 i 个用户的 BD 预编码矩阵；$\boldsymbol{n}_u$ 为第 u 个用户的噪声矩阵；$\sqrt{P}\boldsymbol{H}_u\sum_{i=1,i\neq u}^{U}\boldsymbol{F}_i\boldsymbol{s}_i$ 表示用户之间的干扰，可以采用块对角化的方法将该项变为全零矩阵，目的是消除第 u 个用户的干扰。

除了第 u 个用户之外，假设剩余的所有的 $U-1$ 个用户配对的用户信道矩阵集合为

$$\tilde{\boldsymbol{H}}_u=[\boldsymbol{H}_1^{\mathrm{H}},\boldsymbol{H}_2^{\mathrm{H}},\cdots,\boldsymbol{H}_U^{\mathrm{H}}] \tag{2.11}$$

对其进行奇异值分解，可以得到

$$\tilde{\boldsymbol{H}}_u=\tilde{\boldsymbol{U}}_u\begin{bmatrix}\tilde{\Sigma}_u & 0\\ 0 & 0\end{bmatrix}\left[\tilde{\boldsymbol{V}}_u^1,\tilde{\boldsymbol{V}}_u^0\right]^{\mathrm{H}} \tag{2.12}$$

其中，$\tilde{\boldsymbol{V}}_u^0$ 与 $\tilde{\boldsymbol{V}}_u^1$ 分别为零特征值和非零特征值对应的特征向量。此外我们可以通过计算观察出

$$
\begin{aligned}
\tilde{\boldsymbol{H}}_u\tilde{\boldsymbol{V}}_u^0 &= \tilde{\boldsymbol{U}}_u\begin{bmatrix}\tilde{\boldsymbol{\Sigma}}_u & 0\\ 0 & 0\end{bmatrix}\begin{bmatrix}\left(\tilde{\boldsymbol{V}}_u^1\right)^{\mathrm{H}}\\ \left(\tilde{\boldsymbol{V}}_u^0\right)^{\mathrm{H}}\end{bmatrix}\tilde{\boldsymbol{V}}_u^0\\
&= \tilde{\boldsymbol{U}}_u\tilde{\boldsymbol{\Sigma}}_u\left(\tilde{\boldsymbol{V}}_u^1\right)^{\mathrm{H}}\tilde{\boldsymbol{V}}_u^0\\
&= \tilde{\boldsymbol{U}}_u\tilde{\boldsymbol{\Sigma}}_u\boldsymbol{0}\\
&= \boldsymbol{0}
\end{aligned}
\tag{2.13}
$$

由此可见，$\tilde{\boldsymbol{V}}_u^0$ 是 $\tilde{\boldsymbol{H}}_u$ 的零空间。因此，第 u 个用户的预编码矩阵可以计算得出，即为 $\boldsymbol{F}_i = \tilde{\boldsymbol{V}}_u^0$。

2.2.5 SVD 预编码

SVD 预编码是对毫米波信道矩阵进行奇异值分解，可以表示为

$$
\boldsymbol{H}_u = \boldsymbol{U}\boldsymbol{\Sigma}\boldsymbol{V}_u^{\mathrm{H}} \tag{2.14}
$$

式中，$\boldsymbol{U}$ 为酉矩阵；$\boldsymbol{\Sigma}$ 为按照元素大小逐渐递减排列的对角矩阵；$\boldsymbol{V}$ 为右奇异矩阵。则系统的预编码矩阵可以表示为

$$
\boldsymbol{F} = \boldsymbol{V}_u\left(:,1:N_{\mathrm{S}}\right) \tag{2.15}
$$

SVD 预编码的优点在于各个用户的毫米波信道被分解后是相互正交的，接收端需要处理的复杂性与开销大大减少。

2.2.6 不同预编码方案仿真分析

为了验证所介绍的传统的预编码的性能，本小节给出了多用户毫米波信道下的五种预编码方案的仿真。系统的仿真是在平均 1 000 次随机毫米波信道实现的，基站端具有 16 根发射天线，用来发射 2 个数据流，同时假设信道路径数为 6，散射体的个数为 8，用户个数为 6，每个用户具有两根天线。

图 2.3 为用户数为 6 时，SVD 预编码、ZF 预编码、MMSE 预编码、

BD 预编码和 MRT 预编码的系统平均速率随着 SNR 的变化情况。从图 2.3 可以观察出，随着 SNR 的增加，五种预编码的平均速率都会不断增加。同时，随着 SNR 的逐渐增加，MRT 预编码的平均速率与其他四种预编码的差别越来越大，且最后增长缓慢甚至保持不变。在相同的 SNR 的条件下，MRT 预编码平均速率最小，SVD 预编码平均速率最大。MRT 性能较差的原因在于，该预编码立项条件下需要发射端到不同用户的信道是相互独立的，这对一般的毫米波信道来说是不可能的。此外，当 SNR 较低时，可以看出 BD 预编码与 ZF 预编码的平均速率低于 MMSE 预编码，造成该部分的原因在于MMSE预编码在低SNR中系统的噪声功率比发射功率对系统的影响更大。当 SNR 较高时，可以看出随着 SNR 的增加，SVD 预编码的性能越来越优于 MMSE 预编码的性能，这因为 SVD 预编码将混叠信道分解成两路不相关的平行信道。

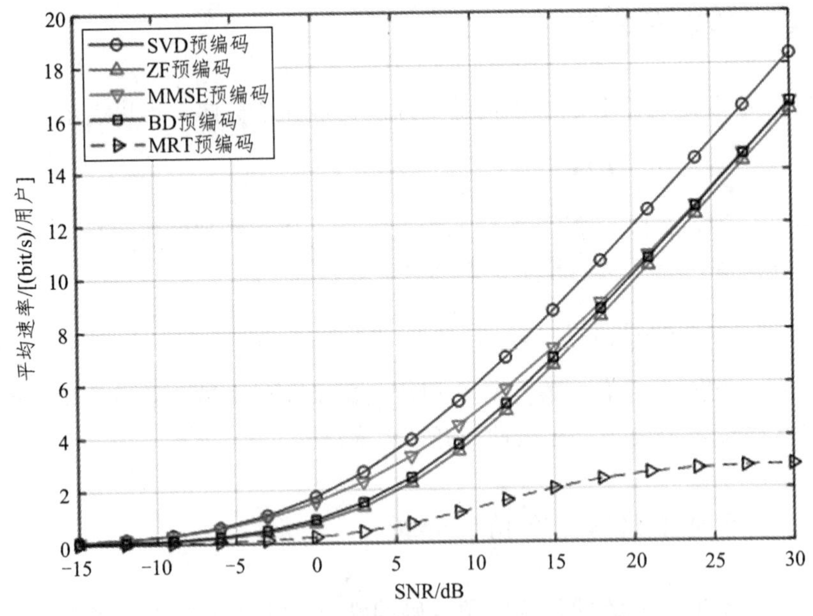

图 2.3　不同预编码方案平均速率的比较

图 2.4 为系统设置用户数为 6 时，五种预编码方案误码率之间的比较。从图 2.4 可以看出，五种预编码方案中 MRT 预编码的误码率最大，性能最差。这是因为其不能有效消除用户之间的干扰。在高 SNR 中，系统的 SVD 预编码的误码率最小，性能最优，MMSE 的误码率最大，而 BD 预

编码和 ZF 预编码误码率比较接近，且 BD 预编码性能更优。随着 SNR 的不断增加，MMSE 的误码率不断降低，当其大于 5 dB 时，MMSE 预编码的性能优于 BD 预编码和 ZF 预编码；当 SNR 大于 12 dB 时，MMSE 的误码率低于 SVD 预编码方案。造成该部分的原因在于 MMSE 在预编码时以最大化接收端用户的信号 SINR 为目的，在低 SNR 时，发射信号的功率较小，噪声功率占据主要部分，系统的误码率因此较高；在高 SNR 时相反，发射信号的功率对系统贡献较大，系统的误码率较低。此外，从图 2.4 可以看出，在高 SNR 时，除了 MRT 的其他四种预编码的误码率逐渐接近并逐渐趋向于零。

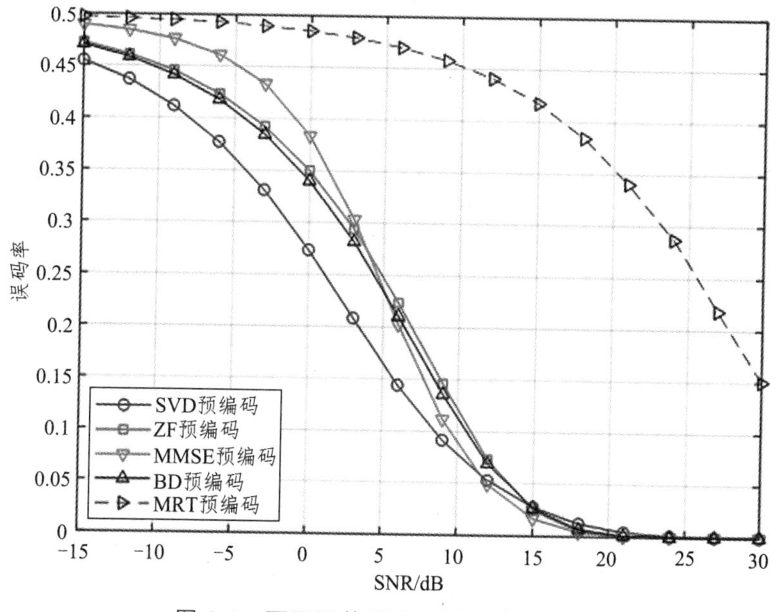

图 2.4　不同预编码方案误码率的比较

2.3　信号传输技术与性能评估

本节将重点介绍大规模 MIMO 系统无线信号传输技术，包括上行链路传输技术、下行链路传输技术，以及全双工传输技术。此外，给出了大规模 MIMO 系统性能评估指标的通用表达式，包括频谱效率和能量效率。

2.3.1 上行链路传输技术

无线通信领域中，对于信号从用户发射端经无线信道传输至基站接收端的过程，称为上行链路传输。针对单小区多用户的大规模 MIMO 场景下，假设基站端配置 M 根接收天线，同时服务于 N 个单天线用户，用户发送的信号为 $\boldsymbol{x}$，且满足 $\mathbb{E}\{\boldsymbol{x}\boldsymbol{x}^{\mathrm{H}}\}=\boldsymbol{I}_N$，则基站端接收到的模拟信号可以表示为

$$\boldsymbol{y}=\sqrt{p_{\mathrm{u}}}\boldsymbol{G}\boldsymbol{x}+\boldsymbol{n} \tag{2.16}$$

式中，p_{u} 为用户信号发送功率；$\boldsymbol{G}$ 为上行用户与基站之间的信道矩阵；$\boldsymbol{n}\sim\mathcal{CN}(0,\boldsymbol{I}_M)$ 为加性高斯白噪声（Additive White Gaussian Noise，AWGN）矢量。上行信号经过 ADC 量化处理的过程是非线性的，会产生一定的量化误差[90]。由于量化误差可以近似于加性量化噪声（Additive Quantization Noise Model，AQNM）的线性增益，因此 AQNM 模型已被许多学者广泛应用于 ADC 量化，如图 2.5 所示。

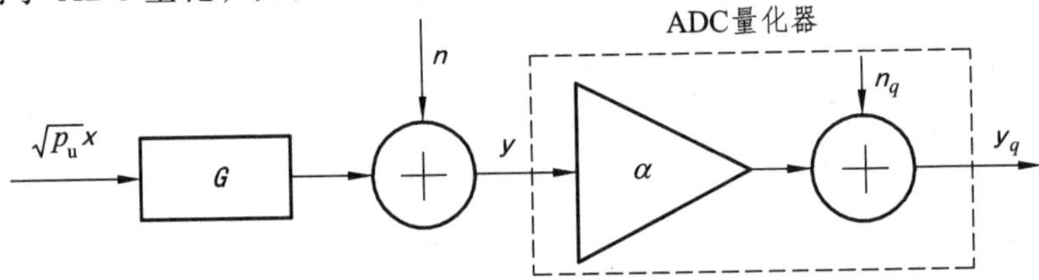

图 2.5 AQNM 模型框图

经过 ADC 量化处理后，ADC 接收机的信号可以表示为

$$\boldsymbol{y}_q=\mathbb{Q}(\boldsymbol{y})\approx\alpha\boldsymbol{y}+\boldsymbol{n}_q=\alpha\sqrt{p_{\mathrm{u}}}\boldsymbol{G}\boldsymbol{x}+\alpha\boldsymbol{n}+\boldsymbol{n}_q \tag{2.17}$$

式中，$\mathbb{Q}(\cdot)$ 表示 ADC 量化运算；α 为 ADC 的线性量化增益。基站端接收到的信号经过线性检测算法处理后，则接收信号可以表示为

$$\boldsymbol{r}=\boldsymbol{A}^{\mathrm{H}}\boldsymbol{y}_q=\alpha\sqrt{p_{\mathrm{u}}}\boldsymbol{A}^{\mathrm{H}}\boldsymbol{G}\boldsymbol{x}+\alpha\boldsymbol{A}^{\mathrm{H}}\boldsymbol{n}+\boldsymbol{A}^{\mathrm{H}}\boldsymbol{n}_q \tag{2.18}$$

式中，$(\cdot)^{\mathrm{H}}$ 为共轭转置运算；$\boldsymbol{A}^{\mathrm{H}}$ 表示信号检测矩阵，其数值取决于检测算法的类型[91]。具体如下：

1. 最大比合并（Maximum Ratio Combination，MRC）信号检测

当基站采用 MRC 检测算法时，信号检测矩阵 $\boldsymbol{A}^{\mathrm{H}}$ 可以表示为

$$A_{\mathrm{MRC}}^{\mathrm{H}} = \boldsymbol{G}^{\mathrm{H}} \tag{2.19}$$

MRC 检测算法的优势是计算复杂度低，但无法抑制用户间的信号干扰问题。

2. ZF 信号检测

当基站采用 ZF 检测算法时，信号检测矩阵 $\boldsymbol{A}^{\mathrm{H}}$ 可以表示为

$$\boldsymbol{A}_{\mathrm{ZF}}^{\mathrm{H}} = \boldsymbol{G}^{\mathrm{H}}(\boldsymbol{G}\boldsymbol{G}^{\mathrm{H}})^{-1} \tag{2.20}$$

ZF 检测算法可以有效地消除用户间的信号干扰问题，但由于信道维度较大，其处理过程涉及信道矩阵求逆，因此该算法消除信号干扰是以牺牲信道增益为代价换取的。

3. MMSE 信号检测

当基站采用 MMSE 检测算法时，信号检测矩阵 $\boldsymbol{A}^{\mathrm{H}}$ 可以表示为

$$\boldsymbol{A}_{\mathrm{MMSE}}^{\mathrm{H}} = \boldsymbol{G}^{\mathrm{H}}\left(\boldsymbol{G}\boldsymbol{G}^{\mathrm{H}} + \frac{1}{p_{\mathrm{u}}}\boldsymbol{I}_N\right)^{-1} \tag{2.21}$$

式中，p_{u} 为用户信号发送功率。MMSE 检测算法能够综合 MRC 检测算法和 ZF 检测算法的优点，增加信道矩阵增益的同时，还能够提高抑制信号干扰的能力。

因此，第 n 个用户在大规模 MIMO 上行链路的信干噪比（Signal-to-Interference and Noise Ratio，SINR）可以表示为

$$\Re_{\mathrm{U},n} = \frac{\alpha^2 p_{\mathrm{u}} \left|\boldsymbol{a}_n^{\mathrm{H}}\boldsymbol{g}_n\right|^2}{\alpha^2 p_{\mathrm{u}} \sum_{i=1,i\neq n}^{N} \left|\boldsymbol{a}_n^{\mathrm{H}}\boldsymbol{g}_i\right|^2 + \alpha^2 \left|\boldsymbol{a}_n^{\mathrm{H}}\boldsymbol{a}_n\right| + \left|\boldsymbol{a}_n^{\mathrm{H}}\boldsymbol{n}_q\right|^2} \tag{2.22}$$

其中，$\boldsymbol{a}_n$ 为信号检测矩阵的第 n 列元素；$\boldsymbol{g}_n$ 为信道矩阵的第 n 列元素。

2.3.2 下行链路传输技术

对于从基站发射端将预编码后的信号经无线信道传输至用户接收端的过程，称为下行链路传输。假设基站配备 M 根天线，同时服务于 N 个单天线用户，下行链路信道矩阵用 $\boldsymbol{H}$ 表示，发送的数据符号用 $\boldsymbol{s}$ 表示，且满足 $\mathbb{E}\{\boldsymbol{s}\boldsymbol{s}^{\mathrm{H}}\} = \boldsymbol{I}_N$，则基站端的预编码信号为

$$x = Ws \tag{2.23}$$

其中，$\boldsymbol{W}$ 为线性预编码矩阵。对于基站端 DAC 发射机，采用 Bussang 定理可以应用于 DAC 运算，使得运算操作线性化[92,93]，DAC 接收机的量化运算过程，如图 2.6 所示。

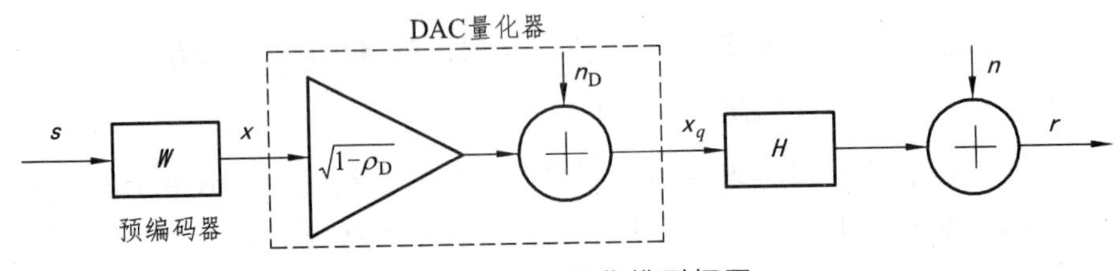

图 2.6　DAC 量化模型框图

经过 DAC 量化处理后，基站端 DAC 发射机的输出信号表示为

$$\boldsymbol{x}_q = \breve{\mathbb{Q}}(\boldsymbol{x}) \approx \sqrt{1-\rho_{\mathrm{D}}}\,\boldsymbol{x} + \boldsymbol{n}_{\mathrm{D}} \tag{2.24}$$

式中，$\breve{\mathbb{Q}}(\bullet)$ 表示 DAC 的量化运算；ρ_{D} 为 DAC 的量化失真因子；$\boldsymbol{n}_{\mathrm{D}}$ 为 DAC 的量化噪声。因此，用户端接收到的信号可以表示为

$$\boldsymbol{r} = \boldsymbol{H}\boldsymbol{x}_q + \boldsymbol{n} \tag{2.25}$$

式中，$\boldsymbol{n} \sim \mathcal{CN}(0, \boldsymbol{I}_M)$ 为加性高斯白噪声矢量。由于大规模 MIMO 基站部署大型天线阵列，若采用合适的线性预编码矩阵可以取得更好的性能增益，下面将分析三种典型的预编码算法，具体如下：

1. MRT 预编码

MRT 预编码也被称为匹配滤波预编码，是现有最简单、最古老的预编码方法之一[94]。当基站采用 MRT 预编码算法时，则线性预编码矩阵 $\boldsymbol{W}$ 可以表示为

$$\boldsymbol{W}_{\mathrm{MRT}} = \beta \boldsymbol{H}^{\mathrm{H}} \tag{2.26}$$

式中，β 为归一化标量控制。该算法最大的优势是计算复杂度较低，同时可以最大化信道矩阵增益。但无法消除用户间信号干扰，尤其对于相邻用户，甚至会增加用户间干扰。

2. ZF 预编码

当基站采用 ZF 预编码算法时，线性预编码矩阵 $\boldsymbol{W}$ 可以表示为

$$W_{\mathrm{ZF}}=\beta H^{\mathrm{H}}(HH^{\mathrm{H}})^{-1} \tag{2.27}$$

ZF 预编码是一种比较常用的 MIMO 预编码方法，可以在没有任何噪声统计信息下实现 ZF 预编码。此外，ZF 预编码一般在基站处使用，用来消除用户方向上发送信号时的用户干扰。

3. MMSE 预编码

MMSE 预编码是经过正则化信道矩阵的伪逆来生成的[94]。当基站采用 MMSE 预编码算法时，线性预编码矩阵 W 可以表示为

$$W_{\mathrm{MMSE}}=\beta H^{\mathrm{H}}\left(HH^{\mathrm{H}}+\frac{1}{p_{\mathrm{u}}}I_{N}\right)^{-1} \tag{2.28}$$

MMSE 预编码考虑了噪声的影响，其性能与 ZF 预编码相比有显著的提升，但是进一步增加了计算复杂度。

因此，第 n 个用户在大规模 MIMO 下行链路的 SINR 可以表示为

$$\Re_{\mathrm{D},n}=\frac{(1-\rho_{\mathrm{D}})\left|H_{n}^{\mathrm{H}}W_{n}\right|^{2}}{(1-\rho_{\mathrm{D}})\sum_{i=1,i\neq n}^{N}\left|H_{n}^{\mathrm{H}}W_{i}\right|^{2}+\left|H_{n}^{\mathrm{H}}n_{\mathrm{D}}\right|^{2}+1} \tag{2.29}$$

2.3.3 全双工传输技术

对于大规模 MIMO 全双工通信模式，可通俗地理解为同时考虑大规模 MIMO 上行链路和下行链路传输数据信号。全双工大规模 MIMO 基站上行接收信号和下行用户接收信号可以表示为[95]

$$y_{\mathrm{U}}=\sqrt{P_{\mathrm{U}}}F^{\mathrm{H}}G_{\mathrm{U}}x_{\mathrm{U}}+\sqrt{P_{D}}F^{\mathrm{H}}G_{\mathrm{LI}}Wx_{\mathrm{D}}+F^{\mathrm{H}}n_{\mathrm{U}} \tag{2.30}$$

$$y_{\mathrm{D}}=\sqrt{P_{\mathrm{D}}}G_{\mathrm{D}}^{\mathrm{H}}Wx_{\mathrm{D}}+\sqrt{P_{\mathrm{U}}}G_{\mathrm{IU}}^{\mathrm{H}}x_{\mathrm{U}}+n_{\mathrm{D}} \tag{2.31}$$

式中，P_{U} 为上行链路用户信号发送功率；P_{D} 为基站信号发送功率；G_{U} 和 G_{D} 分别为上行链路信道矩阵和下行链路信道矩阵；G_{LI} 为全双工基站发射天线与接收天线之间的干扰信道矩阵；G_{IU} 为上行用户与下行用户之间的干扰信道矩阵；F^{H} 和 W 分别为基站接收信号检测矩阵和发射信号预编码矩阵。其中，典型的全双工基站接收信号检测矩阵和发射信号预编码

矩阵有以下两种：

1. MRC/MRT

在基站处进行 MMSE 估计，可以得出 MRC/MRT 场景下的上行链路信号检测矩阵 $\boldsymbol{F}^{\mathrm{H}}$ 和下行链路预编码矩阵 $\boldsymbol{W}$ 为

$$\begin{cases}\boldsymbol{F}^{\mathrm{H}}=\boldsymbol{G}_{\mathrm{U}}^{\mathrm{H}}\\ \boldsymbol{W}=\boldsymbol{G}_{\mathrm{D}}[tr(\boldsymbol{G}_{\mathrm{D}}^{\mathrm{H}}\boldsymbol{G}_{\mathrm{D}})]^{-1/2}\end{cases} \tag{2.32}$$

2. ZFR/ZFT

由 MMSE 估计，可以得出 ZFR/ZFT 场景下的上行链路信号检测矩阵 $\boldsymbol{F}^{\mathrm{H}}$ 和下行链路预编码矩阵 $\boldsymbol{W}$ 为

$$\begin{cases}\boldsymbol{F}^{\mathrm{H}}=(\boldsymbol{G}_{\mathrm{U}}\boldsymbol{G}_{\mathrm{U}}^{\mathrm{H}})^{-1}\boldsymbol{G}_{\mathrm{U}}^{\mathrm{H}}\\ \boldsymbol{W}=\boldsymbol{G}_{\mathrm{D}}(\boldsymbol{G}_{\mathrm{D}}^{\mathrm{H}}\boldsymbol{G}_{\mathrm{D}})^{-1}\{tr[(\boldsymbol{G}_{\mathrm{D}}^{\mathrm{H}}\boldsymbol{G}_{\mathrm{D}})^{-1}]\}^{-1/2}\end{cases} \tag{2.33}$$

2.3.4 频谱效率与能量效率评估

反映大规模 MIMO 系统性能的指标有很多，如吞吐率、误码率、频谱效率和能量效率等。本书主要从绿色通信的角度来分析大规模 MIMO 系统的性能，因此选取频谱效率和能量效率这两个指标来展开研究与分析。通过前面的推导，已经得到上行链路和下行链路的信干噪比。由香农公式可知，半双工大规模 MIMO 系统频谱效率可以表示为

$$R_n=\log_2\left(1+\sum_{i=1}^{N}\Re_{a,i}\right),\quad a\in\{\mathrm{U,D}\} \tag{2.34}$$

同理，全双工大规模 MIMO 系统频谱效率可以表示为

$$R_n=\log_2(1+\Re_{\mathrm{sum}}) \tag{2.35}$$

式中，$\Re_{\mathrm{sum}}=\sum_{i=1}^{N}\Re_{\mathrm{U},i}+\sum_{i=1}^{N}\Re_{\mathrm{D},i}$。基于已获得频谱效率表达式，构建系统能耗模型 P_{total}，设置无线信道带宽为 B，则大规模 MIMO 系统能量效率可以定义为[96]

$$\varTheta_{\mathrm{EE}}\triangleq\frac{B\times R_n}{P_{\mathrm{total}}} \tag{2.36}$$

2.4 LTE-R 网络规划及切换相关技术

与 GSM-R 网络相比，LTE-R 网络能为高速移动的列车和乘客提供更高传输速率、更低通信延时、更丰富的频带资源等良好通信条件。为了能有效降低通信延时，与 GSM-R 网络架构相比，LTE-R 系统网络架构，网络层数相对较少，组成成本也降低了，同时也降低了网络复杂程度。

2.4.1 LTE-R 网络架构

为了减少呼叫建立时延和用户数据的传输时延，3GPP 协议 LTE 网络架构呈扁平化趋势。LTE 网络架构可划分两部分：演进型的核心网络，包括移动管理实体（Mobility Management Entity，MME）、服务网关等；演进后的接入网络由单个逻辑节点构成，仅由演进型基站（evolved NodeB，eNB）组成。LTE 系统中演进型基站包含了 3G 网络中无线网络控制器的功能，其功能包括资源管理、接入移动性管理和承载控制等功能。移动管理实体是处理用户终端与核心网之间信令交互的控制节点[97]。LTE-R 网络架构如图 2.7 所示。

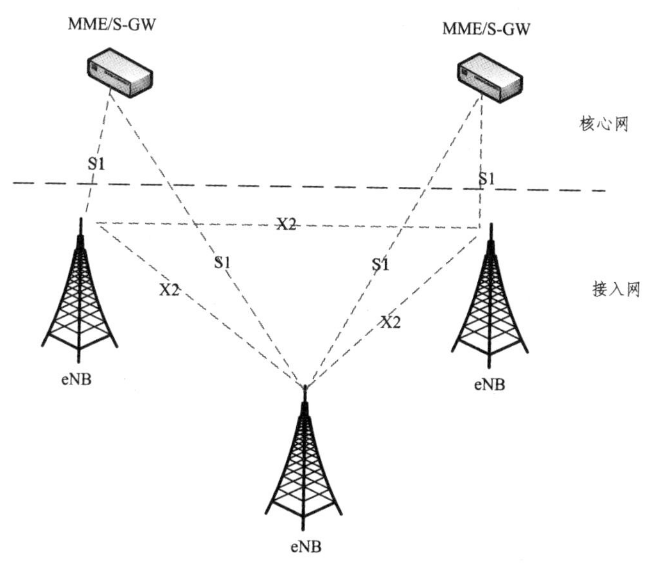

图 2.7　LTE-R 网络架构

与一般 3G 网络架构相比，LTE 网络架构中减去了无线网络控制器，这减少了基站与核心网之间信息交互开销，降低了系统复杂性，同时接口类型也减少了。除此之外，LTE 网络架构还具有降低组网成本、简化网络部署、组网灵活和网络维护难度低等优点。高速铁路无线通信网络不仅具有公共网络的优点，同时还需要适应高速场景下无线通信的特性，LTE-R 系统技术指标体系如图 2.8 所示。

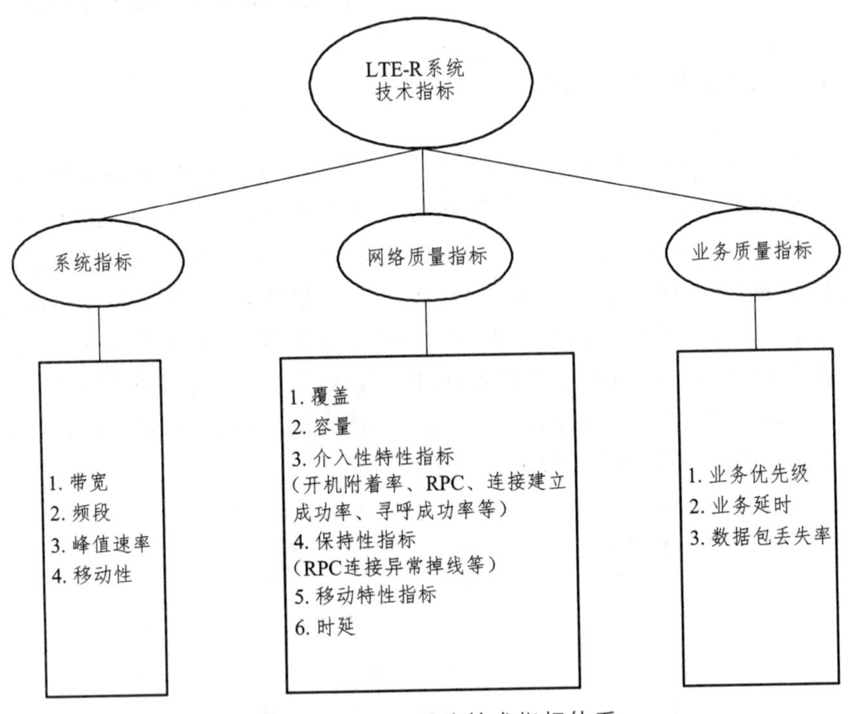

图 2.8 LTE-R 系统技术指标体系

高速列车内的移动终端在移动过程中，依次穿越过各基站信号覆盖区域。由于基站信号覆盖范围有限，基站小区呈“链状”覆盖铁轨时，相邻基站覆盖区域有重叠区域，称为重叠带。为保持移动终端通信质量，移动终端需要在重叠带内进行越区切换操作[98]。LTE-R 网络各网元之间通过标准化的接口进行联系，LTE-R 通信系统中基站间的通信通过 X2 接口，而基站与核心网之间的连接需要通过 S1 接口。在 LTE-R 网络系统中移动管理实体可管理多个基站，根据切换时涉及的移动管理实体改变情况，可将切换分为基于 X2 接口切换、基于 S1 接口切换。

2.4.2　切换信令流程

若将当前为移动终端设备提供通信服务的基站称为源 eNB，下一个提供服务的基站称为目标 eNB。在 LTE-R 系统中，移动终端设备接收到的源 eNB 和目标 eNB 信号强度满足切换触发条件时，源 eNB 向目标 eNB 发送切换请求。根据源 eNB 和目标 eNB 是否由同一移动管理实体管理，将切换分为基于 S1 接口切换和基于 X2 接口切换。

基于 X2 接口切换指切换涉及的两个基站由同一个移动管理实体管理控制，基站通过 X2 接口完成切换信令传输。由于基站与核心网之间具有灵活的 X2 连接，移动终端在移动过程中驻留在同一个移动管理实体上，接口信令交互数量较小，减轻了移动管理实体的处理负荷。基于 X2 接口的切换信令交互通过 X2 接口完成，过程如图 2.9 所示。

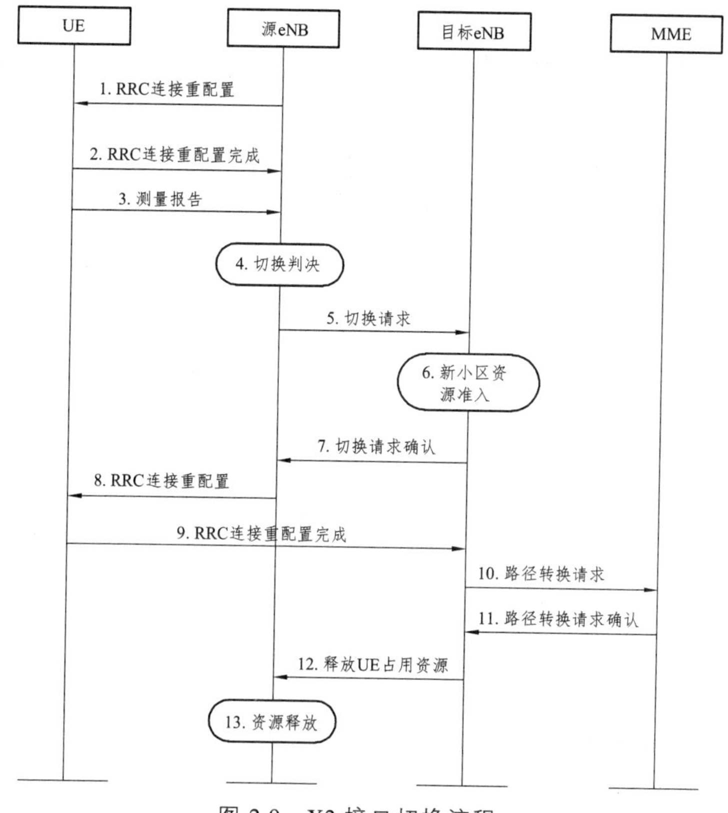

图 2.9　X2 接口切换流程

当移动管理实体与基站之间的连接路径相当长或需要进行新的资源分配时，提供服务的移动管理实体也会改变。当切换涉及的两个基站归属不同的移动管理实体，需要通过 S1 接口进行切换操作时，称为基于 S1 接口切换。基于 S1 接口的切换涉及移动管理实体管理切换，若定义管理当前提供服务源 eNB 的移动管理实体为源移动管理实体，则管理目标 eNB 的为目标移动管理实体。基于 S1 切换由源 eNB 发起，由源移动管理实体选择目标移动管理实体[99]，此时切换信令交互通过 S1 接口完成，其过程如图 2.10 所示。

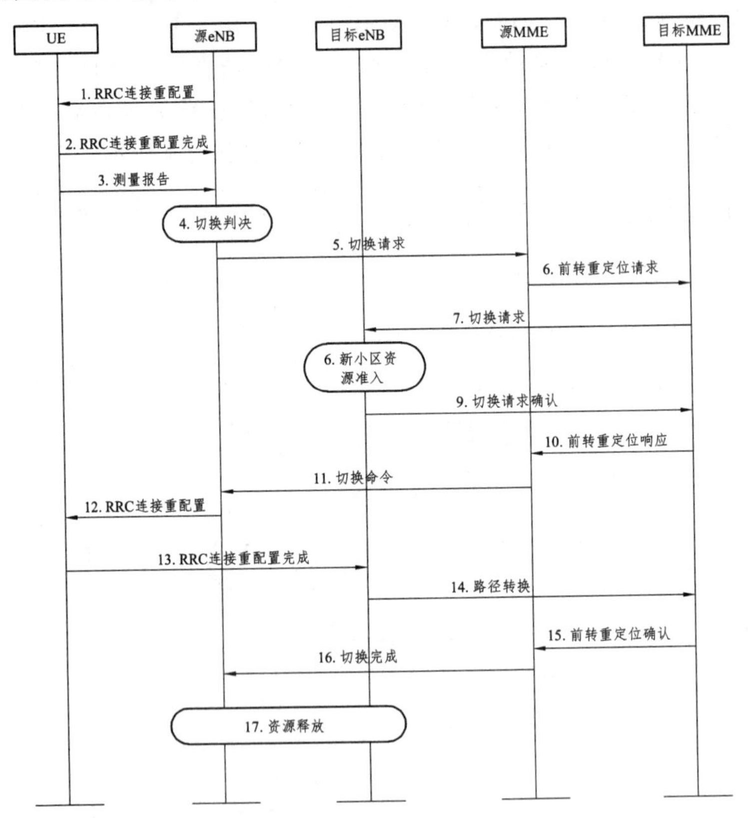

图 2.10　S1 接口切换流程

2.4.3　切换触发事件

移动终端设备移动过程中，由于无线信道变化或移动设备与基站之间的距离变化，导致移动终端接收到的信号强度值变化。当这些移动终端设备测量到的信号强度值满足某一条件时，就会触发一些事件。LTE系统事件触发的影响因素有：门限、迟滞门限值和迟滞时间[100]。其中，门限指在不同触发事件中使用绝对门限或者相对门限，门限值的大小，决定触发事件的难度。而迟滞门限值为了防止信道的剧烈变化[101]，导致某个信号指标剧烈变化而频繁触发事件，需要对触发事件进行延缓，以降低事件触发频率。迟滞时间与迟滞门限值作用相似，当信号指标在迟滞时间内都满足迟滞门限值要求，就会触发事件，合适的迟滞时间可以减少事件误判概率。

LTE 通信系统中对系统内切换、异系统切换事件进行分类，定义了七种不同的测量报告事件，其中 A1、A2、A3、A4、A5 事件为 LTE 系统内切换事件，B1、B2 事件用于 LTE 通信系统与异系统之间的切换。

（1）A1 事件是指当前源 eNB 的信号高于设定的绝对门限值事件。当移动终端接收到的服务基站信号高于设置的绝对门限值时，此时通信链路良好，A1 事件触发。由于当前通信链路良好，移动终端可以停止测量异频、异系统信号指标，A1 事件取消条件为 A2 事件触发条件。A1 事件触发条件为

$$Ms - Hys_1 > T_1 \tag{2.37}$$

其中，Ms 表示移动终端测量当前提供通信服务基站信号结果；Hys_1 是 A1 事件迟滞门限值；T_1 为 A1 事件门限值。

（2）A2 事件是指当前服务基站的信号低于设定的绝对门限值事件。当移动终端接收到的服务基站信号低于设定的绝对门限值时，A2 事件被触发，此时移动终端与服务基站之间通信较差，需要立即启动对邻区基站信号的测量。A2 事件触发条件为

$$Ms + Hys_2 < T_2 \tag{2.38}$$

其中，Hys_2 是 A2 事件迟滞门限值；T_2 为 A2 事件门限值。

（3）A3 事件是指邻区基站信号高于服务基站一定范围的事件。其思想是邻区基站服务质量优于服务基站，其差值超过指定值并在迟滞时间内都满足。A3 事件触发条件为

$$Mn + Ofn + Ocn - Hys_3 > MP + OfP + Off \tag{2.39}$$

其中，Mn 表示不考虑偏置时移动终端接收邻区基站服务质量测量值；Ofn 代表邻区基站的频率特定偏置；Ocn 用于控制邻区基站优先级；Hys_3 是 A3 事件的迟滞门限值；Mp 表示不考虑偏置时移动终端接收服务基站服务质量测量值；Ofp 代表服务基站的频率特定偏置；Off 为 A3 时间偏置，无特殊情况时认为为 0。

（4）A4 事件是邻区基站信号强度优于设定的门限值，将移动终端切换至优先级高的基站的事件。A4 事件触发条件为

$$Mn + Ofn + Ocn - Hys_4 > T_4 \tag{2.40}$$

其中，Hys_4 是 A4 事件迟滞门限值；T_4 为 A4 事件门限值。

（5）A5 事件中定义门限值 1 和门限值 2，当源 eNB 信号低于门限值 1，并且邻区基站信号高于门限值 2，则 A5 事件被触发。与 A4 事件相反，触发 A5 事件会将移动终端切换至优先级低的基站。A5 事件触发条件为

$$\begin{cases} Ms + Hys_5 < T_5 \\ Mn + Ofn + Ocn - Hys_5 > T_5' \end{cases} \tag{2.41}$$

其中，Hys_5 是 A5 事件迟滞门限值；T_5 为 A5 事件门限值 1；T_5' 为 A5 事件门限值 2。

（6）B1 事件是指移动终端接收到的异系统邻区基站信号强度优于设定的门限值。B1 事件触发条件为

$$Mn + Ofn - Hys_{B1} > T_{B1} \tag{2.42}$$

其中，Hys_{B1} 是 B1 事件迟滞门限值；T_{B1} 为 B1 事件门限值。

（7）B2 事件与 A5 事件相似，定义门限值 1 和门限值 2，当基站信号强度低于门限值 1，而异系统邻区基站信号强度高于门限值 2 时，B2 事件被触发。B2 事件触发条件为

$$\begin{cases} Ms + Hys_{B2} < T_{B2} \\ Mn + Ofn + Ocn - Hys_{B2} > T_{B2}' \end{cases} \tag{2.43}$$

其中，Hys_{B2} 是 B2 事件迟滞门限值；Th_{B2} 为 B2 事件门限值 1；Th_{B2}' 为 B2 事件门限值 2。

2.4.4 基于 A3 事件的切换算法

在 LTE 协议定义的七种切换相关事件中，由于 A3 事件触发条件不仅涉及源 eNB 信号，同时与目标 eNB 信号也有关，通常情况下 LTE 切换算法是基于 A3 事件触发切换。基于 A3 事件切换被触发的条件是在迟滞时间内目标 eNB 信号比源 eNB 信号至少高出迟滞门限值。

基于 A3 事件的切换触发条件为

$$Mn + Ofn + Ocn - Hys_3 > Mp + Ofp + Off \tag{2.44}$$

A3 事件的取消触发条件为

$$Mn + Ofn + Ocn + Hys_3 < Mp + Ofp + Off \tag{2.45}$$

其中，Mn 表示不考虑偏置时移动终端接收目标 eNB 服务质量测量值；Ofn 代表目标 eNB 的频率特定偏置；Ocn 的作用是控制目标小区的优先级；Hys_3 是基于 A3 事件切换的迟滞门限值；Mp 表示不考虑偏置时移动终端接收源 eNB 服务质量测量值；Ofp 代表源 eNB 的频率特定偏置；Off 为 A3 时间偏置，无特殊情况时为 0。

移动终端向远离源 eNB 方向且靠近目标 eNB 方向运动时，接收到的目标 eNB 信号强度随时间会呈上升趋势，而接收到的源 eNB 信号则呈下降趋势。在这一过程中，移动终端触发基于 A3 事件的切换示意如图 2.11 所示。

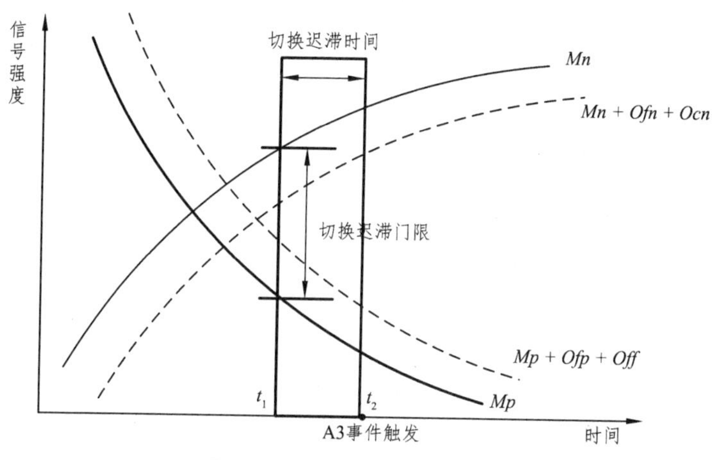

图 2.11　A3 事件触发条件

基于 A3 事件切换条件参数通常包含迟滞门限值和迟滞时间。从图 2.11 中可以看出，按照 A3 事件触发准则，t_1 到 t_2 时间内，目标 eNB 信号比源 eNB 信号高出迟滞门限值，触发基于 A3 事件的切换。由图 2.11 可以看出切换参数值大小对切换时机有关键性影响[102]，当使用不同的迟滞门限值和迟滞时间组合时，基于 A3 事件切换被触发的时机会存在差异。当使用较大的迟滞门限值和迟滞时间组合时，切换触发条件难度较大，因此切换被触发的时间较晚；反之，当使用较小的迟滞门限值和迟滞时间时，切换被触发时间较早。

在高速铁路场景下，基站分布在铁轨旁且通常情况下信号覆盖范围相同，相邻基站信号重复覆盖范围形成重叠带，重叠带位于相邻基站中间位置。高速移动时，移动终端频繁从一个基站信号覆盖范围进入另一基站信号覆盖范围，考虑通信中断率和无线信号传播特性，越区切换发生的最佳位置是在重叠带范围内。迟滞门限值和迟滞时间设置较小，会导致移动终端还未到重叠区域就发生切换，这种情况称为过早切换。切换发生过早时，由于源 eNB 信号强度较好，则可能在会在短时间内再次触发切换，切换回源 eNB。这就会增加无效切换次数，不仅造成资源浪费，而且严重影响用户通信质量。相反，当迟滞门限值和迟滞时间选择较大时，切换触发条件难以满足，可能使移动终端在离开重叠区域时都未切换至目标 eNB，这种情况称为过晚切换。过晚切换发生时，移动终端距离源 eNB 较远，接收到源 eNB 信号较差，会导致通信链路连接失败概率增加。综上，选择合适的切换触发条件，对提高基于 A3 事件切换算法的切换成功率和降低通信链路连接失败概率具有很大的影响。

2.5 本章小结

本章首先介绍了高铁场景下毫米波的特性及毫米波信道模型的特点，并给出了毫米波大规模 MIMO 系统模型。然后针对传统波束成形技术，给出了 MRT 预编码、ZF 预编码、MMSE 预编码、BD 预编码和 SVD 预编码等五种预编码方案，并通过仿真比较了五种预编码的性能。同时针对大规模 MIMO 系统传输特性，给出了不同场景下的系统频谱效率和能量效率的通用表达式。最后详细介绍了基于 A3 事件切换触发原理，并分析切换触发参数设置对基于 A3 事件切换算法的切换成功率和通信链路失败概率的影响，并为后续章节的深入研究奠定基础。

第 3 章　不同天线阵列下毫米波大规模 MIMO 混合预编码设计

在高铁场景下，提高系统频谱效率的一个有效方案是使用毫米波大规模 MIMO 技术和波束成形技术，而两者都需要轨旁大规模天线阵列的支持来实现。随着基站端天线数量的不断增加，如何在有限的面积内包装大量天线元件是其主要挑战之一。因此，本章基于点对点的毫米波大规模 MIMO 系统，研究轨旁基站在有限面积下不同排列方式的大规模天线阵列对混合预编码系统的影响，以此来寻找最佳的排列方式的大规模天线阵列及最优的混合预编码矩阵，进而提升高铁无线通信的频谱效率。

3.1　毫米波混合预编码系统模型

3.1.1　信号传输模型

在高速铁路无线通信中，基于部分连接的窄带单用户下行毫米波大规模 MIMO 系统如图 3.1 所示，其中轨旁基站配备了 N_{RF} 个 RF 链和 M 个天线。

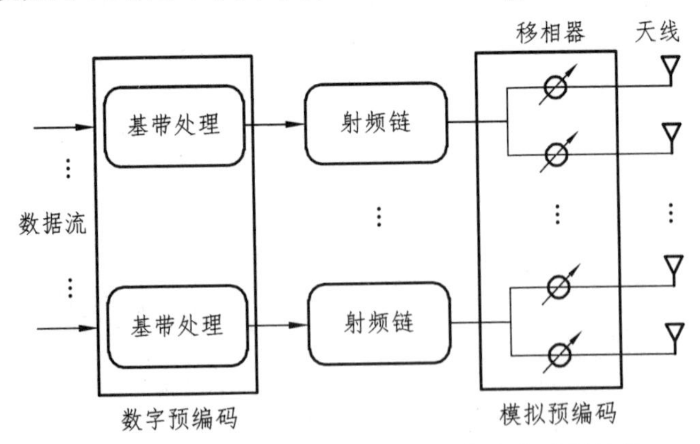

图 3.1　基于部分连接的毫米波混合波束成形结构

假设轨旁基站的基带中具有 N_{S} 个数据流，其经由数字预编码器 $\boldsymbol{D}\in\mathbb{C}^{N_{\mathrm{RF}}\times N_{\mathrm{S}}}$ 编码后，通过 RF 链后再经由模拟域中的相应模拟预编码器 $\boldsymbol{A}\in\mathbb{C}^{M\times N_{\mathrm{RF}}}$ 进行模拟预编码，模拟预编码矩阵其元素具有相同的幅度。每个数据流通过轨旁基站端大规模天线阵列发射后，接收端接收到的信号可以表示为

$$\boldsymbol{y}=\sqrt{P}\boldsymbol{HADs}+\boldsymbol{n}=\sqrt{P}\boldsymbol{HWs}+\boldsymbol{n} \tag{3.1}$$

其中，$\boldsymbol{y}=[y_1,y_2,\cdots,y_K]^{\mathrm{T}}$ 为接收信号，K 为用户端的接收天线数；P 为平均接收功率；$\boldsymbol{H}\in\mathbb{C}^{K\times M}$ 为毫米波信道矩阵，其满足 $\mathbb{E}[\|\boldsymbol{H}\|_{\mathrm{F}}^2]=KM$；$\boldsymbol{s}\in\mathbb{C}^{N_{\mathrm{S}}\times 1}$ 表示为基站发射的信号向量，满足 $\mathbb{E}[\boldsymbol{ss}^{\mathrm{H}}]=\boldsymbol{I}_{N_{\mathrm{S}}}/N_{\mathrm{S}}$；$\boldsymbol{n}$ 表示为噪声向量，满足 $\boldsymbol{n}\in\mathcal{CN}(0,\sigma^2\boldsymbol{I})$ 的高斯分布；$\boldsymbol{W}\in\mathbb{C}^{M\times N_{\mathrm{S}}}$ 表示为混合预编码矩阵，即 $\boldsymbol{W}=\boldsymbol{AD}$，其在基站端混合预编码矩阵满足 $\|\boldsymbol{W}\|_{\mathrm{F}}^2=N_{\mathrm{S}}$ 的能量限制。对于部分连接结构中的模拟预编码矩阵 $\boldsymbol{A}$，可以表示为

$$\boldsymbol{A}=\begin{bmatrix}\bar{\boldsymbol{a}}_1 & \boldsymbol{0} & \cdots & \boldsymbol{0}\\ \boldsymbol{0} & \bar{\boldsymbol{a}}_2 & & \boldsymbol{0}\\ \boldsymbol{0} & \boldsymbol{0} & \ddots & \boldsymbol{0}\\ \boldsymbol{0} & \boldsymbol{0} & \cdots & \bar{\boldsymbol{a}}_{N_{\mathrm{RF}}}\end{bmatrix}_{M\times N_{\mathrm{RF}}} \tag{3.2}$$

其中，$\bar{\boldsymbol{a}}_n\in\mathbb{C}^{U\times 1},n=1,2,\cdots,N_{\mathrm{RF}}$。$U$ 为子天线阵列中天线的个数。$\bar{\boldsymbol{a}}_n$ 中第 m 个元素满足 $\bar{\boldsymbol{a}}_{n,m}=\mathrm{e}^{\mathrm{j}\theta_{n,m}}$，$m=1,2,\cdots,U$，其中 $\theta_{n.m}$ 表示为可以利用移相器调节的移相角。

3.1.2 毫米波信道模型

考虑到毫米波传输的特性，本节采用扩展的 SV 信道模型，利用一个集群信道模型来表示毫米波大规模 MIMO 信道的特征，信道模型可以表示为[51]

$$\boldsymbol{H}=\sqrt{\frac{MK}{L}}\sum_{l=1}^{L}\alpha_{\mathrm{r}}\boldsymbol{F}_{\mathrm{r}}(\phi_l^{\mathrm{r}},\theta_l^{\mathrm{r}})\boldsymbol{F}_{\mathrm{t}}^{\mathrm{H}}(\phi_l^{\mathrm{t}},\theta_l^{\mathrm{t}}) \tag{3.3}$$

其中，L 为基站与接收端之间的有限信道路径的数量；$\alpha_{\mathrm{r}}\sim(0,\sigma_l^2)$ 是第 l 条路径的增益；$\phi_l^{\mathrm{t}}(\theta_l^{\mathrm{t}})$ 和 $\phi_l^{\mathrm{r}}(\theta_l^{\mathrm{r}})$ 分别是出发与到达的方位角；$\boldsymbol{F}_{\mathrm{r}}$ 与 $\boldsymbol{F}_{\mathrm{t}}$ 为列

车端和轨旁基站的天线阵列响应矢量。假设列车端和轨旁基站的天线阵列设置相同，设计不同的天线阵列，研究不同的天线阵列对混合预编码系统性能的影响。

3.2 不同排列方式大规模天线阵列设计

在本章中，设计了如图 3.2 所示的均匀直线阵列（Uniform Linear Array，ULA）、均匀矩形平面阵列（Uniform Rectangular Planar Array，URPA）、均匀六边形平面阵列（Uniform Hexagonal Planar Array，UHPA）和均匀圆形平面阵列（Uniform Circular Planar Array，UCPA）等四种类型的天线阵列[103]。为了分析不同天线阵列下的波束成形性能特性，首先着重分析天线阵列的响应矢量。

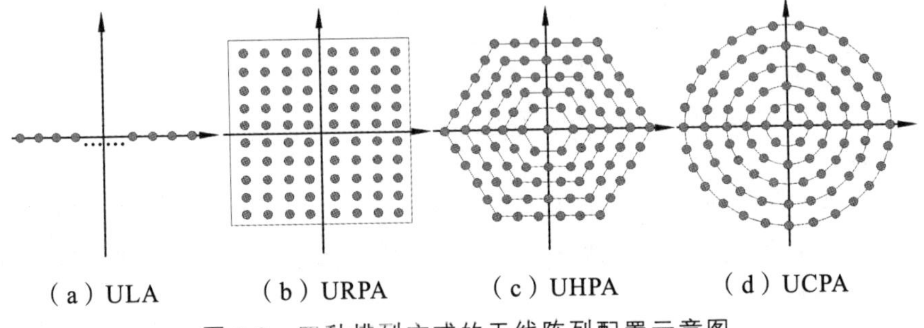

（a）ULA （b）URPA （c）UHPA （d）UCPA

图 3.2 四种排列方式的天线阵列配置示意图

1. ULA

对于水平方向上的具有 M 个天线的 ULA，ULA 的阵列响应矢量可以表示为

$$\boldsymbol{F}_{\mathrm{t,ULA}}=\frac{1}{\sqrt{M}}[1,\mathrm{e}^{\mathrm{j}\mu d\sin(\phi)},\cdots,\mathrm{e}^{\mathrm{j}\mu(M-1)d\sin(\phi)}]^{\mathrm{T}} \tag{3.4}$$

其中，$\mu=2\pi/\lambda$，λ 表示为信号的波长；d 为天线之间的间距。

2. URPA

假设 URPA 分别由水平方向具有 M_x 个天线和垂直方向具有 M_y 个天线均匀排列组成，对于具有 $M_{\mathrm{URPA}}=M_x\times M_y$ 个天线的 URPA，其天线阵

列响应矢量可以表示为

$$\boldsymbol{F}_{\mathrm{t,URPA}}(\phi,\theta)$$
$$=\frac{1}{\sqrt{M_{\mathrm{URPA}}}}\{1,\cdots,\mathrm{e}^{\mathrm{j}\mu d[m\sin(\phi)\sin(\theta)+n\cos(\theta)]},\cdots,\mathrm{e}^{\mathrm{j}\mu d[(M_x-1)\sin(\phi)\sin(\theta)+(M_y-1)\cos(\theta)]}\}^{\mathrm{T}} \tag{3.5}$$

其中，$0\leqslant m\leqslant M_x$，$0\leqslant n\leqslant M_y$。

3. UHPA

假设 UHPA 中的天线均匀分布在每个六角环中，第 n 个六角环上的天线元件数为 $6n$。具有 V 个六角形环的 UHPA，其天线元件的总数为 $M_{\mathrm{UHPA}}=1+\sum_{n=1}^{V}6n$。考虑 UHPA 水平和垂直方向上的天线间的间距分别为 d_x 和 d_h，其每行都可以视为 ULA，其偶数行和奇数行的阵列响应向量可以分别表示为

$$\boldsymbol{f}_v\big|_{v=2n}=\zeta\left[\mathrm{e}^{-\mathrm{j}\left(V-\frac{v}{2}\mu d_x\eta\right)},\cdots,\mathrm{e}^{-\mathrm{j}\mu d_x\eta},1,\mathrm{e}^{\mathrm{j}\mu d_x\eta},\cdots,\mathrm{e}^{\mathrm{j}\left(V-\frac{v}{2}\mu d_x\eta\right)}\right]^{\mathrm{T}} \tag{3.6}$$

和

$$\boldsymbol{f}_v\big|_{v=2n-1}=\zeta\left[\mathrm{e}^{-\mathrm{j}\left(V-\frac{v-1}{2}\mu d_x\eta\right)},\cdots,\mathrm{e}^{-\mathrm{j}\mu d_x\eta},\mathrm{e}^{\mathrm{j}\mu d_x\eta},\cdots,\mathrm{e}^{\mathrm{j}\left(V-\frac{v-1}{2}\mu d_x\eta\right)}\right]^{\mathrm{T}} \tag{3.7}$$

其中，$n=\{n|n\in\mathbb{Z},|2n|\leqslant V,|2n-1|\leqslant V\}$；$\zeta=\mathrm{e}^{-\mathrm{j}\mu d_h\eta}$；$\eta=\sin(\theta)\cos(\phi)$；$d_y=\sqrt{3}d_x/2$。UHPA 的天线阵列响应矢量可以表示为

$$\boldsymbol{F}_{\mathrm{t,UHPA}}(\phi,\theta)=\frac{1}{\sqrt{M_{\mathrm{UHPA}}}}[\boldsymbol{f}_V,\cdots,\boldsymbol{f}_1,\boldsymbol{f}_0,\boldsymbol{f}_{-1},\cdots,\boldsymbol{f}_{-V}]^{\mathrm{T}} \tag{3.8}$$

4. UCPA

假定 UCPA 中的每个天线都均匀分布在圆环上，每个圆上的天线数量为 $6n$，具有 C 个圆环的 UCPA 的天线个数可以表示为 $M_{\mathrm{UCPA}}=1+\sum_{n=1}^{C}6n$。圆环数为 n 的 UCPA 的阵列响应向量可以表示为

$$\boldsymbol{F}_{\mathrm{t,UCPA}}(\phi,\theta)=\frac{1}{\sqrt{M_{\mathrm{UCPA}}}}\left[1,\mathrm{e}^{\mathrm{j}\mu r_c\psi_1},\mathrm{e}^{\mathrm{j}\mu r_c\psi_2},\cdots,\mathrm{e}^{\mathrm{j}\mu r_c\psi_{nc}}\right]^{\mathrm{T}} \tag{3.9}$$

其中，r_n 为第 n 个圆环阵列的半径；$\psi_{nC}=\sin(\theta)\cos(\phi-\overline{\phi}_{nC})$ 表示为第 c 个圆环的第 n 个天线在水平方向的夹角。

3.3 不同天线阵列混合预编码器设计

由于大规模天线阵列和 RF 链对系统的影响，毫米波大规模 MIMO 系统能够获取更大的波束成形增益，使得系统性能得到提升。假设所需发射的符号满足高斯分布且在接收端的完全解码，基于部分连接结构的毫米波大规模 MIMO 系统的频谱效率可以表示为

$$R(\boldsymbol{A},\boldsymbol{D})=\log_2\left(\left|\boldsymbol{I}_K+\frac{P}{N_{\mathrm{S}}\sigma^2}\boldsymbol{HADD}^{\mathrm{H}}\boldsymbol{A}^{\mathrm{H}}\boldsymbol{H}^{\mathrm{H}}\right|\right) \tag{3.10}$$

为了最大化系统的频谱效率，模拟预编码器 $\boldsymbol{A}$ 和数字预编码器 $\boldsymbol{D}$ 的设计可以表示为

$$\begin{aligned}&(\boldsymbol{A}_{\mathrm{opt}},\boldsymbol{D}_{\mathrm{opt}})=\arg\max_{\boldsymbol{A},\boldsymbol{D}} R(\boldsymbol{A},\boldsymbol{D})\\&\mathrm{s.t.}\begin{cases}\boldsymbol{A}\in\Omega\\ \|\boldsymbol{W}\|_{\mathrm{F}}^2=N_{\mathrm{S}}\end{cases}\end{aligned} \tag{3.11}$$

其中，Ω 表示满足式（3.2）的所有可能的模拟预编码器的集合，$\|\boldsymbol{W}\|_{\mathrm{F}}^2=N_{\mathrm{S}}$ 为混合波束成形满足轨旁基站处总功率的约束条件。然而，模拟预编码矩阵 $\boldsymbol{A}$ 与数字预编码矩阵联合优化的非凸约束条件使其找到精确的解决方案特别困难。为此，本节先寻找最佳无限制的全数字预编码矩阵来降低设计的复杂度。对毫米波信道 $\boldsymbol{H}$，其经过奇异值分解后可以表示为

$$\boldsymbol{H}=\boldsymbol{U}\Sigma\boldsymbol{V}_{\mathrm{H}}^{\mathrm{H}} \tag{3.12}$$

其中，$\boldsymbol{U}$ 为酉矩阵；Σ 为按照元素大小逐渐递减排列的对角矩阵，$\boldsymbol{V}_{\mathrm{H}}\in\mathbb{C}^{K\times M}$ 为右奇异矩阵，可以表示为 $\boldsymbol{V}_{\mathrm{H}}=[\boldsymbol{V}_{\mathrm{H1}}\quad\boldsymbol{V}_{\mathrm{H2}}]$，其中 $\boldsymbol{V}_{\mathrm{H1}}\in\mathbb{C}^{K\times N_{\mathrm{S}}}$，则最佳无限制的全数字预编码矩阵可以计算为 $\boldsymbol{V}_{\mathrm{H1}}=\boldsymbol{W}_{\mathrm{opt}}$。

为了获取模拟预编码矩阵 $\boldsymbol{A}$ 和数字预编码矩阵 $\boldsymbol{D}$ 并简化式（3.11），可以将式（3.11）重写为[52]

$$
(\boldsymbol{A}_{\rm opt},\boldsymbol{D}_{\rm opt})=\arg\min_{\boldsymbol{A},\boldsymbol{D}}\left\|\boldsymbol{W}_{\rm opt}-\boldsymbol{AD}\right\|_{\rm F}
$$

$$
\text{s.t.}\begin{cases}\boldsymbol{A}\in\{\boldsymbol{F}_{\rm t}(\phi_l,\theta_l),\forall l\}\\ \left\|\boldsymbol{W}\right\|_{\rm F}^2=N_{\rm S}\end{cases} \tag{3.13}
$$

其中，$\boldsymbol{F}_{\rm t}(\phi_l,\theta_l)$ 为四种天线阵列的阵列响应矢量。可以将模拟预编码矩阵 $\boldsymbol{A}$ 的约束直接嵌入优化目标式（3.13），得到的等效问题为

$$
\bar{\boldsymbol{D}}_{\rm opt}=\arg\min_{\bar{\boldsymbol{D}}}\left\|\boldsymbol{W}_{\rm opt}-\boldsymbol{F}_{\rm t}\bar{\boldsymbol{D}}\right\|_{\rm F}
$$

$$
\text{s.t.}\begin{cases}\left\|\text{diag}(\bar{\boldsymbol{D}}\bar{\boldsymbol{D}}^{\rm H})\right\|_0=N_{\rm RF}\\ \left\|\boldsymbol{F}_{\rm t}\bar{\boldsymbol{D}}\right\|_{\rm F}^2=N_{\rm S}\end{cases} \tag{3.14}
$$

其中，设置 $\boldsymbol{F}_{\rm t}$ 与 $\bar{\boldsymbol{D}}$ 为辅助变量，以获得模拟预编码器 $\boldsymbol{A}$ 和数字预编码矩阵 $\boldsymbol{D}$。因此，我们可以利用式（3.13）和式（3.14），分别获得相应的最佳模拟预编码器 $\boldsymbol{A}_{\rm opt}$ 和数字预编码矩阵 $\boldsymbol{D}_{\rm opt}$。

获得最佳预编码器的算法较多，如正交匹配追踪（Orthogonal Matching Pursuit，OMP)算法[52]、基于流形优化的交替最小化（Manifold Optimization Based Alternating Minimization，MO-AltMin）算法[104]、基于坐标下降（Coordinate Descent Method，CDM）算法的混合预编码[105]。为了提升基站的不同天线阵列的性能，考虑到算法的复杂性，选择 OMP 算法作为主要思想来设计四种类型天线阵列的最佳预编码器。

算法的具体实现步骤总结如下：

步骤 1：初始化模拟预编码矩阵 $\boldsymbol{A}$ 为全 0 矩阵；

步骤 2：对信道矩阵 $\boldsymbol{H}$ 进行奇异值分解得到右奇异矩阵，即 $\boldsymbol{H}=\boldsymbol{U}\boldsymbol{\Sigma}\boldsymbol{V}$。最佳全数字预编码表示为 $\boldsymbol{W}_{\rm opt}=\boldsymbol{V}(:,1:N_{\rm S})$，令 $\tilde{\boldsymbol{W}}=\boldsymbol{W}_{\rm opt}$；

步骤 3：循环开始：$m=1$；

步骤 4：寻找天线阵列响应矢量 $\boldsymbol{F}_{\rm t}$ 沿着最佳预编码器具有最大投影向量的列 g，即

$g=\underset{t=1,2,\cdots,L_sN_c}{\text{maximize}}\,(\boldsymbol{F}_{\rm t}^{\rm H}\bar{\boldsymbol{G}}\bar{\boldsymbol{G}}^{\rm H}\boldsymbol{F}_{\rm t})_{t,t}$；

步骤 5：将所选择天线阵列响应矢量的第 m 列赋值于第 n 个子模拟预编码矩阵，其可以表示为：$\bar{\boldsymbol{a}}_m=\boldsymbol{F}_{\rm t}((m-1)U+1:mU,g)$

步骤 6：获取数字预编码的最小二乘解，即 $\tilde{\boldsymbol{D}}=(\boldsymbol{A}^{\rm H}\boldsymbol{A})^{-1}\boldsymbol{A}^{\rm H}\boldsymbol{W}_{\rm opt}$；

步骤 7：移除被选中矢量对下次迭代的影响，更新 $\tilde{\boldsymbol{W}}=\dfrac{\boldsymbol{W}_{\text{opt}}-\boldsymbol{A}\tilde{\boldsymbol{D}}}{\left\|\boldsymbol{W}_{\text{opt}}-\boldsymbol{A}\tilde{\boldsymbol{D}}\right\|_{\text{F}}}$；

步骤 8：更新迭代次数：$m=m+1$，若 $m\leqslant N_{\text{RF}}$，则返回第 3 步，否则循环结束，执行下一步；

步骤 9：对数字预编码矩阵 $\boldsymbol{D}$ 进行处理，以满足发射功率限制，即 $\boldsymbol{D}=\sqrt{N_{\text{S}}}\dfrac{\tilde{\boldsymbol{D}}}{\left\|\boldsymbol{A}\tilde{\boldsymbol{D}}\right\|_{\text{F}}}$。

首先，基于部分连接的不同天线阵列混合预编码算法，以信道矩阵 $\boldsymbol{H}$ 的 SVD 分解为起始。然后，可以通过找到最优预编码矩阵沿 $\boldsymbol{F}_{\text{t}}$ 具有最大投影的向量来获得模拟预编码矩阵。最佳预编码器所沿的阵列响应向量具有最大的投影[52]，而本节中的模拟预编码 $\boldsymbol{A}$ 可以看作是对角矩阵，步骤 5 中基于相应的 RF 链分层搜索最优子模拟预编码器矩阵。在获得模拟预编码器矩阵后，步骤 7 的目的是计算数字预编码矩阵 $\boldsymbol{D}$ 的最小二乘解，以消除对所选矢量的影响。最后，在下一次循环的 RF 链上找到残差预编码矩阵 $\boldsymbol{W}$ 沿其具有最大投影的列。同时，在步骤 9 中满足了发射功率约束。在该算法中可以设置不同的天线阵列，即上节所设计的 ULA、URPA、UHPA 和 UCPA，来获取不同的预编码矩阵。通过四种类型的阵列响应矢量获得相应的模拟预编码器矩阵 $\boldsymbol{A}$ 和数字预编码器矩阵 $\boldsymbol{D}$。

为了验证所设计的四种天线阵列的性能，对四种天线阵列进行性能仿真分析。考虑到天线设置的合理性，将列车接收端的天线阵列与轨旁基站端设置相同，都配置 ULA、URPA、UHPA 和 UCPA。其中，URPA、UHPA 和 UCPA 为相同的几何面积，设置为 19.64λ，表 3.1 为所有的仿真参数设置。

表 3.1　仿真参数设置

参数名称	配置	参数名称	配置
ULA 天线个数	91	d_h	$\sqrt{3}d_x/2$
URPA 天线个数	9×10 或 5×18 或 2×45	ϕ	$\pi/2$
UHPA 天线个数	91	θ	$[-\pi/2,\pi/2]$
UCPA 天线个数	91	信道路径数	6
$d_x=d_y$	0.52λ	散射体个数	8

图 3.3 为所提出的四种天线阵列的阵列归一化波束方向图，表 3.2 为图 3.3 中主要数据参数。所提出的天线阵列的最大增益是 UHPA，其在最大波瓣的增益为 21.67 dB；最小增益的天线阵列为 ULA，其最大波瓣的增益为 19.25 dB，且四种天线阵列在 $\theta=0°$ 时取得最大天线阵列增益。在上文算法中介绍了最大增益的不同天线阵列对模拟预编码器矩阵 $\boldsymbol{A}$ 产生影响的结果。此外，与 ULA、URPA 和 UCPA 配置相比，UHPA 配置的最低旁瓣为 – 8.25 dB，这表明与其他的天线阵列相比，采用 UHPA 配置的发射与接收端会产生严重的干扰。

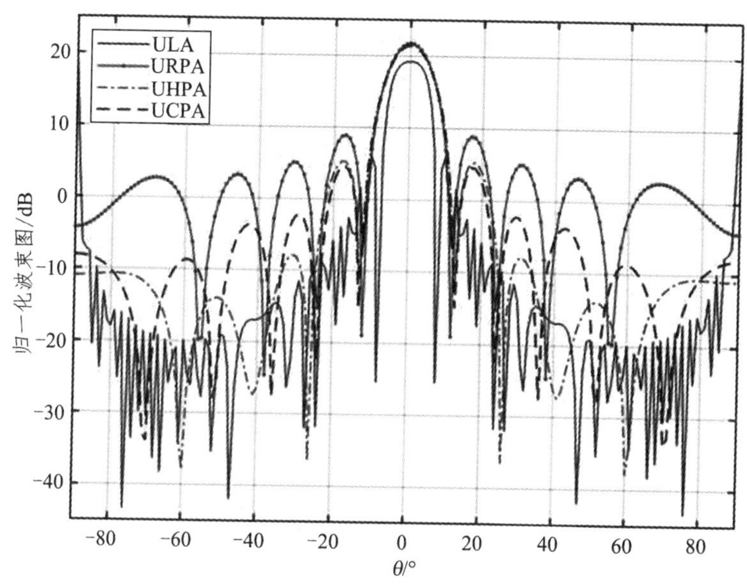

图 3.3　四种天线阵列归一化波束方向图

表 3.2　天线阵列的物理和辐射特性

特性名称	ULA	URPA	UHPA	UCPA
天线个数	91	90	91	91
几何面积	—	19.64λ	19.64λ	19.64λ
天线间距	0.50λ	0.52λ	0.55λ	0.50λ
最大增益/dB	19.25	21.19	21.67	21.48
HPBW（3 分贝）	14.24	22.67	24.20	22.29
旁瓣电平/dB	– 5.99	– 8.25	– 4.29	– 4.57
第一个空值/°	8	13	14	13

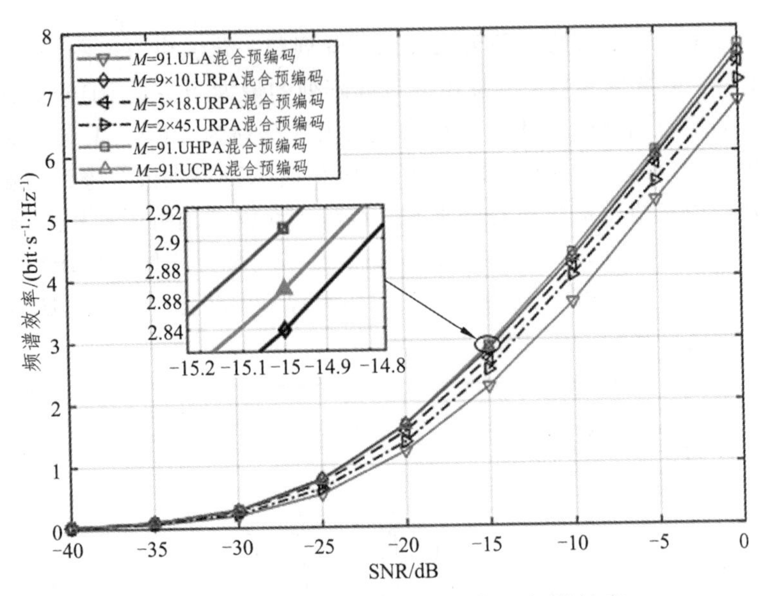

图 3.4　不同天线阵列混合预编码频谱效率

假设系统参数数据流 $N_S = 1$，接收端天线 $K = 16$，RF 链数量 $N_{RF} = 6$，图 3.4 为不同天线阵列混合预编码频谱效率。由图 3.4 可以观察出，随着系统 SNR 的增加，无论哪种排列方式的天线阵列，其频谱效率都逐渐增加；同时从图 3.4 可以得出，对于 URPA，天线排列方式为 $M = 9\times10$ 的频谱效率高于天线排列方式为 $M = 5\times18$ 和 $M = 2\times45$ 的频谱效率。当 URPA 的天线排列方式为 $M = 9\times10$ 时，URPA、UHPA 和 UCPA 的频谱效率几乎相同。与其他天线阵列相比，排列方式为 ULA 的频谱效率最低。在 URPA 中，随着天线阵列中行数的增加（ULA 可以看作是 URPA 的单行排列），系统的频谱效率也会增加。原因是天线阵列排列紧密，导致天线阵列的增益更高，系统的频谱效率更高。

假设系统参数 $SNR = -5\text{ dB}$，图 3.5 为不同数量的 RF 链下四种天线阵列混合预编码频谱效率。当线性阵列中的 $N_{RF} \leqslant 20$ 且平面阵列中的 $N_{RF} \leqslant 16$ 时，系统的频谱效率随着 RF 链的增加而逐渐增加。当线性阵列中的 $N_{RF} > 20$ 且平面阵列中的 $N_{RF} > 16$ 时，系统的频谱效率保持恒定。这意味着随着 RF 链数量的逐渐增加，系统的频谱效率无法无限改善。这是因为基站的天线的数目和所发送的数据流是有限的，因此系统增益在恒定值之后保持不变。值得注意的是，在相同数量的 RF 链下，ULA 的频谱效率低于 URPA、UHPA 和 UCPA。

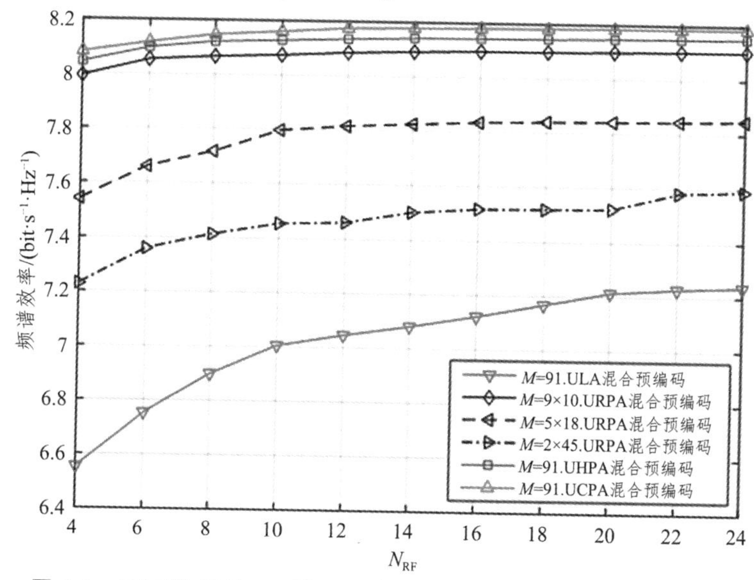

图 3.5 不同数量的 RF 链下四种天线阵列混合预编码频谱效率

为了分析所提出的天线阵列混合预编码的能量效率，可以将接收端的能量效率η定义为

$$\eta = \frac{R}{P_t + N_{RF}P_{RF} + N_{PS}P_{PS}} \tag{3.15}$$

其中，P_t为发射信号需要的能量；P_{RF}为 RF 链消耗的能量；P_{PS}为模拟预编码器端的移相器消耗的能量；N_{PS}为移相器的数目。

假设基站断发射信号的能耗为$P_t = 1\,\mathrm{mW}$[59]，单个 RF 链的能耗为P_{RF}=250 mW[81]，单个移相器的能耗为P_{PS}=1 mW[80]，图 3.6 为四种天线阵列接收端的能量效率在$2 \leqslant N_{RF} \leqslant 16$的变化情况。可以看出，对于 URPA，天线排列方式为$M = 9\times10$的频谱效率高于天线排列方式为$M = 5\times18$和$M = 2\times45$的能量效率。而 URPA、UHPA 和 UCPA 的接收端的能量效率基本相同。在相同的数量的 RF 链时，URPA、UHPA 和 UCPA 的能量效率高于 ULA。此外，当 RF 数量增加时，无论哪种排列方式的天线阵列的能量效率都逐渐减小。无论采用哪种天线阵列架构，考虑到实际的能量消耗，单个 RF 链消耗的能量是单个移相器消耗能量的 250%，因此可以看出 RF 链是系统能耗的主要耗件。

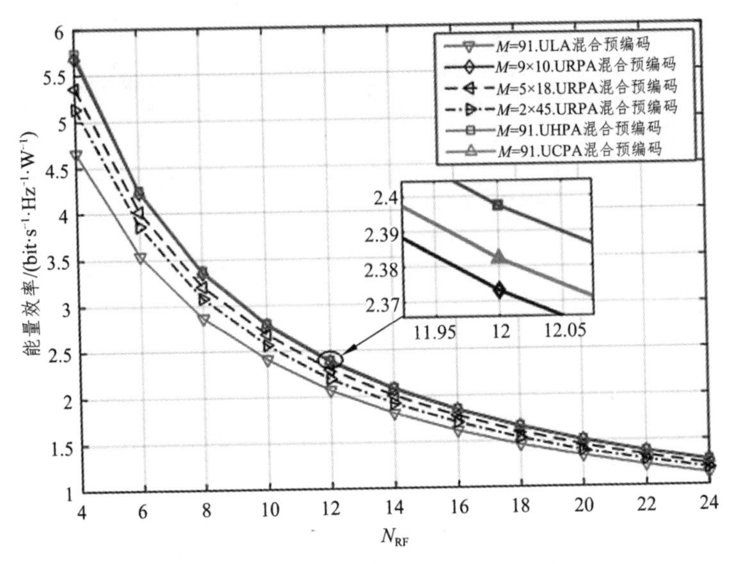

图 3.6 接收端能量效率随 RF 链的变化

考虑不同的预编码架构，研究频谱效率和接收端能量效率两个系统性能。在已知完美的 CSI 时，图 3.7 显示了具有 ULA 的毫米波 MIMO 系统中的不同预编码结构的频谱效率随 SNR 的变化。其中 RF 链为 $N_{RF}=4$，接收端的天线数为 $M=91$。从图 3.7 中可以看到，三种预编码架构的频谱

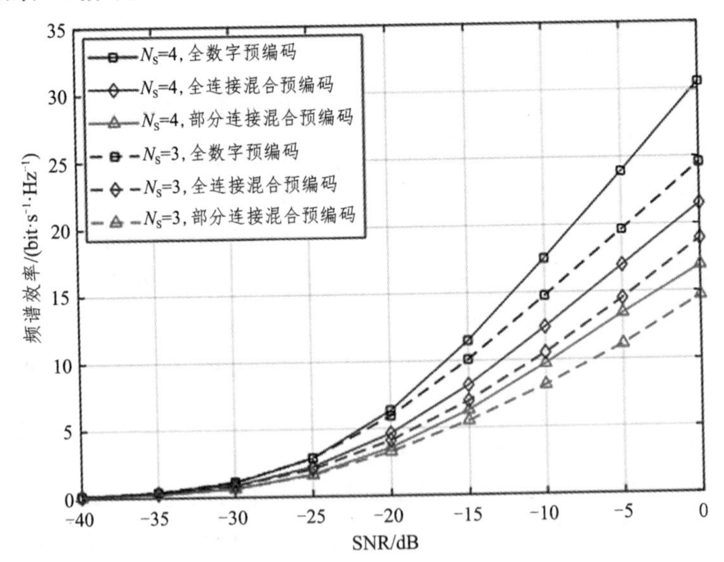

图 3.7 不同预编码结构的频谱效率随 SNR 的变化

效率随着 SNR 的增加而逐渐增加。无论哪种预编码结构，增加数据流可以显著提高系统的频谱效率；在相同数据流的情况下，全数字预编码和全连接混合预编码的频谱效率优于部分连接混合预编码的频谱效率。这是因为全数字预编码和全连接混合预编码的特性，即全数字预编码结构中，每个 RF 链都连接到所有移相器，而全连接混合预编码结构使用更多的移相器来最大化系统增益。

假设具有 ULA 的 MIMO 系统配置的 RF 数量 $N_{RF}=4$，接收端的天线数为 $M=91$，图 3.8 所示为不同预编码结构的能量效率随 SNR 的变化。从图 3.8 中可以看出，部分连接的混合预编码接收端的能量效率明显优于全数字预编码和全连接混合预编码的能量效率，且在相同条件下，全数字预编码的接收端的能量效率最低。在低 SNR 的情况下，接收端的能量效率随着 SNR 的增加而增加，与全数字预编码和全连接混合预编码相比，部分连接的混合预编码增加的幅度更大。随着发射端的 SNR 增加，由于能量效率上的增益与功耗相比变得越来越小，因此所有预编码架构的能量效率都降低。此外，对于低 SNR，可以观察到部分连接的混合预编码的能量效率明显高于全连接混合预编码。当收到的能量效率增加到最大时，与全连接混合预编码和全数字预编码相比，部分连接的混合预编码

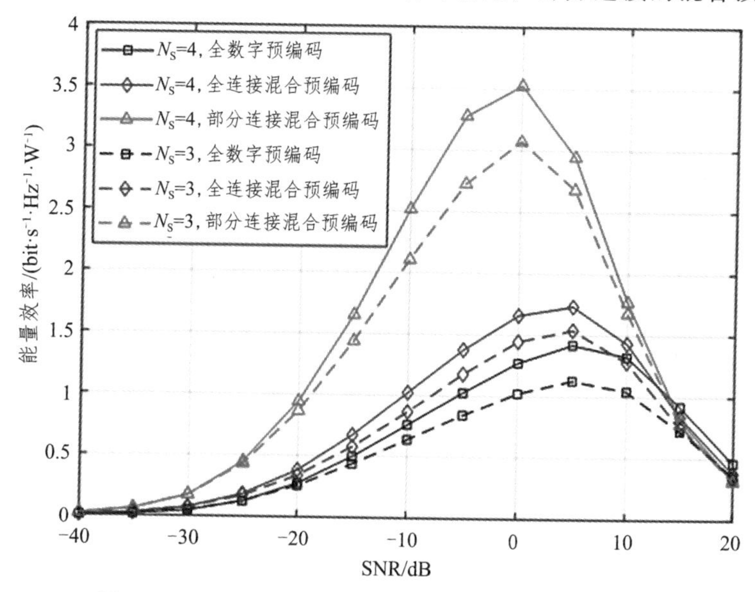

图 3.8 不同预编码结构的能量效率随 SNR 的变化

的性能将大大下降。部分连接结构的混合预编码使用的移相器数量较少，其接收端的能量效率高于其他预编码结构。

最后，研究 CSI 对大规模 MIMO 系统混合预编码频谱效率的影响。被估计的信道矩阵（非理想 CSI）$\bar{\boldsymbol{H}}$ 可以建模为[56]

$$\bar{\boldsymbol{H}} = \Theta \boldsymbol{H} + \sqrt{1-\Theta^2}\boldsymbol{E} \tag{3.16}$$

其中，$\boldsymbol{H}$ 为实际的信道矩阵；$\Theta \in [0,1]$ 为 CSI 的精度；$\boldsymbol{E}$ 为信道误差矩阵，遵从 $\boldsymbol{E} \sim \mathcal{CN}(0,1)$ 分布。

图 3.9 所示为部分连接混合预编码频谱效率随 SNR 的变化，其中考虑了具有不同情景的完美 CSI 和不完美 CSI。由图 3.9 可以得出，随着 SNR 的提高，完美 CSI 和不完美 CSI 的频谱效率都将逐渐提高，且随着 CSI 精度的增加，其频谱效率变大。同时，可以观察到部分连接混合预编码对 CSI 精度不是很敏感。混合预编码的频谱效率在相同的 SNR 下，其值与理想 CSI 的频谱效率相差 2 dB 左右。即使在 CSI 精度相差较大时，具有不完美 CSI 的混合预编码的频谱效率仍可以实现在理想 CSI 情况下频谱效率的 75%。此外，图 3.10 显示了具有全连接结构的混合预编码频谱效率随 SNR 的变化情况，可以看出图 3.10 曲线的变化趋势与图 3.9 一致，其可以得出类似于图 3.9 的结论。

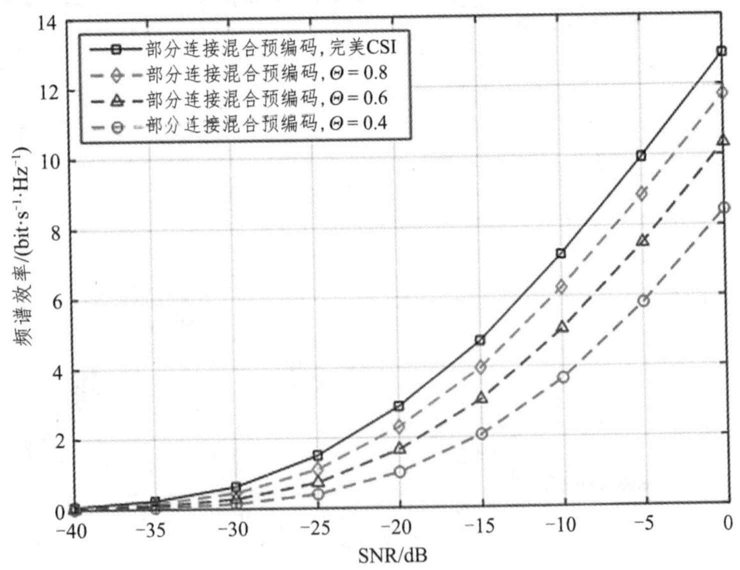

图 3.9　部分连接混合预编码频谱效率随 SNR 的变化

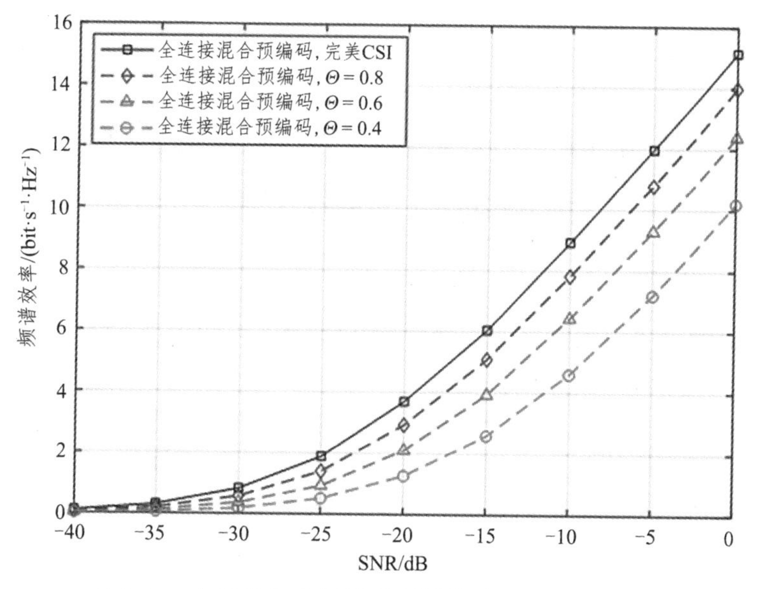

图 3.10 全连接混合预编码频谱效率随 SNR 的变化

3.4 本章小结

本章主要分析了四种天线阵列和预编码架构下毫米波 MIMO 系统频谱效率和能量效率性能。考虑接收端的天线阵列和数目相同时，URPA、UCPA 和 UHPA 的阵列增益几乎具有相同的性能，并且优于 ULA。同时，URPA、UCPA 和 UHPA 的频谱效率的性能几乎相同，且都高于 ULA 的频谱效率。无论哪种天线阵列，当 RF 链的数量较少时，增加射频链数量都会导致频谱效率性能的提高，并且存在最佳的射频链数量来最大化频谱效率。但是，随着射频链数量的增加，接收到的能量效率的性能总会下降。此外，全连接混合预编码和部分连接的混合预编码分别在能量效率和频谱效率方面具有独特的应用优势。

第 4 章　车地间毫米波通信系统离散混合预编码设计

在高铁场景下的毫米波大规模 MIMO 混合预编码设计时，轨旁基站的混合波束形成设计通常假设无限分辨率移相器可用于产生任何所需的相位。但是，当前构成移相器的硅材料的技术发展状态使得高分辨率移相器的设计具有挑战性甚至是不切实际的。此外，增加移相器的分辨率会导致系统更高的功耗。因此，本章综合考虑混合预编码的非凸特性及系统硬件限制，提出一种离散移相器的混合预编码设计方案，在尽可能不损失高铁无线通信系统频谱效率的同时，提高系统的能量效率，降低轨旁基站的能耗。

4.1　系统模型

4.1.1　下行链路混合预编码模型

混合预编码结构包括数字与模拟预编码，其结构如图 4.1（a）所示。主流的混合预编码结构可以分为图 4.1(b)所示的全连接结构与图 4.1(c)所示的部分连接结构。由图 4.1 可以观察出，当基站配置有 N_{RF} 个 RF 链与 M 个天线时，全连接结构需要 $N_{RF}M$ 个移相器，而部分连接只需要 M 个移相器。因此，在部分连接的结构中使用的移相器更少，硬件实现的复杂度较低。

本节考虑高铁场景下第一跳链路，其设置时利用毫米波大规模 MIMO 系统中的部分连接混合预编码结构，具体结构如图 4.1（c）所示。其中基站配有 N_{RF} 个 RF 链与 M 个天线用来传输 N_S 个数据流，为了支持多流传输，满足 $N_S \leqslant N_{RF} < M$ 的条件。首先，基带中的数字预编码

$\boldsymbol{F}_{\mathrm{D}} \in \mathbb{C}^{N_{\mathrm{RF}} \times N_{\mathrm{S}}}$ 将数据流进行数字预编码，然后经过模拟预编码器 $\boldsymbol{F}_{\mathrm{A}} \in \mathbb{C}^{M \times N_{\mathrm{RF}}}$ 被模拟域预编码，最后列车端的接收信号可以表示为

$$\boldsymbol{y} = \sqrt{P}\boldsymbol{H}\boldsymbol{F}_{\mathrm{A}}\boldsymbol{F}_{\mathrm{D}}\boldsymbol{s} + \boldsymbol{n} = \sqrt{P}\boldsymbol{H}\boldsymbol{G}\boldsymbol{s} + \boldsymbol{n} \tag{4.1}$$

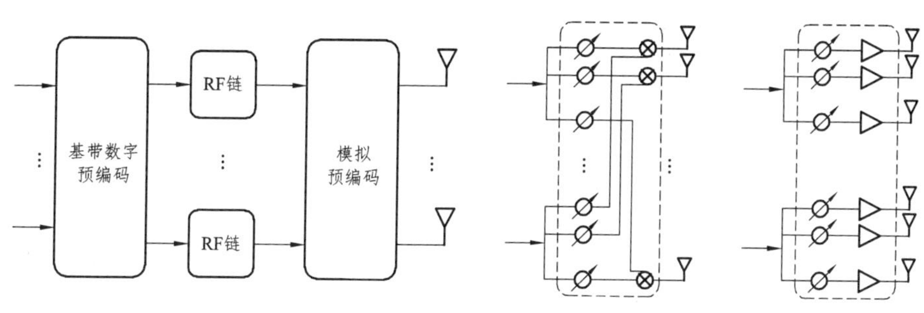

（a）毫米波混合预编码结构　（b）全连接结构　（c）部分连接结构

图 4.1　混合预编码系统模型

其中 $\boldsymbol{y} = [y_1 \quad y_2 \quad \cdots \quad y_K]^{\mathrm{T}}$，$K$ 为列车端配置的天线数量；P 为平均接收功率；$\boldsymbol{H} \in \mathbb{C}^{K \times M}$ 为毫米波信道矩阵，满足 $\mathbb{E}[\|\boldsymbol{H}\|_{\mathrm{F}}^2] = KM$；$\boldsymbol{s}$ 为发射信号，且 $\mathbb{E}[\boldsymbol{s}\boldsymbol{s}^H] = \boldsymbol{I}_{N_{\mathrm{S}}}/N_{\mathrm{S}}$；$\boldsymbol{n}$ 为满足复高斯分布的噪声矩阵，即 $\boldsymbol{n} \in \mathcal{CN}(0, \sigma^2\boldsymbol{I})$；$\boldsymbol{G} \in \mathbb{C}^{M \times N_{\mathrm{S}}}$ 为混合预编码矩阵，即 $\boldsymbol{G} = \boldsymbol{F}_{\mathrm{A}}\boldsymbol{F}_{\mathrm{D}}$，并满足 $\|\boldsymbol{G}\|_{\mathrm{F}}^2 = N_{\mathrm{S}}$ 的基站总功率约束。模拟预编码矩阵可以表示为

$$\boldsymbol{F}_{\mathrm{A}} = \begin{bmatrix} \boldsymbol{f}_1 & \boldsymbol{0} & \cdots & \boldsymbol{0} \\ \boldsymbol{0} & \boldsymbol{f}_2 & & \boldsymbol{0} \\ \boldsymbol{0} & \boldsymbol{0} & \ddots & \boldsymbol{0} \\ \boldsymbol{0} & \boldsymbol{0} & \cdots & \boldsymbol{f}_{N_{\mathrm{RF}}} \end{bmatrix}_{M \times N_{\mathrm{RF}}} \tag{4.2}$$

其中，$\boldsymbol{f}_n \in \mathbb{C}^{U \times 1}, n = 1, 2, \cdots, N_{\mathrm{RF}}$，为第 n 个子模拟预编码向量，U 为天线子阵列的个数，且 $\boldsymbol{f}_{n,m} = \mathrm{e}^{\mathrm{j}\theta_{n,m}}$，$m = 1, 2, \cdots, U$，$\theta_{n,m}$ 可以通过相应的移相器进行调整。

4.1.2　毫米波信道模型

由于毫米波波长较短，有限散射体是毫米波在信道传播过程中的主要特性之一，本节采用拓展的 SV 几何信道模型，毫米波信道 $\boldsymbol{H}$ 可以表

示为[89]

$$\boldsymbol{H}=\sqrt{\frac{MK}{L_{\mathrm{s}}N_{\mathrm{c}}}}\sum_{l=1}^{L}\alpha_{\mathrm{r}}\boldsymbol{A}_{\mathrm{r}}(\phi_l^{\mathrm{r}},\theta_l^{\mathrm{r}})\boldsymbol{A}^{\mathrm{H}}{}_{\mathrm{t}}(\phi_l^{\mathrm{t}},\theta_l^{\mathrm{t}}) \tag{4.3}$$

其中，L_{s}为轨旁基站与机车之间的有限信道路径的个数；N_{c}为毫米波信道中散射体的数量；$\alpha_{\mathrm{r}}\sim(0,\sigma_l^2)$是第 l 条路径的增益；$\phi_l^{\mathrm{t}}(\theta_l^{\mathrm{t}})$和$\phi_l^{\mathrm{r}}(\theta_l^{\mathrm{r}})$分别是出发与到达的方位角；$\boldsymbol{A}_{\mathrm{r}}$与$\boldsymbol{A}_{\mathrm{t}}$为机车端和轨旁基站的天线阵列响应矢量。

考虑 ULA 与均匀矩形平面阵。假设 ULA 配置 M 个天线，其阵列响应矢量为

$$\boldsymbol{a}_{\mathrm{t,ULA}}=\frac{1}{\sqrt{M}}\left[1 \quad \mathrm{e}^{\mathrm{j}\mu d\sin(\phi)} \quad \cdots \quad \mathrm{e}^{\mathrm{j}\mu(M-1)d\sin(\phi)}\right]^{\mathrm{T}} \tag{4.4}$$

其中，$\mu=2\pi/\lambda$，λ为信号波长，d为天线间距。

水平方向与垂直方向分别具有M_x和M_y个天线且天线间距分别为d_x与d_y的均匀平面阵（Uniform Planar Array，UPA），水平方向的阵列响应矢量为

$$\boldsymbol{a}_x(\phi,\theta)=\frac{1}{\sqrt{M_x}}\left[1 \quad \mathrm{e}^{\mathrm{j}\mu d_x\omega} \quad \cdots \quad \mathrm{e}^{\mathrm{j}\mu(M_x-1)d_x\omega}\right]^{\mathrm{T}} \tag{4.5}$$

垂直方向的阵列响应矢量为

$$\boldsymbol{a}_y(\phi,\theta)=\frac{1}{\sqrt{M_y}}\left[1 \quad \mathrm{e}^{\mathrm{j}\mu d_y\omega} \quad \cdots \quad \mathrm{e}^{\mathrm{j}\mu(M_y-1)d_x\omega}\right]^{\mathrm{T}} \tag{4.6}$$

其中，$\omega=\sin(\theta)\cos(\phi)$；$\mu=2\pi/\lambda$，$\lambda$为信号波长。

在一个均匀 UPA 中，假设天线个数为$M=M_x\times M_{\mathrm{y}}$，其阵列响应矢量可以写为

$$\boldsymbol{A}_{\mathrm{t,UPA}}(\phi,\theta)=\boldsymbol{a}_x(\phi,\theta)\otimes\boldsymbol{a}_y(\phi,\theta) \tag{4.7}$$

4.2 离散混合预编码设计

混合预编码结构受益于大规模天线阵列和射频链路。假设发送的符

号满足高斯分布，用户端完全解码且信道状态信息是已知的，在毫米波大规模 MIMO 系统中，混合预编码部分连接结构中的系统频谱效率为

$$\mathcal{R}(\boldsymbol{F}_{\mathrm{A}},\boldsymbol{F}_{\mathrm{D}})=\log_2\left(\left|\boldsymbol{I}_K+\frac{P}{N_{\mathrm{S}}\sigma^2}\boldsymbol{H}\boldsymbol{F}_{\mathrm{A}}\boldsymbol{F}_{\mathrm{D}}\boldsymbol{F}_{\mathrm{D}}^{\mathrm{H}}\boldsymbol{F}_{\mathrm{A}}^{\mathrm{H}}\boldsymbol{H}^{\mathrm{H}}\right|\right) \tag{4.8}$$

数据流在传输时，数字预编码 $\boldsymbol{F}_{\mathrm{D}}$ 可以改变发射信号的幅度与相位，而模拟预编码 $\boldsymbol{F}_A$ 只改变信号的相位。移相器经过量化，矩阵 $\boldsymbol{F}_A$ 中的每个元素都属于集合 $\mathcal{U}$，其中 $\mathcal{U}$ 为

$$\mathcal{U}\triangleq\{0,\varDelta,2\varDelta,\cdots,(2^B-1)\varDelta\} \tag{4.9}$$

其中，$\varDelta=2\pi/2^B$ 为均匀量化的补偿因子，B 为移相器的量化精度。$\boldsymbol{F}_{\mathrm{A}}$ 的约束条件为

$$\begin{cases}(\boldsymbol{F}_{\mathrm{A}})_{n,m}\in\mathcal{F}\\ \mathcal{F}\triangleq\{1,\upsilon,\upsilon^2,\cdots,\upsilon^{2^B-1}\}\end{cases} \tag{4.10}$$

其中，$\upsilon=\mathrm{e}^{\mathrm{j}\varDelta}$。通过使用离散移相器且在基站总功率约束下，混合预编码设计问题为

$$\begin{aligned}&\underset{\boldsymbol{F}_{\mathrm{A}},\boldsymbol{F}_{\mathrm{D}}}{\text{maximize}}\ \mathcal{R}(\boldsymbol{F}_{\mathrm{A}},\boldsymbol{F}_{\mathrm{D}})\\ &\text{s.t.}\ \boldsymbol{F}_{\mathrm{A}}\in\mathcal{F}\\ &\quad\ \|\boldsymbol{G}\|_{\mathrm{F}}^2=N_{\mathrm{S}}\end{aligned} \tag{4.11}$$

由于式（4.11）的约束条件的非凸特性，并且需要联合优化数字预编码与模拟预编码，直接对式（4.11）最优问题求解具有较大难度。在模拟预编码设计过程中，暂时不考虑移相器的量化影响，去除式（4.10）的约束限制。混合预编码设计问题可以转化为

$$\begin{aligned}&\underset{\boldsymbol{F}_{\mathrm{A}},\boldsymbol{F}_{\mathrm{D}}}{\text{minimize}}\ \left\|G_{\mathrm{opt}}-\boldsymbol{F}_{\mathrm{A}}\boldsymbol{F}_{\mathrm{D}}\right\|_{\mathrm{F}}\\ &\text{s.t.}\ \boldsymbol{F}_{\mathrm{A}}\in\{\boldsymbol{A}_{\mathrm{t}}(\phi_l,\theta_l),\forall l\}\\ &\quad\ \|\boldsymbol{G}\|_{\mathrm{F}}^2=N_{\mathrm{S}}\end{aligned} \tag{4.12}$$

其中，$\boldsymbol{G}_{\mathrm{opt}}$ 为最佳全数字预编码；$\boldsymbol{A}_{\mathrm{t}}$ 为 ULA 或 UPA 的阵列响应矢量。定义信道矩阵 $\boldsymbol{H}$ 的奇异值分解为 $\boldsymbol{H}=\boldsymbol{U}\varSigma\boldsymbol{V}_{\mathrm{H}}^{\mathrm{H}}$，其中 $\boldsymbol{U}$ 为酉矩阵，$\varSigma$ 为

元素值递减的对角矩阵，$\boldsymbol{V}_{\mathrm{H}} \in \mathbb{C}^{K\times M}$ 为右奇异向量。将 $\boldsymbol{V}_{\mathrm{H}}$ 分解为 $\boldsymbol{V}_{H}=\left[\boldsymbol{V}_{\mathrm{H1}} \quad \boldsymbol{V}_{\mathrm{H2}}\right]$，其中，$\boldsymbol{V}_{\mathrm{H1}} \in \mathbb{C}^{K\times N_{\mathrm{S}}}$。最佳全数字预编码为信道矩阵的奇异值分解后的右奇异向量的第 N_{S} 列，可以得到全数字预编码 $\boldsymbol{G}_{\mathrm{opt}}=\boldsymbol{V}_{\mathrm{H1}}$。

对经过相应的天线响应矢量得出的模拟预编码进行量化，定义量化函数

$$\theta_{n,m}^{Q}=\mathrm{Q}\left(\theta_{n,m}\right)=b_{s}\Delta, \tag{4.13}$$

其中，$\theta_{n,m}^{Q}$ 为 $\theta_{n,m}$ 的量化值；$Q(\cdot)$ 表示量化运算，作用是将输入的值量化为集合 $\mathcal{U}$ 中最近的点。b_{s} 被选择的条件为

$$b_{s}=\underset{b\in\left\{0,1,\cdots,2^{B}-1\right\}}{\operatorname{minimize}}\left|\theta_{n,m}-b\Delta\right| \tag{4.14}$$

在式（4.12）的优化问题中，将模拟预编码矩阵 $\boldsymbol{F}_{\mathrm{A}}$ 的约束条件及量化后的值代入式（4.12）中，其等价问题可以转化为[52]

$$\begin{gathered}\boldsymbol{F}_{\mathrm{D}}^{\mathrm{opt}}=\underset{\overline{\boldsymbol{F}}_{\mathrm{D}}}{\operatorname{minimize}}\left\|G_{\mathrm{opt}}-\boldsymbol{F}_{\mathrm{A}}\overline{\boldsymbol{F}}_{\mathrm{D}}\right\|_{\mathrm{F}}\\ \text{s.t.}\left\|\operatorname{diag}(\overline{\boldsymbol{F}}_{\mathrm{D}}\overline{\boldsymbol{F}}_{\mathrm{D}}^{\mathrm{H}})\right\|_{0}=N_{\mathrm{RF}}\\ \left\|\boldsymbol{F}_{A}\overline{\boldsymbol{F}}_{\mathrm{D}}\right\|_{\mathrm{F}}^{2}=N_{\mathrm{S}}\end{gathered} \tag{4.15}$$

其中，$\boldsymbol{A}_{\mathrm{t}}$ 与 $\overline{\boldsymbol{F}}_{\mathrm{D}}$ 为辅助矩阵，其用来获得模拟预编码矩阵 $\boldsymbol{F}_{\mathrm{A}}$ 与数字预编码矩阵 $\boldsymbol{F}_{\mathrm{D}}$。

因此，最佳模拟预编码矩阵 $\boldsymbol{F}_{\mathrm{A}}^{\mathrm{opt}}$ 与最佳数字预编码矩阵 $\boldsymbol{F}_{\mathrm{D}}^{\mathrm{opt}}$ 可以通过式（4.12）与（4.15）获得。本节提出的离散化的正交匹配追踪算法的流程图如图 4.2 所示。

算法的具体实现步骤：

步骤 1：初始化模拟预编码矩阵 $\boldsymbol{F}_{\mathrm{A}}$ 为全 0 矩阵；

步骤 2：对信道矩阵 $\mathbf{H}$ 进行奇异值分解得到右奇异矩阵，即 $\boldsymbol{H}=\boldsymbol{U}\Sigma\boldsymbol{V}_{\mathrm{H}}^{\mathrm{H}}$。最佳全数字预编码表示为 $\boldsymbol{G}_{\mathrm{opt}}=\boldsymbol{V}_{\mathrm{H1}}$，令 $\overline{\boldsymbol{G}}=\boldsymbol{G}_{\mathrm{opt}}$；

步骤 3：外循环开始，$n=1$；

步骤 4：寻找天线阵列响应矢量 $\boldsymbol{A}_{\mathrm{t}}$ 沿着最佳预编码器具有最大投影向量的列 r，即 $r=\underset{t=1,2,\cdots,L_{\mathrm{s}}N_{\mathrm{c}}}{\operatorname{maximize}}\left(\boldsymbol{A}_{\mathrm{t}}^{\mathrm{H}}\overline{\boldsymbol{G}}\overline{\boldsymbol{G}}^{\mathrm{H}}\boldsymbol{A}_{\mathrm{t}}\right)_{t,t}$；

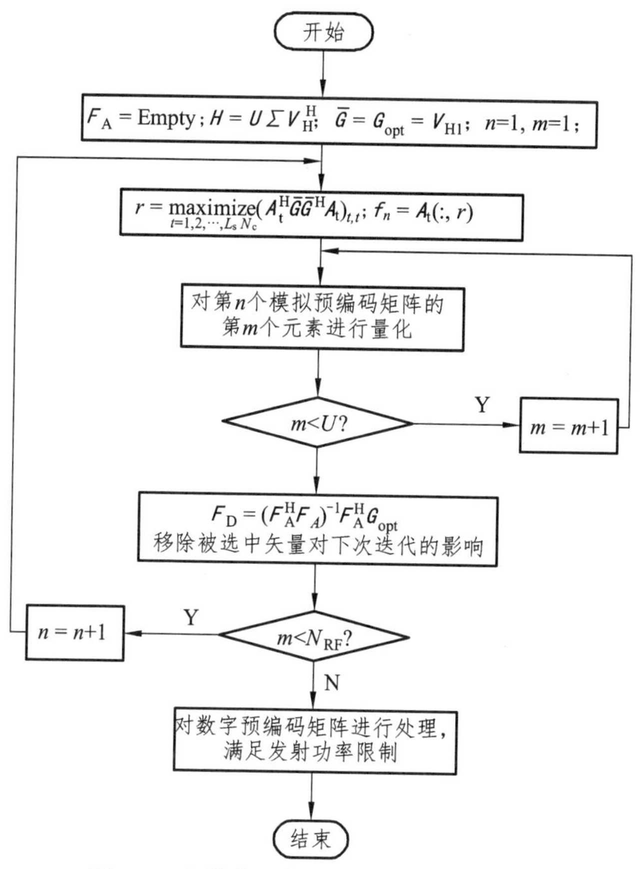

图 4.2　离散化正交匹配追踪算法流程图

步骤 5：将所选择天线阵列响应矢量的第 r 列赋值于第 n 个子模拟预编码矩阵；

步骤 6：内循环开始，$m=1$；

步骤 7：由式（4.14）与式（4.15）对第 n 个子模拟预编码向量的元素进行量化得到 $\theta_{n,m}^{Q}$，对应子模拟预编码向量为 $\boldsymbol{f}_{n,m}=\mathrm{e}^{\mathrm{j}\theta_{n,m}^{Q}}$；

步骤 8：更新迭代次数，$m=m+1$，若 $m \leqslant U$ 则返回第 7 步，否则内循环结束，执行下一步；

步骤 9：获取数字预编码 $\boldsymbol{F}_{\mathrm{D}}$ 的最小二乘解，即 $\boldsymbol{F}_{\mathrm{D}}=(\boldsymbol{F}_{\mathrm{A}}{}^{\mathrm{H}}\boldsymbol{F}_{\mathrm{A}})^{-1}\boldsymbol{F}_{\mathrm{A}}{}^{\mathrm{H}}\boldsymbol{G}_{\mathrm{opt}}$；

步骤 10：移除被选中矢量对下次迭代的影响，更新 $\bar{\boldsymbol{G}}=\dfrac{\boldsymbol{G}_{\mathrm{opt}}-\boldsymbol{F}_{\mathrm{A}}\boldsymbol{F}_{\mathrm{D}}}{\left\|\boldsymbol{G}_{\mathrm{opt}}-\boldsymbol{F}_{\mathrm{A}}\boldsymbol{F}_{\mathrm{D}}\right\|_{\mathrm{F}}}$；

步骤 11：更新迭代次数，$n=n+1$，若$n \leqslant N_{\mathrm{RF}}$，则返回第 4 步，否则外循环结束，执行下一步；

步骤 12：对数字预编码矩阵 $\boldsymbol{F}_{\mathrm{D}}$ 进行功率限制处理，即 $\boldsymbol{F}_{\mathrm{D}}=\sqrt{N_{\mathrm{S}}}\dfrac{\boldsymbol{F}_{\mathrm{D}}}{\|\boldsymbol{F}_{\mathrm{A}}\boldsymbol{F}_{\mathrm{D}}\|_{\mathrm{F}}}$。

经过步骤 1 至步骤 12 后，利用离散化的正交匹配追踪算法可以求出最终的最佳数字预编码器与最佳离散化的模拟预编码器。

为了验证所提出的离散混合预编码对系统性能的影响，仿真条件设置如表 4.1 所示。

表 4.1　系统参数设置

系统参数	仿真值	系统参数	仿真值
天线间距 d	0.5λ	信道中散射体个数	8
RF 链个数	4	方位角 ϕ	均匀分布在$[0, 2\pi]$
数据流个数	1、2	仰角 θ	均匀分布在$[-2\pi, 2\pi]$
信道路径数	6	噪声均方误差	1

同时，为了验证所提出的离散化混合预编码方案的有效性，将通过 Matlab 进行仿真分析所提出方案的有效性。在单用户大规模 MIMO 场景中，分别考虑基站与用户配置两种天线阵列。一种为基站配置 144 个 ULA 天线，用户端配置 36 个 ULA 天线；另一种为基站配置 $M=12\times12$个天线的 UPA，用户端配置 $M=6\times6$个天线的 UPA。假设所有信道增益符合高斯独立同分布。系统参数如表 4.1 所示。

图 4.3 为天线阵列为 UPA 时，在输入不同 SNR 的情况下，对比分析不同数据流中不同量化位数的混合预编码的频谱效率。由图 4.3 可以观察出，增加数据流的传输量时，可以明显增加系统的频谱效率。同时，在相同的数据流 N_{S} 的情况下，所提出的离散化混合预编码方案的频谱效率随着模拟预编码的量化位数 B 的增加而增大，且在量化位数 $B=3$时，近乎达到未经过量化的混合预编码方案。这表明，所设计的离散化混合预编码方案更具有实用性。图 4.3 中仿真结果验证了所提出的离散化混合预编码方案的有效性。低精度的模拟预编码器具有较好的性能，这得益于离散化混合预编码方案在每次迭代中降低了模拟预编码器量化过程中的

性能损失，使得经过量化的模拟预编码器在每次迭代中得以一定补偿。

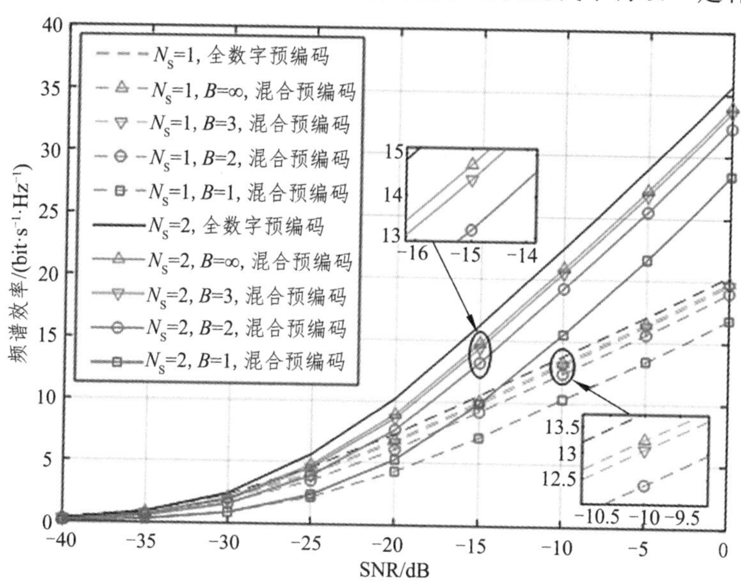

图 4.3　不同数据流下频谱效率随 SNR 变化情况

图 4.4 所示为数据流 $N_S=2$ 时，在输入不同 SNR 的情况下，对比分

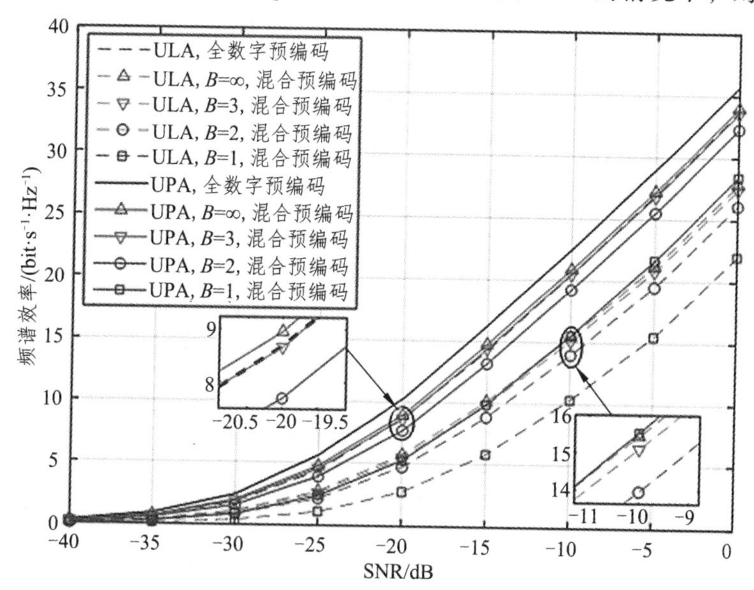

图 4.4　不同天线阵列下频谱效率随 SNR 变化情况

析相同天线个数和间距的 ULA 与 UPA 不同量化位数的混合预编码的频谱效率。在相同情况下，UPA 的频谱效率优于 ULA，且随着量化位数的增加，ULA 与 UPA 的频谱效率均增加；考虑配置不同的天线阵列时，量化位数 $B=1$ 的 UPA 的频谱效率接近未经过量化的 ULA 的频谱效率。这些表明 UPA 的天线性能增益明显优于 ULA，造成该结果的原因是 UPA 的排列方式相对于 ULA 较为集中，天线阵列响应矢量在进行方位角的调整中，基站端的 UPA 发射的信号波束相对于 ULA 更为集中，系统性能增益更优。

图 4.5 为基站与用户端配置的天线为 ULA，$\mathrm{SNR}=5\,\mathrm{dB}$，且所传输的数据流 $N_{\mathrm{S}}=2$ 的情况下，系统频谱效率随着天线数量的变化情况。从图 4.5 中可以观察到，随着天线数量的增加，不同量化位数的离散化预编码的频谱效率都逐渐增加；天线数量较少时，量化位数 $B=3$ 的离散化混合预编码方案的频谱效率接近于全数字预编码的频谱效率。这说明系统的性能增益可以通过增加天线数量来实现。同时，在较少天线数量时，较高量化值的混合预编码效果更接近全数字预编码的性能增益。

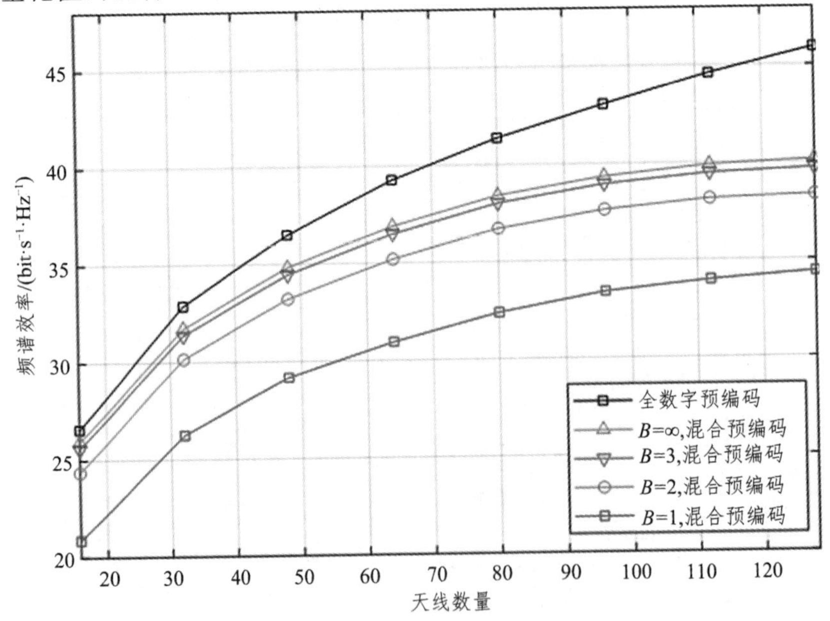

图 4.5　系统频谱效率随天线数量的变化情况

图 4.6 是基站与用户端配置的天线为 ULA，SNR = 0 dB，所传输的数据流 $N_S = 2$ 的情况下，系统频谱效率随着基站 RF 链数量的变化情况。从图 4.6 中可以看出，当 RF 链的数量小于 10 时，随着 RF 链的数量逐渐增加，不同量化位数的离散化预编码的频谱效率都逐渐增加，且量化位数 $B = 3$ 时的离散化混合预编码的频谱效率逐渐接近全数字预编码；当 RF 链的数量大于 10 时，不同量化位数的离散化混合预编码几乎不变。这表明，在混合预编码过程中增加少量的 RF 链可以提高系统的频谱效率，超过一定数量的 RF 链不会提高系统的频谱效率。同时，在相同的 RF 链的情况下，模拟预编码的量化位数越高时，系统的频谱效率越大，但总是小于全数字预编码方案的频谱效率。造成该部分的原因为：当 RF 链数量增加到一定数量后，RF 链数量不是制约系统性能的主要因素，其他系统参数（如天线数量、数据流等）会进一步影响系统的性能，如需系统性能的进一步提高，则需要调整系统的其他参数。

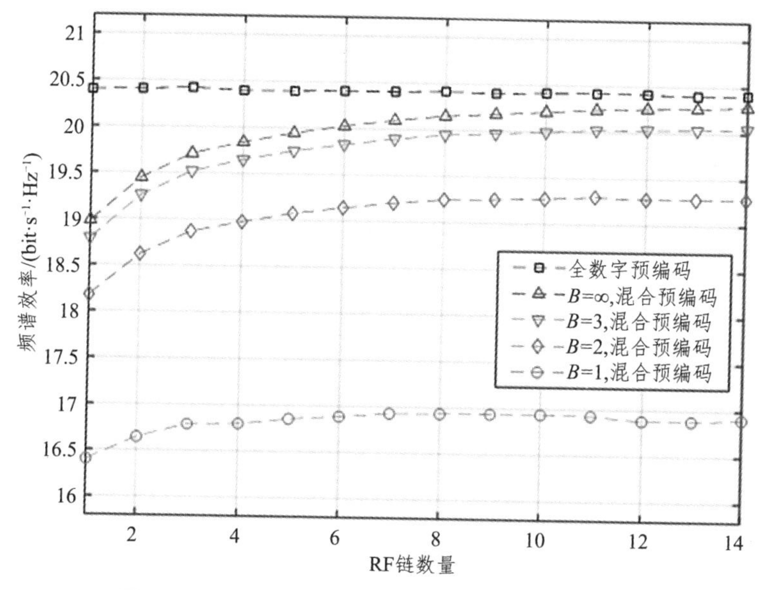

图 4.6　系统频谱效率随 RF 链数量的变化情况

图 4.7 展示了在不同的数据流的情况下，系统频谱效率随移相器的量化精度的变化情况。从图 4.7 可以看出，对于三种数据流，随着移相器的量化精度的逐渐增加，系统的频谱效率都先逐渐增加，不断接近于全数

字的频谱效率，最后保持不变。当移相器的精度在低位时（$b<5$），模拟预编码器对不同精度的移相器较为敏感，其精度越高，越接近于最佳的无限制的模拟预编码器。然而，当精度增加到一定精度后（$b>5$），系统的模拟预编码矩阵已经接近或达到最优状态，系统的频谱效率不再随着量化精度的增加而增大。从图 4.7 中可以看出，增加系统所需传输的数据流时，可以显著提高系统的频谱效率，且数据流越多时，其离散混合预编码的频谱效率越低于全数字预编码。

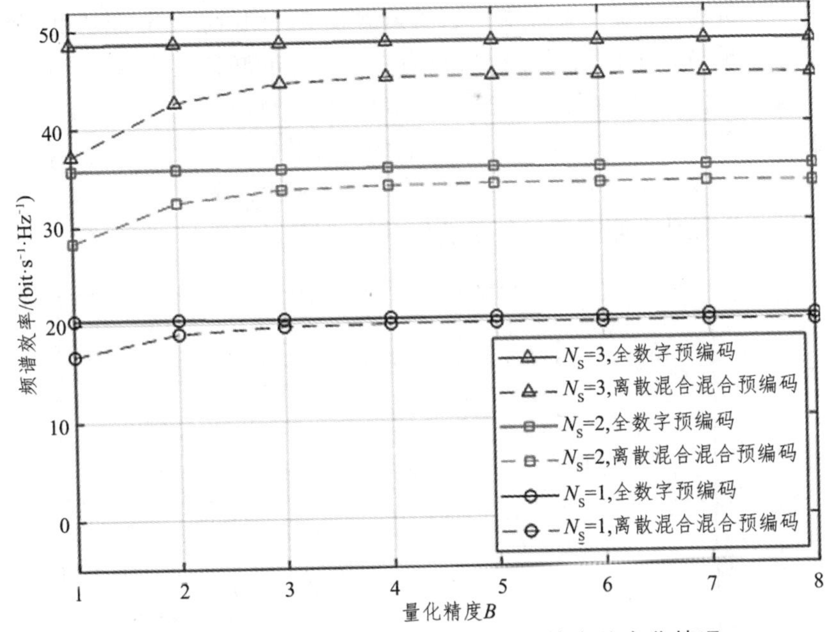

图 4.7　系统频谱效率随移相器的量化精度的变化情况

考虑整个系统的能耗为 $P_{\text{tot}}=P_{\text{t}}+N_{\text{RF}}P_{\text{RF}}+MP_{\text{PS}}$，其中，$P_{\text{t}}=1$ W 为发射信号需要的能量，$P_{\text{RF}}=250$ mW 为 RF 链消耗的能量，P_{PS} 为模拟预编码器端的移相器消耗的能量，M 为移相器的数目。当移相器精度为 n 位时，其能量消耗与精度之间的关系为 $P_{\text{PS}}=6n(\text{mW})$。

图 4.8 为当移相器的量化位数为 1 ~ 8 位时，系统频谱效率与能量消耗的关系。从图 4.8 中可以看出，在量化位数 B 为 1 ~ 4 位时，离散混合预编码系统的频谱效率逐渐增加，此时整个系统所消耗的能量也逐渐增加。当移相器的量化精度 B 为 4 ~ 8 位时，系统的频谱效率保持不变，然而系统能耗逐渐增加。当移相器的量化精度较小时，系统的频谱效率会

有一定的增加，与图 4.7 最后结果相同，当量化精度达到一定精度后，系统的频谱效率保持不变。对于系统的能量消耗，由于其与移相器的量化精度呈线性关系，当移相器的量化精度增加时，系统的能量消耗也逐渐增加。可以得出以下结论：适当的增加移相器的量化精度可以明显提高系统的频谱效率，但当移相器的量化精度过高时会引起不必要的能量消耗。

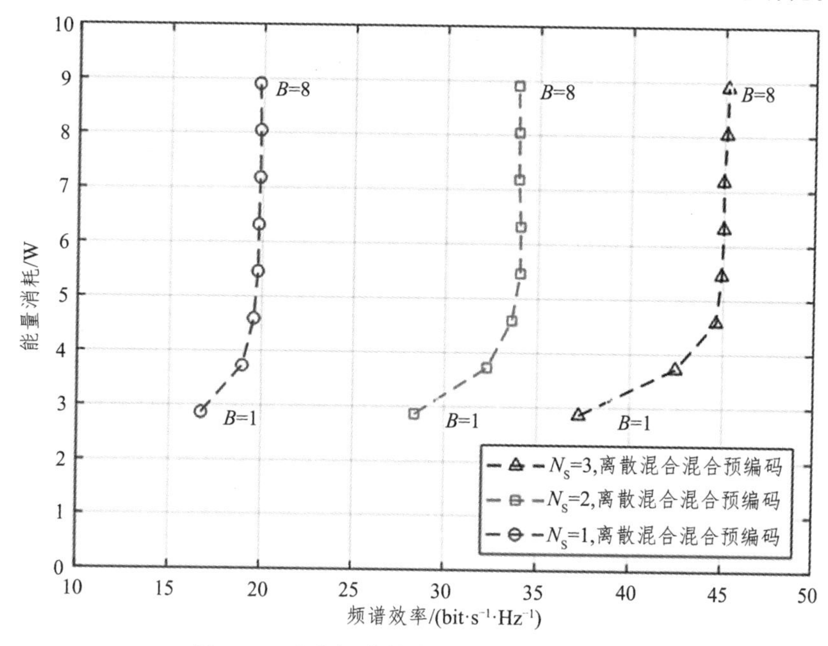

图 4.8　系统频谱效率与能量消耗的关系

4.3　本章小结

本章针对单用户毫米波 MIMO 系统提出了离散化混合预编码方案，旨在将模拟预编码进行量化，降低模拟预编码对精度的要求；同时考虑不同天线阵列对系统频谱效率的影响，使混合预编码更具有实用性。所提出的离散化混合预编码方案使用离散化正交匹配追踪原理求解相应的混合预编码矩阵。仿真表明，提出的离散化混合预编码方案在低量化精度下能够近乎达到全精度移相器的性能增益，所设计的离散化混合预编码方案更具有实用性。

第5章　车地间空间相关信道下大规模 MIMO 上行系统性能研究

在高铁大规模 MIMO 无线通信系统中，列车接收端和轨旁基站分别配置高精度的 ADCs 和高精度的数模转换器（Digital-to-Analog Converters，DACs）是不切实际，其原因在于高精度的 ADCs 和 DACs 功耗高、硬件成本高。因此，研究高铁无线通信系统装配低精度的 ADCs/DACs 变得更加实际，且对系统的频谱效率和能量效率的提升具有现实指导意义。本章主要针对在高铁大规模 MIMO 系统装配低精度 ADC 和混合精度 ADC 后，研究不同 ADC 接收机对高铁大规模 MIMO 上行系统频谱效率和能量效率的影响，首先推导出系统频谱效率的近似表达式，然后建立系统功率损耗模型，最后根据 ADC 的量化精度，权衡系统频谱效率和能量效率。

5.1　系统模型

5.1.1　低精度 ADC 接收机下的信道模型

考虑一个存在干扰机的单小区多用户大规模 MIMO 上行系统，如图 5.1 所示。假设该系统基站端配备 $M(M \gg K \geqslant 2)$ 根接收天线；用户端有 K 个单天线用户和一个单天线干扰机组成，并且用户之间相互独立。

根据 Kronecker 相关模型[106,107]，则理想 CSI 条件下的空间相关信道模型建模为

$$\boldsymbol{F} = \boldsymbol{R}^{1/2}\boldsymbol{H}\boldsymbol{D}^{1/2} \tag{5.1}$$

其中，$\boldsymbol{R} \in \mathbb{C}^{M \times M}$ 为信道相关矩阵；$\boldsymbol{H} \in \mathbb{C}^{M \times M}$ 为小尺度衰落系数矩阵，其元素是服从零均值和单位方差的复高斯随机变量；而 $\boldsymbol{D}$ 是 $K \times K$ 的实对角

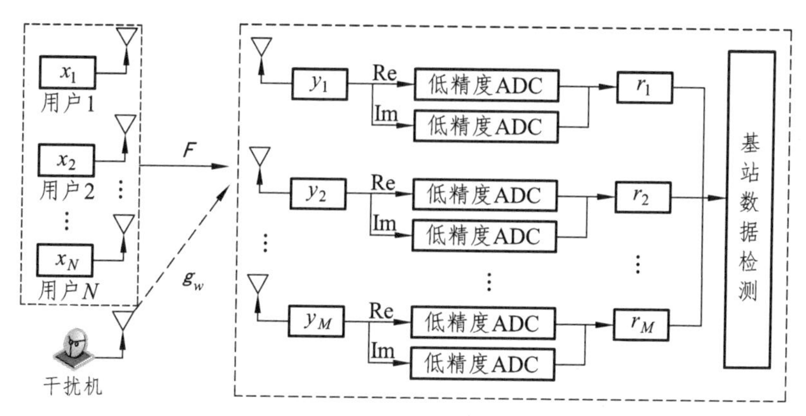

图 5.1　干扰机和低精度 ADC 架构下大规模 MIMO 系统框图

矩阵，其对角线上的元素 $[\boldsymbol{D}]_{kk}=\beta_k$ 为第 k 个用户到基站的大尺度衰落系数，包括路径损耗和阴影衰落，即

$$\beta_k = z_k/(d_k/r_{\mathrm{d}})^{-v} \tag{5.2}$$

其中，z_k 是标准差为 σ_{shadow} 的对数正态随机变量，并表示阴影衰落。d_k 为第 k 个用户到基站的距离，r_{d} 为小区覆盖区域半径，v 为路径损耗指数。

根据 Toeplitz 相关模型[108,109]，则 $\boldsymbol{R}$ 的第 (m,n) 个元素可以表示为

$$[\boldsymbol{R}]_{mn}=\begin{cases}\eta^{n-m}, & m\leqslant n\\ (\eta^{m-n})^*, & m>n\end{cases} \tag{5.3}$$

其中，上标 * 表示共轭运算，η 是基站接收天线间的相关系数，即 $0\leqslant\eta\leqslant 1$。显然，$\eta=0$ 表示相邻天线之间空间不相关；$\eta=1$ 表示相邻天线之间空间全相关。

非理想 CSI 条件下，单小区多用户大规模 MIMO 上行系统信道模型[110]：$\boldsymbol{F}=\hat{\boldsymbol{F}}+\Delta\boldsymbol{F}$，其中 $\hat{\boldsymbol{F}}\sim\mathcal{CN}[0,(1-\delta_{\mathrm{e}}^2)\boldsymbol{I}_M]$ 是通过上行链路训练得到的信道矩阵估计值，$\Delta\boldsymbol{F}\sim\mathcal{CN}[0,\delta_{\mathrm{e}}^2\boldsymbol{I}_M]$ 是信道矩阵估计误差值，而 δ_{e}^2 为 CSI 误差功率，同时 $\hat{\boldsymbol{F}}$ 和 $\Delta\boldsymbol{F}$ 之间相互独立[111]。

基站端接收到的模拟信号 $\boldsymbol{y}\in\mathbb{C}^{M\times 1}$ 可以表示为[112]

$$\boldsymbol{y}=\sqrt{p_{\mathrm{u}}}\boldsymbol{F}\boldsymbol{x}+\sqrt{q_{\mathrm{u}}}\boldsymbol{g}_w\boldsymbol{s}+\boldsymbol{n} \tag{5.4}$$

其中，p_{u} 为用户信号发送功率；q_{u} 为干扰机的信号发送功率；$\boldsymbol{F}\in\mathbb{C}^{M\times K}$

为用户到基站的信道矩阵；$\boldsymbol{g}_w \sim \mathcal{CN}(0,\beta_w \boldsymbol{I}_M)$ 为干扰机到基站的信道矩阵，β_w 为干扰机的大尺度衰落系数[113]；$\boldsymbol{x} \in \mathbb{C}^{K\times 1}$ 为用户发送的信号，且满足 $\mathbb{E}\{\boldsymbol{x}\boldsymbol{x}^{\mathrm{H}}\} = \boldsymbol{I}_K$，$\boldsymbol{s}$ 为干扰机发送的信号，且满足 $\mathbb{E}\{\boldsymbol{s}\boldsymbol{s}^{\mathrm{H}}\} = 1$；$\boldsymbol{n} \sim \mathcal{CN}(0,\sigma^2 \boldsymbol{I}_M)$ 为复加性高斯白噪声，其中 $\boldsymbol{I}_{\mathrm{A}}$ $(A \in \{K,M\})$ 表示 $A\times A$ 阶单位矩阵。随后采用 AQNM 对接收到的信号进行量化处理 $\boldsymbol{y}_q = \mathbb{Q}(\boldsymbol{y})$，则经过低精度 ADC 量化后的输出信号可以近似为

$$\boldsymbol{y}_q \approx \alpha \boldsymbol{y} + \boldsymbol{n}_q = \alpha\sqrt{p_{\mathrm{u}}}\boldsymbol{F}\boldsymbol{x} + \alpha\sqrt{q_{\mathrm{u}}}\boldsymbol{g}_w \mathrm{s} + \alpha \boldsymbol{n} + \boldsymbol{n}_q \tag{5.5}$$

5.1.2 混合精度 ADC 接收机下的信道模型

考虑一个混合精度 ADC 架构的单小区多用户大规模 MIMO 上行系统，如图 5.2 所示。假设该系统有 K 个单天线用户，同时基站配备 M（$M \gg K \geqslant 2$）根接收天线，其中 M_0 根接收天线与高精度 ADC 连接，用来提高性能，而其余 M_1（$M_1 = M - M_0$）根接收天线与低精度 ADC 连接，用来降低功耗和硬件成本[114]。

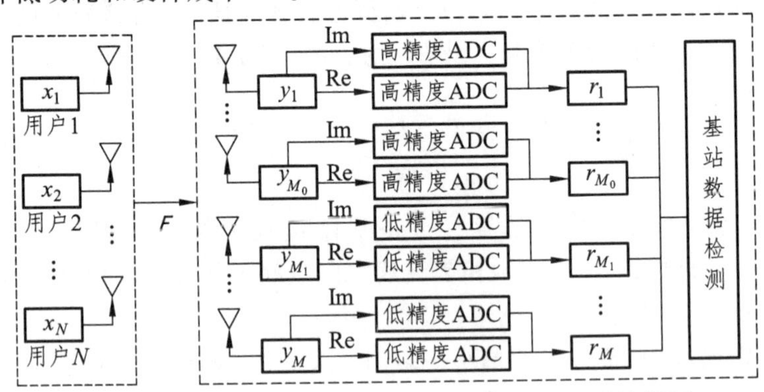

图 5.2　混合精度 ADC 架构下大规模 MIMO 系统框图

理想 CSI 条件下，根据式（5.1）可以将混合精度 ADC 架构下的信道矩阵定义为 $\boldsymbol{F} = [\boldsymbol{F}_0 \quad \boldsymbol{F}_1]^{\mathrm{T}}$，其中 $\boldsymbol{F}_0 \in \mathbb{C}^{M_0\times K}$ 表示用户端到基站端连接 M_0 根高精度 ADC 天线的信道矩阵，$\boldsymbol{F}_1 \in \mathbb{C}^{M_1\times K}$ 表示用户端到基站端连接 M_1 根低精度 ADC 天线的信道矩阵[107]。

同理，非理想 CSI 条件下，对混合精度 ADC 架构下的单小区多用户大规模 MIMO 上行链路系统的研究，仍采用上一小节使用的信道模

型[110]：$\boldsymbol{F}=\hat{\boldsymbol{F}}+\Delta\boldsymbol{F}$，其中$\hat{\boldsymbol{F}}\sim\mathcal{CN}[0,(1-\delta_{\mathrm{e}}^2)\boldsymbol{I}_M]$是通过上行链路训练得到的信道矩阵估计值，$\Delta\boldsymbol{F}\sim\mathcal{CN}(0,\delta_{\mathrm{e}}^2\boldsymbol{I}_M)$是信道矩阵估计误差值，而$\delta_{\mathrm{e}}^2$为CSI误差功率，同时$\hat{\boldsymbol{F}}$和$\Delta\boldsymbol{F}$之间相互独立[111]。

基站端高精度ADC接收机接收的模拟信号$\boldsymbol{y}_0\in\mathbb{C}^{M_0\times 1}$可以表示为

$$\boldsymbol{y}_0=\sqrt{p_{\mathrm{u}}}\boldsymbol{F}_0\boldsymbol{x}+\boldsymbol{n}_0 \tag{5.6}$$

其中，p_u为用户平均发送功率，$\boldsymbol{F}_0\in\mathbb{C}^{M_0\times K}$为用户到基站端高精度ADC接收机的信道矩阵，$\boldsymbol{x}=[x_1\quad x_2\quad\cdots\quad x_k]^{\mathrm{T}}$表示用户端的发送信号矢量，并且$x$的能量归一化为$\mathbb{E}\{\boldsymbol{x}^{\mathrm{H}}\boldsymbol{x}\}=\boldsymbol{I}_K$。$\boldsymbol{n}_0\sim\mathcal{CN}(0,\sigma^2\boldsymbol{I}_{M_0})$为基站处的加性高斯白噪声矢量。为便于分析，采用加性量化噪声模型将量化误差建模为加性高斯随机变量[96]。基站端低精度ADC接收机的接收信号矢量表示为$\tilde{\boldsymbol{y}}_1=\sqrt{p_{\mathrm{u}}}\boldsymbol{F}_1\boldsymbol{x}+\boldsymbol{n}_1$，并且量化信号矢量为$\boldsymbol{y}_1=\mathbb{Q}(\tilde{\boldsymbol{y}}_1)$。然后，低精度ADC接收机的量化接收信号$\boldsymbol{y}_1\in\mathbb{C}^{M_1\times 1}$可以近似为

$$\boldsymbol{y}_1\approx\alpha\tilde{\boldsymbol{y}}_1+\boldsymbol{n}_q=\sqrt{p_{\mathrm{u}}}\alpha\boldsymbol{F}_1\boldsymbol{x}+\alpha\boldsymbol{n}_1+\boldsymbol{n}_q \tag{5.7}$$

其中，$\boldsymbol{F}_1\in\mathbb{C}^{M_1\times K}$为用户到基站低精度ADC接收机的信道矩阵；$\boldsymbol{n}_1\sim\mathcal{CN}(0,\sigma^2\boldsymbol{I}_{M_1})$为基站处的加性高斯白噪声矢量；$\boldsymbol{n}_q\sim\mathcal{CN}(0,\boldsymbol{R}_{\mathbf{n}_q})$是与输出信号矢量$\boldsymbol{y}_1$不相关的加性高斯量化噪声矢量。$\alpha=1-\rho$为线性量化增益系数，$\rho$为ADC的量化失真因子，对于ADC量化位数$b\leqslant 5$时，$\rho$的取值由表5.1给出；对于ADC量化位数$b>5$时，$\rho$值可以由$\rho\approx\pi\sqrt{3}\times 2^{-2b-1}$获得[111,115]，同时可以发现$\rho$值随着ADC量化位数$b$的增大而减小。

表5.1　不同ADC量化位数b下ρ的近似值

b	1	2	3	4	5
ρ	0.363 4	0.117 5	0.031 54	0.009 497	0.002 499

对于固定的信道$\boldsymbol{F}$，则$\boldsymbol{n}_q$的协方差矩阵$\boldsymbol{R}_{\mathbf{n}_q}$可以表示为[116]

$$\boldsymbol{R}_{\mathbf{n}_q}=\alpha\rho\operatorname{diag}(p_{\mathrm{u}}\boldsymbol{F}\boldsymbol{F}^{\mathrm{H}}+\sigma^2\boldsymbol{I}_M) \tag{5.8}$$

其中，上标H表示共轭转置运算，$\boldsymbol{R}_{\mathbf{n}_q}$的第$m$个对角线项为第$m$个ADC量化误差的幂。

由式（5.6）和式（5.7）知，基站处总的接收信号可以表示为

$$\boldsymbol{y}=\begin{bmatrix}\boldsymbol{y}_0\\ \boldsymbol{y}_1\end{bmatrix}\approx\begin{bmatrix}\sqrt{p_\mathrm{u}}\boldsymbol{F}_0\boldsymbol{x}+\boldsymbol{n}_0\\ \sqrt{p_\mathrm{u}}\alpha\boldsymbol{F}_1\boldsymbol{x}+\alpha\boldsymbol{n}_1+\boldsymbol{n}_q\end{bmatrix} \tag{5.9}$$

5.2 不同 ADC 接收机的系统性能分析

基于上述系统模型，在基站端采用 MRC 算法处理信号，并在理想/非理想 CSI 条件下，分别推导出低/混合精度 ADC 接收机下系统频谱效率和能量效率的精确和近似表达式。然后，基于得到的结果，研究用户信号发送功率、干扰机信号发送功率、空间相关系数、CSI 误差及 ADC 量化精度等参数对系统性能的影响。

5.2.1 低精度 ADC 接收机下频谱效率分析

本小节主要研究干扰机和空间相关信道下低精度ADC架构的大规模MIMO上行系统性能。由于MRC信号检测算法计算复杂度小且具有较好的健壮性，因此基站端采用MRC算法和AQNM来处理信号，即 $\boldsymbol{r}=\boldsymbol{F}^\mathrm{H}\boldsymbol{y}_q$，则理想CSI条件下基站端接收到的信号可以表示为

$$\boldsymbol{r}=\alpha\sqrt{p_\mathrm{u}}\boldsymbol{F}^\mathrm{H}\boldsymbol{F}\boldsymbol{x}+\alpha\sqrt{q_\mathrm{u}}\boldsymbol{F}^\mathrm{H}\mathbf{g}_w\mathrm{s}+\alpha\boldsymbol{F}^\mathrm{H}\boldsymbol{n}+\boldsymbol{F}^\mathrm{H}\boldsymbol{n}_q \tag{5.10}$$

由式（5.10）可知，理想 CSI 条件下第 k 个用户的输出信号 r_k 可以表示为

$$\begin{aligned}r_k=&\underbrace{\alpha\sqrt{p_\mathrm{u}}\boldsymbol{f}_k^\mathrm{H}\boldsymbol{f}_k x_k}_{\text{用户}k\text{发送的信号}}+\underbrace{\alpha\sqrt{p_\mathrm{u}}\sum_{i=1,i\neq k}^{K}\boldsymbol{f}_k^\mathrm{H}\boldsymbol{f}_i x_i}_{\text{来自其他用户的干扰信号}}+\\&\underbrace{\alpha\sqrt{q_\mathrm{u}}\boldsymbol{f}_k^\mathrm{H}\boldsymbol{g}_w s}_{\text{来自干扰机的信号}}+\underbrace{\alpha\boldsymbol{f}_k^\mathrm{H}\boldsymbol{n}}_{\text{AWGN}}+\underbrace{\boldsymbol{f}_k^\mathrm{H}\boldsymbol{n}_q}_{\text{量化噪声}}\end{aligned} \tag{5.11}$$

其中，x_k 为用户 k 发送的信号；$\boldsymbol{f}_k$ 为信道矩阵 $\boldsymbol{F}$ 的第 k 列元素。同时，式（5.11）右边首项为用户 k 发送的信号，其余四项分别为来自其他用户干扰信号、干扰机信号、信道噪声和量化噪声。

由式（5.11）可知，理想 CSI 条件下第 k 个用户在大规模 MIMO 上行系统的频谱效率可以表示为

$$R_{\mathrm{P},k}=\mathbb{E}\left\{\log_2\left(1+\frac{A_k}{B_k+C_k+D_k+E_k}\right)\right\} \tag{5.12}$$

其中，符号 $\mathbb{E}\{\bullet\}$ 表示期望运算；符号 $|\bullet|$ 表示复数的模，$A_k=\alpha^2 p_{\mathrm{u}}\,|\boldsymbol{f}_k^{\mathrm{H}}\boldsymbol{f}_k|^2$，$B_k=\alpha^2 p_{\mathrm{u}}\sum_{i=1,i\neq k}^{K}\left|\boldsymbol{f}_k^{\mathrm{H}}\boldsymbol{f}_i\right|^2$，$C_k=\alpha^2 q_{\mathrm{u}}\,|\boldsymbol{f}_k^{\mathrm{H}}\boldsymbol{g}_w|^2$，$D_k=\alpha^2\sigma^2\,|\boldsymbol{f}_k^{\mathrm{H}}\boldsymbol{f}_k|$，$E_k=\boldsymbol{f}_k^{\mathrm{H}}\boldsymbol{R}_{\mathbf{n}_q}\boldsymbol{f}_k$。

定理 5.1：在干扰机和空间相关信道场景下，对于低精度 ADC 架构的多用户大规模 MIMO 系统，若基站端采用 MRC 检测算法处理信号，则理想 CSI 下第 k 个用户在大规模 MIMO 上行系统的频谱效率可以近似为

$$R_{\mathrm{P},k}\approx\log_2\left(1+\frac{\alpha p_{\mathrm{u}}\beta_k\vartheta}{\alpha p_{\mathrm{u}}\tau\sum_{i=1,i\neq k}^{K}\beta_i+\left(\sigma^2+(1-\alpha)p_{\mathrm{u}}\sum_{i=1}^{K}\beta_i+\kappa\right)\varphi}\right) \tag{5.13}$$

其中，$\vartheta=\sum_{m=1}^{M}\sum_{n=1}^{M}(\left|r_{mn}\right|^2+r_{mm}r_{nn})+\sum_{m\neq n}^{M}\sum_{n=1}^{M}r_{mn}r_{nm}$；$\tau=\sum_{m=1}^{M}\sum_{n=1}^{M}\left|r_{mn}\right|^2$；$\varphi=\sum_{m=1}^{M}\left|r_{mm}\right|$；$\kappa=\alpha q_{\mathrm{u}}\beta_w$；$r_{ij}\,(i,j\in\{m,n\})$为 $\boldsymbol{R}$ 的第 i 行第 j 列元素。

证明：对于具有大型天线阵列的大规模 MIMO 上行系统，借鉴：$\mathbb{E}\{\log_2(1+X/Y)\}\approx\log_2(1+\mathbb{E}\{X\}/\mathbb{E}\{Y\})$ [117]，则式（5.12）可以近似为

$$R_{\mathrm{P},k}\approx\log_2\left(1+\frac{\mathbb{E}\{A_k\}}{\mathbb{E}\{B_k\}+\mathbb{E}\{C_k\}+\mathbb{E}\{D_k\}+\mathbb{E}\{E_k\}}\right) \tag{5.14}$$

为获得频谱效率的近似表达式，要求解式（5.14），其中需要计算若干项信号的期望。由于 $\boldsymbol{g}_k=\sqrt{\beta_k}\boldsymbol{h}_k$ 且 $h_{mk}\sim\mathcal{CN}(0,1)$ [114]。同时，根据信道系数的数学期望性质可知，$\boldsymbol{E}\{\boldsymbol{g}_k^{\mathrm{H}}\boldsymbol{g}_k\}=\beta_k M$, $\mathrm{Var}\{\boldsymbol{g}_k^{\mathrm{H}}\boldsymbol{g}_k\}=\beta_k^2 M$, $\mathbb{E}\{|\boldsymbol{g}_k^{\mathrm{H}}\boldsymbol{g}_k|^2\}=\beta_k^2(M^2+M)$，$\mathbb{E}\{|\boldsymbol{g}_k^{\mathrm{H}}\boldsymbol{g}_i|^2\}=\beta_k\beta_i M$。基于上述结论，下面将逐步计算式（5.14）中各项信号的期望，其计算结果为

$$\mathbb{E}\{A_k\} = \alpha^2 p_{\mathrm{u}} \beta_k^{\ 2} \left(\sum_{m=1}^{M} \sum_{n=1}^{M} (|r_{mn}|^2 + r_{mm} r_{nn}) + \sum_{m=1}^{M} \sum_{n \neq m}^{M} r_{mn} r_{nm} \right) \tag{5.15}$$

$$\mathbb{E}\{B_k\} = \alpha^2 p_{\mathrm{u}} \beta_k \beta_i \sum_{m=1}^{M} \sum_{n=1}^{M} |r_{mn}|^2 \tag{5.16}$$

$$\mathbb{E}\{C_k\} = \alpha^2 q_{\mathrm{u}} \beta_k \beta_w \sum_{m=1}^{M} |r_{mm}| \tag{5.17}$$

$$\mathbb{E}\{D_k\} = \alpha^2 \sigma^2 \beta_k \sum_{m=1}^{M} |r_{mm}| \tag{5.18}$$

$$\mathbb{E}\{E_k\} = \alpha \rho \beta_k \left(p_{\mathrm{u}} \sum_{i=1}^{K} \beta_i + \sigma^2 \right) \sum_{m=1}^{M} |r_{mm}| \tag{5.19}$$

将式（5.15）、式（5.16）、式（5.17）、式（5.18）和式（5.19）代入式（5.14），并进行简单的化简，即可得到式（5.13），证毕。

从定理 5.1 可以看出，低精度 ADC 架构下的大规模 MIMO 上行系统频谱效率同时受多个不同因素影响，例如用户发送功率 p_{u}、干扰机信号发送功率 q_{u}、基站天线数 M、ADC 量化位数 b 和空间相关系数 η 等。针对给出的参数设置，下面将讨论几个特殊场景下的近似结果。

（1）固定干扰机信号发送功率 q_{u}、基站天线数 M、空间相关系数 η 和 ADC 量化位数 b 不变，当用户发送功率 $p_{\mathrm{u}} \to \infty$ 时，则式（5.13）的频谱效率可以简化为

$$R_{\mathrm{P},k} \to \log_2 \left[1 + \frac{\alpha \beta_k \vartheta}{\alpha \tau \sum_{i=1, i \neq k}^{K} \beta_i + (1-\alpha) \varphi \sum_{i=1}^{K} \beta_i} \right] \tag{5.20}$$

由式（5.20）可知，当 $p_{\mathrm{u}} \to \infty$ 时，频谱效率趋于一个常数，且干扰机信号发送功率可以忽略不计，其具体数值取决于 ADC 量化位数和空间相关系数。同时，在已知条件中 $p_{\mathrm{u}} \to \infty$，因此由低精度 ADC 造成的频谱效率损失并不能仅通过增大用户发送功率来弥补。

（2）固定基站天线数 M、用户发送功率 p_{u}、干扰机信号发送功率 q_{u} 和空间相关系数 η 不变，当 $b \to \infty$（即 $\rho = 0$）时，则式（5.13）的频谱效率可以简化为

$$R_{\mathrm{P},k} \approx \log_2\left[1+\frac{p_{\mathrm{u}}\beta_k \vartheta}{p_{\mathrm{u}}\tau\sum\limits_{i=1,i\neq k}^{K}\beta_i+(\sigma^2+q_{\mathrm{u}}\beta_w)\varphi}\right] \tag{5.21}$$

由式（5.21）可知，当 $b\to\infty$ 时，即仅考虑全精度 ADC，此时大规模 MIMO 系统的量化噪声可以忽略不计。不难发现，随着 ADC 量化精度提高，频谱效率趋于一个渐近上限值，其具体数值由用户发送功率、干扰机信号发送功率和空间相关系数等共同决定。

（3）固定基站天线数 M、用户发送功率 p_{u}、干扰机信号发送功率 q_{u} 和 ADC 量化位数 b 不变，当空间相关系数 $\eta=0$（即 $\boldsymbol{R}=\boldsymbol{I}$）时，空间相关信道将退化为一般的瑞利信道，则式（5.13）的频谱效率可以简化为

$$R_{\mathrm{P},k} \to \log_2\left[1+\frac{\alpha p_{\mathrm{u}}\beta_k(M+1)}{\alpha p_{\mathrm{u}}\sum\limits_{i=1,i\neq k}^{K}\beta_i+\sigma^2+(1-\alpha)p_{\mathrm{u}}\sum\limits_{i=1}^{K}\beta_i+\boldsymbol{\kappa}}\right] \tag{5.22}$$

假设 $M\gg 1$，$K\gg 1$ 和 $\sigma^2=1$，并且在不考虑干扰机的前提下，可以发现式（5.22）的频谱效率与文献[118]的式（12）结果一致。因此，本章所推导的低精度 ADC 架构下频谱效率表达式更具有通用性，而文献[118]可以作为一个特例。

同理，非理想 CSI 条件下，经过最大比合并 $\hat{\boldsymbol{r}}=\hat{\boldsymbol{F}}^{\mathrm{H}}\boldsymbol{y}_q$ 处理后，则基站端接收到的信号表示为

$$\hat{\boldsymbol{r}}=\alpha\sqrt{p_{\mathrm{u}}}\hat{\boldsymbol{F}}^{\mathrm{H}}(\hat{\boldsymbol{F}}+\Delta\boldsymbol{F})\boldsymbol{x}+\alpha\sqrt{q_{\mathrm{u}}}\hat{\boldsymbol{F}}^{\mathrm{H}}\boldsymbol{g}_w\boldsymbol{s}+\alpha\hat{\boldsymbol{F}}^{\mathrm{H}}\boldsymbol{n}+\hat{\boldsymbol{F}}^{\mathrm{H}}\boldsymbol{n}_q \tag{5.23}$$

由式（5.23）知，非理想 CSI 条件下第 k 个用户的输出信号 $\hat{r}_k$ 表示为

$$\begin{aligned}\hat{r}_k=&\underbrace{\alpha\sqrt{p_{\mathrm{u}}}\hat{\boldsymbol{f}}_k^{\mathrm{H}}\hat{\boldsymbol{f}}_k\hat{x}_k}_{\text{用户}k\text{发送的信号}}+\underbrace{\alpha\sqrt{p_{\mathrm{u}}}\sum_{i=1,i\neq k}^{K}\hat{\boldsymbol{f}}_k^{\mathrm{H}}\hat{\boldsymbol{f}}_i\hat{x}_i}_{\text{来自其他用户的干扰信号}}+\underbrace{\alpha\sqrt{p_{\mathrm{u}}}\sum_{i=1}^{K}\hat{\boldsymbol{f}}_k^{\mathrm{H}}\Delta\boldsymbol{f}_i\hat{x}_i}_{\text{信道估计误差信号}}+\\&\underbrace{\alpha\sqrt{q_{\mathrm{u}}}\hat{\boldsymbol{f}}_k^{\mathrm{H}}\boldsymbol{g}_w s}_{\text{来自干扰机的信号}}+\underbrace{\alpha\hat{\boldsymbol{f}}_k^{\mathrm{H}}\boldsymbol{n}}_{\text{AWGN}}+\underbrace{\hat{\boldsymbol{f}}_k^{\mathrm{H}}\boldsymbol{n}_q}_{\text{量化噪声}}\end{aligned} \tag{5.24}$$

其中，$\hat{x}_k$ 是用户 k 发送的信号；$\hat{\boldsymbol{f}}_k$ 为信道矩阵 $\hat{\boldsymbol{F}}$ 的第 k 列元素。式（5.24）右边首项为用户发送的信号，其余五项分别为其他用户干扰信号、信道估计误差信号、干扰机信号、信道噪声和量化噪声。

由式（5.24）可知，非理想 CSI 条件下第 k 个用户在大规模 MIMO

上行系统的频谱效率可以表示为

$$R_{\mathrm{IP},k}=\mathbb{E}\left\{\log_2\left(1+\frac{\hat{A}_k}{\hat{B}_k+\hat{C}_k+\hat{D}_k+\hat{E}_k+\hat{F}_k}\right)\right\} \tag{5.25}$$

其中，$\hat{A}_k=\alpha^2 p_{\mathrm{u}}\left|\hat{\boldsymbol{f}}_k^{\mathrm{H}}\hat{\boldsymbol{f}}_k\right|^2$，$\hat{B}_k=\alpha^2 p_{\mathrm{u}}\sum\limits_{i=1,i\neq k}^{K}\left|\hat{\boldsymbol{f}}_k^{\mathrm{H}}\hat{\boldsymbol{f}}_i\right|^2$，$\hat{C}_k=\alpha^2 p_{\mathrm{u}}\sum\limits_{i=1}^{K}\left|\hat{\boldsymbol{f}}_k^{\mathrm{H}}\Delta\boldsymbol{f}_i\right|^2$，$\hat{D}_k=\alpha^2 q_{\mathrm{u}}\left|\hat{\boldsymbol{f}}_k^{\mathrm{H}}\boldsymbol{g}_w\right|^2$，$\hat{E}_k=\alpha^2\sigma^2\left|\hat{\boldsymbol{f}}_k^{\mathrm{H}}\hat{\boldsymbol{f}}_k\right|$，$\hat{F}_k=\hat{\boldsymbol{f}}_k^{\mathrm{H}}\boldsymbol{R}_{\mathbf{n}_q}\hat{\boldsymbol{f}}_k$。

定理 5.2：在干扰机和空间相关信道场景下，对于低精度 ADC 架构的多用户大规模 MIMO 系统，若基站端采用 MRC 检测算法处理信号，则非理想 CSI 下第 k 个用户在大规模 MIMO 上行系统频谱效率可以近似为

$$R_{\mathrm{IP},k}\approx\log_2\left(1+\frac{\alpha p_{\mathrm{u}}\beta_k\theta}{\alpha p_{\mathrm{u}}\lambda\sum\limits_{i=1,i\neq k}^{K}\beta_i+\alpha p_{\mathrm{u}}\phi\sum\limits_{i=1}^{K}\beta_i+\upsilon}\right) \tag{5.26}$$

其中,$\theta=(1-\delta_{\mathrm{e}}^2)^2\left(\sum\limits_{m=1}^{M}\sum\limits_{n=1}^{M}(|r_{mn}|^2+r_{mm}r_{nn})+\sum\limits_{m\neq n}^{M}\sum\limits_{n=1}^{M}r_{mn}r_{nm}\right)$；$\lambda=(1-\delta_{\mathrm{e}}^2)^2\sum\limits_{m=1}^{M}\sum\limits_{n=1}^{M}|r_{mn}|^2$；$\phi=\delta_{\mathrm{e}}^2(1-\delta_{\mathrm{e}}^2)\sum\limits_{m=1}^{M}\sum\limits_{n=1}^{M}|r_{mn}|^2$；$\upsilon=(1-\delta_{\mathrm{e}}^2)\left(\sigma^2+(1-\alpha)p_{\mathrm{u}}\sum\limits_{i=1}^{K}\beta_i+\kappa\right)\sum\limits_{m=1}^{M}|r_{mm}|$；$r_{i,j}$ $(i,j\in\{m,n\})$ 为 $\boldsymbol{R}$ 的第 i 行第 j 列元素。

证明：由于定理 5.2 推导过程与定理 5.1 推导过程的方法相似，此处不再赘述。

5.2.2 混合精度 ADC 接收机下频谱效率分析

本小节主要研究空间相关信道下，混合精度 ADC 架构的大规模 MIMO 上行系统性能。由式（5.9）中的信号经过最大比合并 $\boldsymbol{r}=\boldsymbol{F}^{\mathrm{H}}\boldsymbol{y}$ 后，则理想 CSI 条件下基站端接收到的信号为

$$r=\sqrt{p_{\mathrm{u}}}(\boldsymbol{F}_0^{\mathrm{H}}\boldsymbol{F}_0+\alpha\boldsymbol{F}_1^{\mathrm{H}}\boldsymbol{F}_1)\boldsymbol{x}+(\boldsymbol{F}_0^{\mathrm{H}}\boldsymbol{n}_0+\alpha\boldsymbol{F}_1^{\mathrm{H}}\boldsymbol{n}_1)+\boldsymbol{F}_1^{\mathrm{H}}\boldsymbol{n}_q \tag{5.27}$$

由式（5.27）可知，理想 CSI 条件下第 k 个用户的输出信号 r_k 表示为

$$r_k = \underbrace{\sqrt{p_{\mathrm{u}}}(\boldsymbol{f}_{0,k}^{\mathrm{H}}\boldsymbol{f}_{0,k} + \alpha\boldsymbol{f}_{1,k}^{\mathrm{H}}\boldsymbol{f}_{1,k})x_k}_{\text{用户}k\text{发送的信号}} + \underbrace{\sqrt{p_{\mathrm{u}}}\sum_{i=1,i\neq k}^{K}(\boldsymbol{f}_{0,k}^{\mathrm{H}}\boldsymbol{f}_{0,i} + \alpha\boldsymbol{f}_{1,k}^{\mathrm{H}}\boldsymbol{f}_{1,i})x_i}_{\text{来自其他用户的干扰信号}} + \underbrace{(\boldsymbol{f}_{0,k}^{\mathrm{H}}\boldsymbol{n}_0 + \alpha\boldsymbol{f}_{1,k}^{\mathrm{H}}\boldsymbol{n}_1)}_{\text{AWGN}} + \underbrace{\boldsymbol{f}_{1,k}^{\mathrm{H}}\boldsymbol{n}_q}_{\text{量化噪声}} \tag{5.28}$$

其中，$\boldsymbol{f}_{0,k}$和$\boldsymbol{f}_{1,k}$为信道矩阵$\boldsymbol{F}_0$和$\boldsymbol{F}_1$的第k列元素。式（5.28）右边首项为用户k发送的信号，其余三项分别为来自其他用户干扰信号、信道噪声和量化噪声。

由式（5.28）可知，理想 CSI 条件下第k个用户在大规模 MIMO 上行系统的频谱效率可以表示为

$$R_{\mathrm{P},k} = \boldsymbol{E}\left\{\log_2\left(1 + \frac{p_{\mathrm{u}}\left|\boldsymbol{f}_{0,k}^{\mathrm{H}}\boldsymbol{f}_{0,k} + \alpha\boldsymbol{f}_{1,k}^{\mathrm{H}}\boldsymbol{f}_{1,k}\right|^2}{\phi_1}\right)\right\} \tag{5.29}$$

其中，$\phi_1 = p_{\mathrm{u}}\sum_{i=1,i\neq k}^{K}\left|\boldsymbol{f}_{0,k}^{\mathrm{H}}\boldsymbol{f}_{0,i} + \alpha\boldsymbol{f}_{1,k}^{\mathrm{H}}\boldsymbol{f}_{1,i}\right|^2 + \left|\boldsymbol{f}_{0,k}^{\mathrm{H}}\mathbf{n}_0 + \alpha\boldsymbol{f}_{1,k}^{\mathrm{H}}\mathbf{n}_1\right|^2 + \alpha\rho\boldsymbol{f}_{1,k}^{\mathrm{H}}\mathrm{diag}\left(p_{\mathrm{u}}\boldsymbol{F}_1\boldsymbol{F}_1^{\mathrm{H}} + \sigma^2\boldsymbol{I}_{M_1}\right)\boldsymbol{f}_{1,k}$。

定理 5.3：在空间相关信道场景下，对于混合精度 ADC 架构的多用户大规模 MIMO 上行系统，若基站端采用 MRC 检测算法处理信号，则理想 CSI 下第k个用户在大规模 MIMO 上行系统的频谱效率可以近似为

$$R_{\mathrm{P},k} \approx \log_2\left(1 + \frac{p_{\mathrm{u}}(\xi_0 + 2\alpha\psi_0\psi_1 + \alpha^2\xi_1)}{p_{\mathrm{u}}\nu\sum_{i=1,i\neq k}^{K}\beta_i + \sigma^2(\psi_0 + \alpha\psi_1) + \alpha(1-\alpha)\psi_1\sum_{i=1}^{K}\beta_i}\right) \tag{5.30}$$

其中，$\xi_j = \sum_{m=1}^{M_j}\sum_{n=1}^{M_j}(|r_{mn}|^2 + r_{mm}r_{nn}) + \sum_{m\neq n}^{M_j}\sum_{n=1}^{M_j}r_{mn}r_{nm}$；$\nu = \sum_{m=1}^{M_0}\sum_{n=1}^{M_0}|r_{mn}|^2 + \alpha^2\sum_{m=1}^{M_1}\sum_{n=1}^{M_1}|r_{mn}|^2$；$\psi_j = \sum_{m=1}^{M_j}|r_{mm}|$，$j=0$或 1 分别表示高精度 ADC 和低精度 ADC。

证明：在理想 CSI 条件下，对于具有庞大天线数量的混合精度 ADC 架构大规模 MIMO 上行系统，仍采用定理 5.1 中方法，求取频谱效率的近似表达式，则式（5.29）可以进一步表示为

$$R_{\mathrm{P},k} \approx \log_2\left(1+\frac{p_{\mathrm{u}}\boldsymbol{E}\left\{\left|\boldsymbol{f}_{0,k}^{\mathrm{H}}\boldsymbol{f}_{0,k}+\alpha\boldsymbol{f}_{1,k}^{\mathrm{H}}\boldsymbol{f}_{1,k}\right|^2\right\}}{\mathbb{E}\{\phi_1\}}\right) \tag{5.31}$$

其中，$\mathbb{E}\{\phi_1\}=p_{\mathrm{u}}\sum\limits_{i=1,i\neq k}^{K}\mathbb{E}\left\{\left|\boldsymbol{f}_{0,k}^{\mathrm{H}}\boldsymbol{f}_{0,k}+\alpha\boldsymbol{f}_{1,k}^{\mathrm{H}}\boldsymbol{f}_{1,k}\right|^2\right\}+\mathbb{E}\left\{\left|\boldsymbol{f}_{0,k}^{\mathrm{H}}\mathbf{n}_0+\alpha\boldsymbol{f}_{1,k}^{\mathrm{H}}\mathbf{n}_1\right|^2\right\}+\mathbb{E}\{\boldsymbol{f}_{1,k}^{\mathrm{H}}\boldsymbol{R}_{\mathbf{n}_q}\boldsymbol{f}_{1,k}\}$。式（5.31）中各项信号的期望可以直接计算[107]，其计算结果可以归纳为

$$\mathbb{E}\left\{\left|\boldsymbol{f}_{j,k}^{\mathrm{H}}\boldsymbol{f}_{j,k}\right|^2\right\}=\beta_k^2\left(\sum_{m=1}^{M_j}\sum_{n=1}^{M_j}(|r_{mn}|^2+r_{mm}r_{nn})+\sum_{m\neq n}^{M_j}\sum_{n=1}^{M_j}r_{mn}r_{nm}\right) \tag{5.32}$$

$$\mathbb{E}\left\{\left|\boldsymbol{f}_{j,k}^{\mathrm{H}}\boldsymbol{f}_{j,k}\right|\right\}=\beta_k\sum_{m=1}^{M_j}|r_{mm}| \tag{5.33}$$

$$\mathbb{E}\left\{\left|\boldsymbol{f}_{j,k}^{\mathrm{H}}\boldsymbol{f}_{j,k}\right|^2\right\}=\beta_k\beta_i\sum_{m=1}^{M_j}\sum_{n=1}^{M_j}|r_{mn}|^2 \tag{5.34}$$

此外，由于考虑信道空间相关性，则式（5.31）分母的最后一项无法直接得到。假设当$K\gg1$时，有$\boldsymbol{FF}^{\mathrm{H}}\approx\mathbb{E}\{\boldsymbol{FF}^{\mathrm{H}}\}=\sum\limits_{i=1}^{K}\beta_i\boldsymbol{R}$[116]。因此，

$$\begin{aligned}\mathbb{E}\{\boldsymbol{f}_{1,k}^{\mathrm{H}}\boldsymbol{R}_{\mathbf{n}_q}\boldsymbol{f}_{1,k}\}&\approx\alpha\rho\mathbb{E}\left\{\boldsymbol{f}_{1,k}^{\mathrm{H}}\mathrm{diag}\left(p_{\mathrm{u}}\sum_{i=1}^{K}\beta_i\boldsymbol{R}+\sigma^2\boldsymbol{I}_{M_1}\right)\boldsymbol{f}_{1,k}\right\}\\&\overset{(\zeta)}{=}\alpha\rho\mathbb{E}\left\{\boldsymbol{f}_{1,k}^{\mathrm{H}}\left(p_{\mathrm{u}}\sum_{i=1}^{K}\beta_i+\sigma^2\right)\boldsymbol{f}_{1,k}\right\}\\&=\alpha\rho\left(p_{\mathrm{u}}\sum_{i=1}^{K}\beta_i+\sigma^2\right)\mathbb{E}\{\boldsymbol{f}_{1,k}^{\mathrm{H}}\boldsymbol{f}_{1,k}\}\\&=\alpha\rho\beta_k\left(p_{\mathrm{u}}\sum_{i=1}^{K}\beta_i+\sigma^2\right)\sum_{m=1}^{M_j}|r_{mm}|\end{aligned} \tag{5.35}$$

其中，步骤(ζ)成立的条件为：对于$\forall_m=1,\cdots,M$，假设$[\boldsymbol{R}]_{mm}=1$，则可得式（5.35）。然后，将式（5.32）、式（5.33）、式（5.34）和式（5.35）代入式（5.31）并进行化简，即可得到式（5.30），证毕。

为便于全面理解定理 5.3，下面给出一些具有特殊取值的系统参数来分析上行链路频谱效率性能，如用户发送功率、空间相关系数、基站天线数和低精度 ADC 量化位数等。针对给出的参数设置，下面将讨论几个特殊场景下的近似结果。

（1）固定基站天线数 M 、空间相关系数 η 和 ADC 量化位数 b 不变，当用户发送功率 $p_{\mathrm{u}} \to \infty$ 时，则式（5.30）的频谱效率可以简化为

$$R_{\mathrm{P},k} \to \log_2\left[1+\frac{\beta_k(\xi_0+2\alpha\psi_0\psi_1+\alpha^2\xi_1)}{\nu\sum\limits_{i=1,i\neq k}^{K}\beta_i+\alpha(1-\alpha)\psi_1\sum\limits_{i=1}^{K}\beta_i}\right] \tag{5.36}$$

由式（5.36）可知，频谱效率增加过程中将会出现饱和效应。当用户发送功率趋于无穷大时，频谱效率数值将取决于低精度 ADC 量化位数和空间相关系数。同时，随着用户平均发送功率的逐渐增加，混合精度 ADC 架构的大规模 MIMO 上行系统频谱效率并不会无限提高。

（2）在不相关的大规模 MIMO 信道下（即 $\eta=0$ ），固定基站天线数 M 、用户发送功率 p_{u} 和低精度 ADC 量化位数 b 不变，则式（5.30）的频谱效率可以简化为

$$R_{\mathrm{P},k} \to \log_2\left\{1+\frac{p_{\mathrm{u}}\beta_k[(M_0^2+M_0)+2\alpha M_0M_1+\alpha^2(M_1^2+M_1)]}{p_{\mathrm{u}}\nu\sum\limits_{i=1,i\neq k}^{K}\beta_i+\sigma^2\nu+\alpha(1-\alpha)M_1\left(p_u\sum\limits_{i=1}^{K}\beta_i+\sigma^2\right)}\right\} \tag{5.37}$$

其中， $\nu=M_0+\alpha^2M_1$ 。由式（5.37）和式（5.30）可知，当空间相关系数 $\eta=0$ 时，本章的空间相关信道模型退化为一般的瑞利衰落信道模型。同时，式（5.37）的频谱效率结果与文献[114]中式（15）的结果一致。

同理，非理想 CSI 条件下，基站端经过最大比合并 $\hat{\boldsymbol{r}}=\hat{\boldsymbol{F}}^{\mathrm{H}}\boldsymbol{y}$ 处理后，则第 k 个用户的输出信号可以表示为

$$\begin{aligned}\hat{r}_k = &\underbrace{\sqrt{p_{\mathrm{u}}}(\hat{\boldsymbol{f}}_{0,k}^{\mathrm{H}}\hat{\boldsymbol{f}}_{0,k}+\alpha\hat{\boldsymbol{f}}_{1,k}^{\mathrm{H}}\hat{\boldsymbol{f}}_{1,k})\hat{x}_k}_{\text{用户}k\text{发送的信号}}+\underbrace{\sqrt{p_{\mathrm{u}}}\sum_{i=1,i\neq k}^{K}(\hat{\boldsymbol{f}}_{0,k}^{\mathrm{H}}\hat{\boldsymbol{f}}_{0,i}+\alpha\hat{\boldsymbol{f}}_{1,k}^{\mathrm{H}}\hat{\boldsymbol{f}}_{1,i})\hat{x}_i}_{\text{来自其他用户的干扰信号}}+\\&\underbrace{\sqrt{p_u}\sum_{i=1}^{K}(\hat{\boldsymbol{f}}_{0,k}^{\mathrm{H}}\Delta\boldsymbol{f}_{0,i}+\alpha\hat{\boldsymbol{f}}_{1,k}^{\mathrm{H}}\Delta\boldsymbol{f}_{1,i})\hat{x}_i}_{\text{信道估计误差信号}}+\underbrace{(\hat{\boldsymbol{f}}_{0,k}^{\mathrm{H}}\boldsymbol{n}_0+\alpha\hat{\boldsymbol{f}}_{1,k}^{\mathrm{H}}\boldsymbol{n}_1)}_{\text{AWGN}}+\underbrace{\hat{\boldsymbol{f}}_{1,k}^{\mathrm{H}}\boldsymbol{n}_q}_{\text{量化噪声}}\end{aligned} \tag{5.38}$$

其中，$\hat{\boldsymbol{f}}_{0,k}$和$\hat{\boldsymbol{f}}_{1,k}$分别为信道矩阵$\hat{\boldsymbol{F}}_0$和$\hat{\boldsymbol{F}}_1$的第$k$列元素。式（5.38）右边首项为用户$k$发送的信号，其余四项分别为用户干扰信号、信道估计误差信号、信道噪声和量化噪声。

由式（5.38）可知，非理想 CSI 条件下第k个用户在大规模 MIMO 上行系统的频谱效率可以表示为

$$R_{\mathrm{IP},k}=\mathbb{E}\left\{\log_2\left(1+\frac{p_{\mathrm{u}}\left|\hat{\boldsymbol{f}}_{0,k}^{\mathrm{H}}\hat{\boldsymbol{f}}_{0,k}+\alpha\hat{\boldsymbol{f}}_{1,k}^{\mathrm{H}}\hat{\boldsymbol{f}}_{1,k}\right|^2}{\phi_2}\right)\right\} \tag{5.39}$$

其中，$\phi_2=p_{\mathrm{u}}\sum\limits_{i=1,i\neq k}^{K}\left|\hat{\boldsymbol{f}}_{0,k}^{\mathrm{H}}\hat{\boldsymbol{f}}_{0,i}+\alpha\hat{\boldsymbol{f}}_{1,k}^{\mathrm{H}}\hat{\boldsymbol{f}}_{1,i}\right|^2+p_{\mathrm{u}}\sum\limits_{i=1}^{K}\left|\hat{\boldsymbol{f}}_{0,k}^{\mathrm{H}}\Delta\boldsymbol{f}_{0,i}+\alpha\hat{\boldsymbol{f}}_{1,k}^{\mathrm{H}}\Delta\boldsymbol{f}_{1,i}\right|^2+\left|\hat{\boldsymbol{f}}_{0,k}^{\mathrm{H}}\boldsymbol{n}_0+\alpha\hat{\boldsymbol{f}}_{1,k}^{\mathrm{H}}\boldsymbol{n}_1\right|^2+$ $\alpha\rho\hat{\boldsymbol{f}}_{1,k}^{\mathrm{H}}\mathrm{diag}((\hat{\boldsymbol{F}}_1+\Delta\boldsymbol{F}_1)(\hat{\boldsymbol{F}}_1+\Delta\boldsymbol{F}_1)^{\mathrm{H}}+\sigma^2\boldsymbol{I}_{M_1})\hat{\boldsymbol{f}}_{1,k}$。

定理 5.4 在空间相关信道场景下，对于混合精度 ADC 架构的多用户大规模 MIMO 上行系统，若基站端采用 MRC 检测算法处理信号，则非理想 CSI 下第k个用户在大规模 MIMO 上行系统的频谱效率可以近似为

$$R_{\mathrm{IP},k}\approx\log_2\left(1+\frac{p_{\mathrm{u}}\beta_k(\vartheta_0+2\alpha\varphi_0\varphi_1+\alpha^2\vartheta_1)}{p_{\mathrm{u}}\lambda\sum\limits_{i=1,i\neq k}^{K}\beta_i+p_{\mathrm{u}}\phi\sum\limits_{i=1}^{K}\beta_i+\sigma^2(\varphi_0+\alpha\varphi_1)+\alpha(1-\alpha)p_{\mathrm{u}}\varphi_1\sum\limits_{i=1}^{K}\beta_i}\right) \tag{5.40}$$

其中，$\varphi_j=(1-\delta_{\mathrm{e}}^2)\sum\limits_{m=1}^{M_j}\left|r_{mm}\right|$，$\vartheta_j=(1-\delta_{\mathrm{e}}^2)^2\left(\sum\limits_{m=1}^{M_j}\sum\limits_{n-1}^{M_j}(\left|r_{mn}\right|^2+r_{mm}r_{nn})+\sum\limits_{m\neq n}^{M_j}\sum\limits_{n=1}^{M_j}r_{mn}r_{nm}\right)$，

$\lambda=(1-\delta_{\mathrm{e}}^2)^2\left(\sum\limits_{m=1}^{M_0}\sum\limits_{n=1}^{M_0}\left|r_{mn}\right|^2+\alpha^2\sum\limits_{m=1}^{M_1}\sum\limits_{n=1}^{M_1}\left|r_{mn}\right|^2\right)$，$\phi=\delta_{\mathrm{e}}^2(1-\delta_{\mathrm{e}}^2)\left(\sum\limits_{m=1}^{M_0}\sum\limits_{n=1}^{M_0}\left|r_{mn}\right|^2+\alpha^2\sum\limits_{m=1}^{M_1}\sum\limits_{n=1}^{M_1}\left|r_{mn}\right|^2\right)$，其中$j=0$或$1$分别表示高精度 ADC 和低精度 ADC。

证明 在非理想 CSI 条件下，对于具有大型天线阵列的混合精度 ADC 架构大规模 MIMO 系统，采用与定理 5.4 相似的方法，则式（5.39）可以近似表示为

$$R_{\mathrm{IP},k}\approx\log_2\left(1+\frac{p_{\mathrm{u}}\mathbb{E}\left\{\left|\hat{\boldsymbol{f}}_{0,k}^{\mathrm{H}}\hat{\boldsymbol{f}}_{0,k}+\alpha\hat{\boldsymbol{f}}_{1,k}^{\mathrm{H}}\hat{\boldsymbol{f}}_{1,k}\right|^2\right\}}{\mathbb{E}\{\phi_2\}}\right) \tag{5.41}$$

其中，$\mathbb{E}\{\phi_2\} = p_{\mathrm{u}} \sum_{i=1,i\neq k}^{K} \mathbb{E}\left\{\left|\hat{\boldsymbol{f}}_{0,k}^{\mathrm{H}} \hat{\boldsymbol{f}}_{0,i} + \alpha \hat{\boldsymbol{f}}_{1,k}^{\mathrm{H}} \hat{\boldsymbol{f}}_{1,i}\right|^2\right\} + p_{\mathrm{u}} \sum_{i=1}^{K} \mathbb{E}\left\{\left|\hat{\boldsymbol{f}}_{0,k}^{\mathrm{H}} \Delta\boldsymbol{f}_{0,i} + \alpha \hat{\boldsymbol{f}}_{1,k}^{\mathrm{H}} \Delta\boldsymbol{f}_{1,i}\right|^2\right\} +$ $\mathbb{E}\left\{\left|\hat{\boldsymbol{f}}_{0,k}^{\mathrm{H}} \boldsymbol{n}_0 + \alpha \hat{\boldsymbol{f}}_{1,k}^{\mathrm{H}} \boldsymbol{n}_1\right|^2\right\} + \alpha\rho\mathbb{E}\{\hat{\boldsymbol{f}}_{1,k}^{\mathrm{H}} \mathrm{diag}((\hat{\boldsymbol{F}}_1 + \Delta\boldsymbol{F}_1)(\hat{\boldsymbol{F}}_1 + \Delta\boldsymbol{F}_1)^{\mathrm{H}} + \sigma^2 \boldsymbol{I}_{M_1}) \hat{\boldsymbol{f}}_{1,k}\}$，并且式（5.41）中各项信号的期望可以直接计算，其计算结果可以归纳为

$$\mathbb{E}\left\{\left|\hat{\boldsymbol{f}}_{j,k}^{\mathrm{H}} \hat{\boldsymbol{f}}_{j,k}\right|^2\right\} = (1-\delta_{\mathrm{e}}^2)^2 \beta_k^2 \left(\sum_{m=1}^{M_j} \sum_{n=1}^{M_j} (|r_{mn} + r_{mm} r_{nn}|^2) + \sum_{m\neq n}^{M_j} \sum_{n=1}^{M_j} r_{mn} r_{nm} \right) \quad (5.42)$$

$$\mathbb{E}\left\{\left|\hat{\boldsymbol{f}}_{j,k}^{\mathrm{H}} \hat{\boldsymbol{f}}_{j,i}\right|^2\right\} = (1-\delta_{\mathrm{e}}^2)^2 \beta_k \beta_i \sum_{m=1}^{M_j} \sum_{n=1}^{M_j} |r_{mn}|^2 \quad (5.43)$$

$$\mathbb{E}\left\{\left|\hat{\boldsymbol{f}}_{j,k}^{\mathrm{H}} \hat{\boldsymbol{f}}_{j,k}\right|\right\} = (1-\delta_{\mathrm{e}}^2)^2 \beta_k \sum_{m=1}^{M_j} |r_{mm}| \quad (5.44)$$

$$\mathbb{E}\left\{\left|\hat{\boldsymbol{f}}_{j,k}^{\mathrm{H}} \Delta\boldsymbol{f}_{j,i}\right|^2\right\} = \delta_{\mathrm{e}}^2 (1-\delta_{\mathrm{e}}^2) \beta_k \beta_i \sum_{m=1}^{M_j} \sum_{n=1}^{M_j} |r_{mn}|^2 \quad (5.45)$$

对于式（5.41）分母最后一项的计算，采用式（5.35）相同的求解方法，则

$$\mathbb{E}\left\{\hat{\boldsymbol{f}}_{1,k}^{\mathrm{H}} \boldsymbol{R}_{\mathbf{n}_q} \hat{\boldsymbol{f}}_{1,k}\right\} = (1-\delta_{\mathrm{e}}^2)\alpha\rho\beta_k \left(p_{\mathrm{u}} \sum_{i=1}^{K} \beta_i + \sigma^2 \right) \sum_{m=1}^{M_j} |r_{mm}| \quad (5.46)$$

然后，将式（5.42）~式（5.46）代入式（5.41）并经过化简，即可得到式（5.40）。

证毕。

由式（5.30）和式（5.40）可知，小区总的频谱效率可以定义为所有用户的频谱效率之和，则

$$R_{\Omega,\mathrm{sum}} = \sum_{i=1}^{K} R_{\Omega,k} \quad (5.47)$$

其中，$\Omega \in \{P, IP\}$ 表示理想或非理想 CSI 下混合精度 ADC 架构的大规模 MIMO 上行系统；$R_{\Omega,\mathrm{sum}}$ 表示小区近似频谱效率；$R_{\Omega,k}$ 表示用户 k 的近似频谱效率。

5.2.3 混合精度 ADC 接收机下能量效率分析

对于混合精度 ADC 架构下的大规模 MIMO 上行系统，假设系统能耗

完全来自基站端的 ADC 接收机，则能量效率可以定义为[96]

$$\Theta_{\mathrm{EE}} \triangleq \frac{B \times R_{\Omega,\mathrm{sum}}}{P_{\mathrm{total}}} \tag{5.48}$$

其中，B 表示设置为 1 MHz 的通信带宽；P_{total} 表示 ADC 接收机的总功耗，包括用于高精度 ADC 接收机的 $P_{\mathrm{high}} = 0.43M_0$ 和用于低精度 ADC 接收机的 $P_{\mathrm{low}} = c_0 2^b M_1 + c_1$，$b$ 为低精度 ADC 的量化位数，$c_0 = 10^{-4}$ W，$c_1 = 0.02$ W [114]。因此，基站端功耗模型表示为 $P_{\mathrm{total}} = P_{\mathrm{high}} + P_{\mathrm{low}}$。

为了研究空间相关信道下大规模 MIMO 上行系统性能，分别在基站配置低精度 ADC 接收机和混合精度 ADC 接收机，具体的参数设置如表 5.2 所示[118,119]。本节将针对大规模 MIMO 系统采用不同基站天线数、用户发送功率、干扰机信号发送功率、CSI 误差、空间相关系数和低精度 ADC 量化精度等对频谱效率和能量效率进行仿真分析。

表 5.2　仿真参数设置

参数描述	符号表示	参数值	参数描述	符号表示	参数值
用户数	K	5 或 10	阴影衰落指数	σ_{shadow}	4.9 dB
用户发送功率	p_{u}	10 dB 或 15 dB	高斯白噪声方差	σ^2	1.5 dB
小区半径	r_{d}	1 000 m	干扰机发送功率	q_{u}	10 dB 或 15 dB
用户到基站的距离	d_n	100 m	干扰机大尺度衰落系数	β_w	0.1
路径损耗指数	v	3.8			

图 5.3 给出了不同 ADC 量化精度和干扰机信号发送功率的情况下，频谱效率与用户发送功率的关系。仿真中固定设置用户数为 $K = 10$，基站天线数 $M = 100$，空间相关系数 $\eta = 0.1$。从图 5.3 可知，定理 5.1 给出的频谱效率理论数值曲线与蒙特卡洛仿真曲线几乎完全重合，说明上述分析结果是正确的。当用户发送功率较小（$p_{\mathrm{u}} \leqslant 15$ dB）时，干扰机对系统的影响较大，并随干扰机发送功率的增加，频谱效率出现大幅度损失；当用户发送功率较大（$p_{\mathrm{u}} > 15$ dB）时，干扰机对系统的影响可以忽略不计，此时随着用户发送功率的增加，频谱效率将逐渐趋于一个渐

近上界值，这与式（5.20）的理论分析结果一致。最后，在用户发送功率增加的过程中，通过适当地增加 ADC 量化精度能够有效地提升系统性能。由此可知，若要达到整体提升系统频谱效率的目的，需要尽可能保证用户信号发送功率大于干扰机信号功率，并且适当地提高 ADC 量化精度。

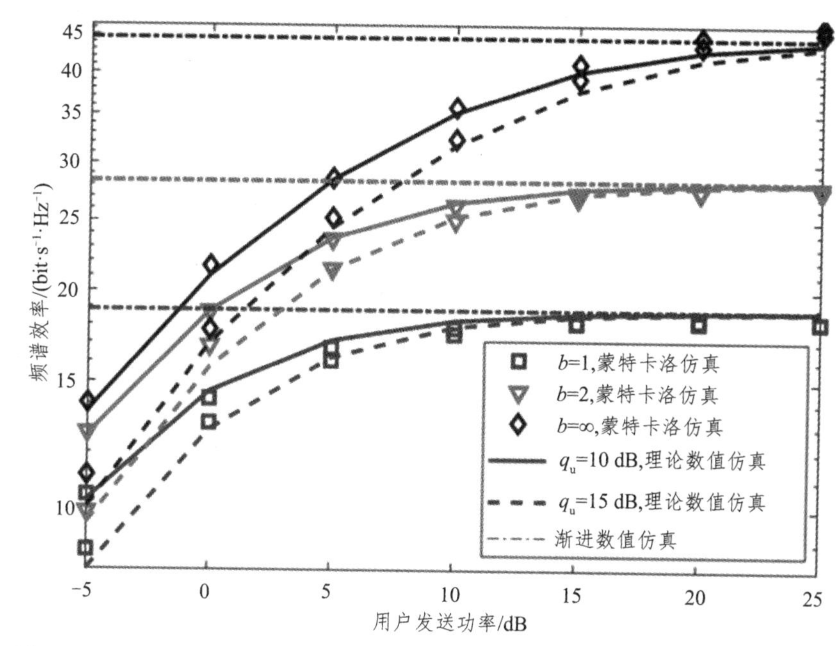

图 5.3　不同干扰功率和 ADC 量化精度下用户发送功率和频谱效率的关系

图 5.4 给出了不同空间相关系数和基站天线数的情况下，频谱效率与 ADC 量化精度的关系。仿真中固定设置用户数 $K=10$，用户/干扰机信号发送功率 $p_u=q_u=10$ dB。从图 5.4 可知，当 ADC 量化精度较低（$b\leqslant 3$）时，通过提高 ADC 精度能够快速提升系统的频谱效率，此时改变空间相关系数对系统性能的影响不大；当 ADC 量化精度较高（$b>3$）时，频谱效率将逐渐趋于一个渐近上界值，此时若再增大空间相关系数会使频谱效率出现大幅度的损失，并且该现象随着空间相关系数的进一步增大而变得更加突出，这与式（5.21）的理论分析结果一致。同时，随着基站天线数的增加，频谱效率得到了明显的提升，但是成倍数增加基站天线数并不能使系统的性能得到同等倍数的增加，其原因在于基站的物理空间

受限，部署大规模天线迫使基站天线间距急剧变窄，从而造成空间相关性影响增大，因此大规模 MIMO 信道空间相关性对系统性能的影响无法被忽略。

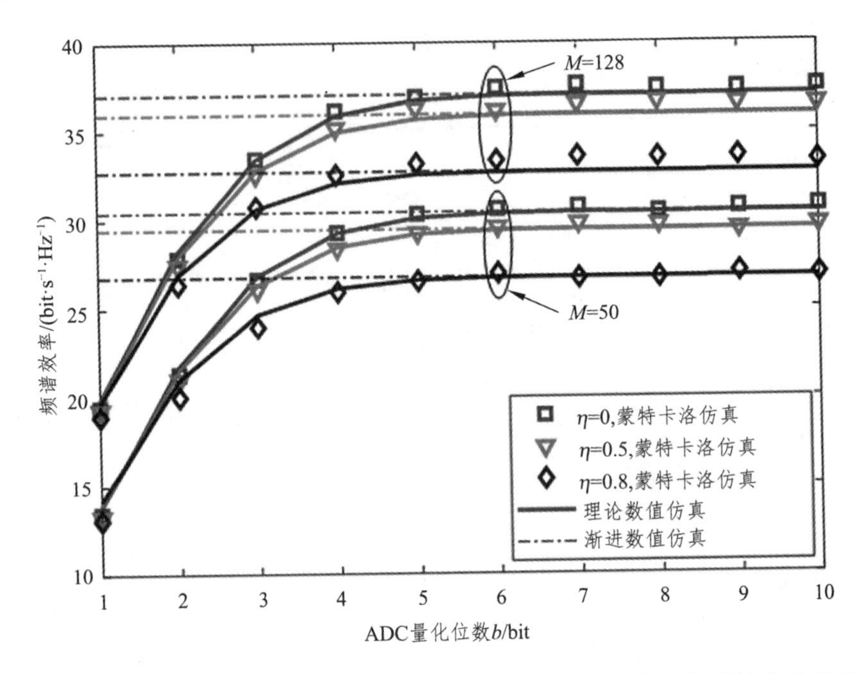

图 5.4　不同空间相关系数和基站天线数下 ADC 量化精度和频谱效率的关系

图 5.5 给出了三种不同信道场景下频谱效率与用户发送功率的关系。仿真中固定设置用户数 $K=10$，基站天线数 $M=100$，干扰机信号发送功率 $q_{\mathrm{u}}=10\ \mathrm{dB}$，ADC 量化位数 $b=2\,\mathrm{bit}$。从图 5.5 可知，在不考虑干扰机的情况下，当用户发送功率较低（$p_{\mathrm{u}}<5\ \mathrm{dB}$）时，三种不同信道场景下的系统频谱效率性能差距不大；但随着用户发送功率的进一步增大，与图 5.3 相似，系统的频谱效率逐渐达到一个渐近上界值。在相同参数设置条件下，莱斯信道的频谱效率性能明显优于其他两种信道，而理想瑞利信道的性能介于莱斯信道和空间相关信道之间。此外，当空间相关系数 $\eta=0$ 时，空间相关信道的频谱效率曲线与理想瑞利信道的频谱效率曲线几乎完全重合，这与式（5.22）的理论分析结果一致。最后，在考虑干扰机和增大空间相关系数的情况下，频谱效率性能将出现大幅度下降。因此，在干扰机干扰的同时，需要尽可能地降低空间相关特性对系统造成的影响。

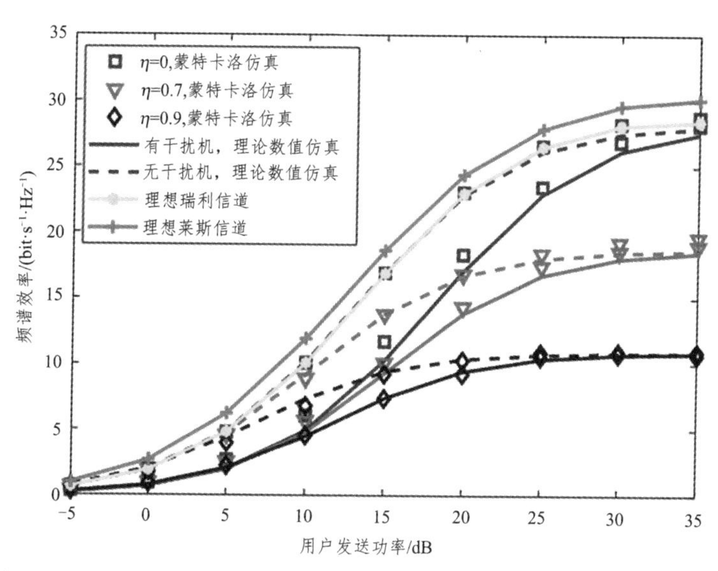

图 5.5　不同信道场景下用户发送功率和频谱效率的关系

图 5.6 给出了不同 CSI 误差和干扰机大尺度衰落系数的情况下，频谱效率与基站天线数的关系。仿真中固定设置用户数 $K=5$，用户/干扰机信号发送功率 $p_u=q_u=10$ dB，空间相关系数 $\eta=0.5$，ADC 量化位数 $b=1$ bit。从图 5.6 可知，三组不同 CSI 条件下的频谱效率理论数值仿真曲线与蒙特卡洛仿真曲线完全重合。同时，随着基站天线数的增加，频谱效率呈现逐渐增大趋势。但是，随着干扰机大尺度衰落系数的增大，频谱效率出现了一定的损失，因此充分考虑大规模 MIMO 系统中干扰机的大尺度衰落性能是完全有必要的。此外，随着 CSI 误差的减小，非理想 CSI 下的系统频谱效率性能逐渐接近理想 CSI 下的系统频谱效率。这主要是因为 CSI 误差越小，就能够充分保证空间相关信道的信道估计精度，从而提升系统的频谱效率性能。

图 5.7 给出了不同空间相关系数和 CSI 的情况下，频谱效率与用户发送功率的关系。仿真中固定设置用户数 $K=10$，基站天线数 $M_0=28$ 和 $M_1=100$，信道估计误差值 $\delta_e^2=0.1$，ADC 量化位数 $b=2$ bit。从图 5.7 可知，频谱效率的理论数值与蒙特卡洛仿真曲线都非常紧凑，说明上述分析结果是正确的。当用户发送功率小于 5 dB 时，理想/非理想 CSI 下的系统频谱效率几乎相同，这说明低信噪比下 CSI 误差和空间相关系数的取值对频谱效率影响不大。此外，随着用户发送功率的增加，理想 CSI 下

的频谱效率明显优于非理想 CSI 下的频谱效率。同时，在相同 CSI 条件下，空间相关系数较小的情况下系统的频谱效率相对较高。

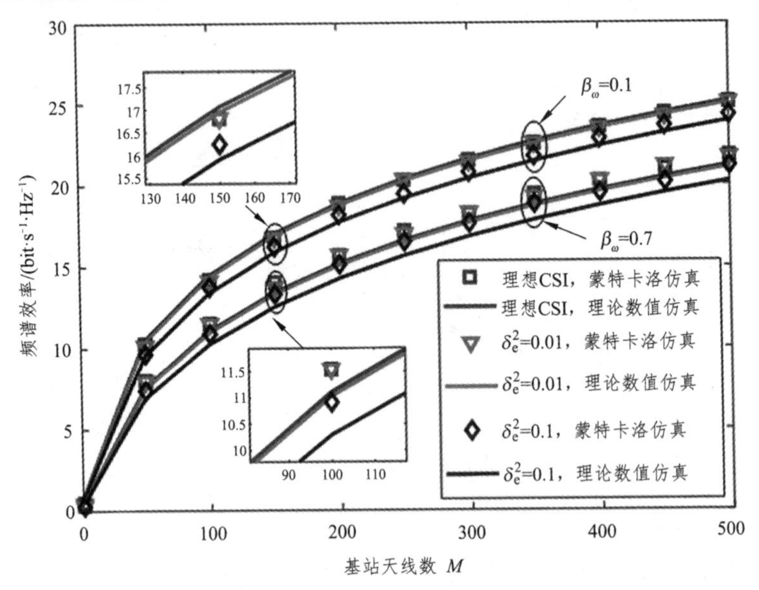

图 5.6　不同 CSI 场景下基站天线数和频谱效率的关系

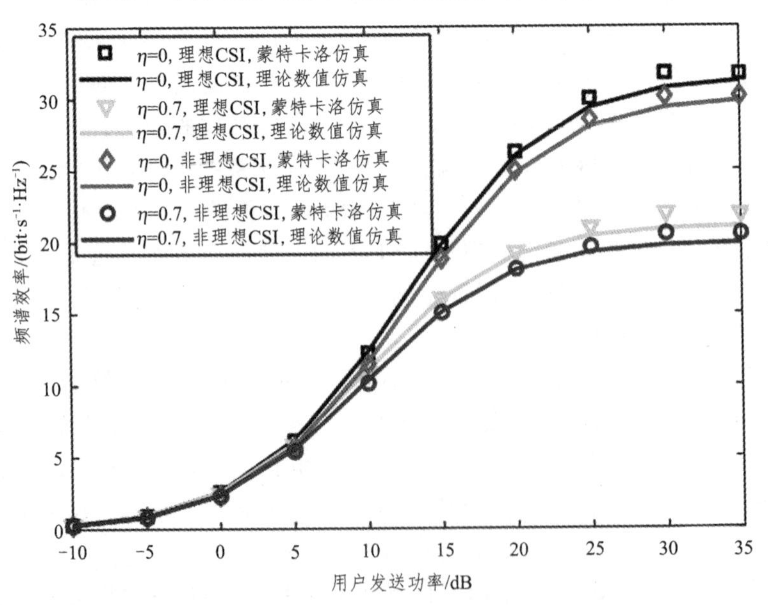

图 5.7　不同空间相关系数和 CSI 场景下用户发送功率和频谱效率的关系

图 5.8 给出了不同 ADC 量化精度和空间相关系数的情况下，混合精度 ADC 架构大规模 MIMO 上行系统频谱效率的渐近性能。仿真中参数设置同图 5.7，此外用户发送功率 $p_u = 15\,\mathrm{dB}$。首先，随着空间相关系数的增加，不同量化精度的频谱效率曲线均呈现快速下降趋势。但是，随着空间相关系数的增加，较高 ADC 精度的频谱效率明显大于较低 ADC 精度（如 $b = 1\,\mathrm{bit}$）的频谱效率。其次，当 ADC 量化位数较小（如 $b < 3\,\mathrm{bit}$）时，各组不同空间相关系数的频谱效率曲线增长趋势相对较大，但随着 ADC 量化精度的提高，频谱效率曲线呈现缓慢增长趋势并逐渐达到饱和状态。由此可知，当 ADC 量化位数较小时，无论空间相关系数取何值，其频谱效率都更加敏感。此外，在具有较小的空间相关系数的情况下，频谱效率数值总是相对较大的。

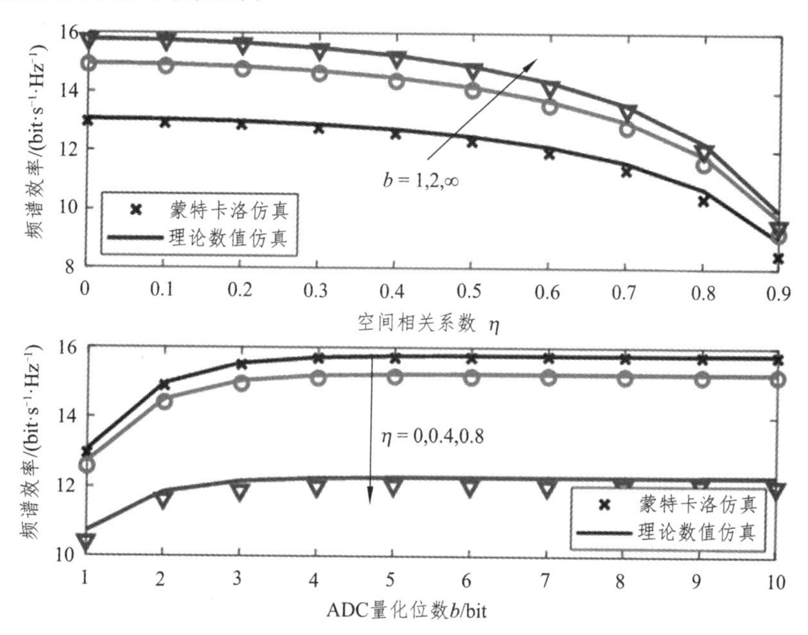

图 5.8 空间相关系数/ADC 量化位数和频谱效率的关系

图 5.9 给出了不同空间相关系数和 CSI 的情况下，能量效率与 ADC 量化位数的关系。仿真中固定设置用户数 $K = 10$，基站天线数 $M_0 = 28$、$M_1 = 100$，用户发送功率 $p_u = 15\,\mathrm{dB}$，信道估计误差值 $\delta_e^2 = 0.1$。由图 5.9 可知，随着 ADC 量化位数的增加，能量效率曲线有先上升后下降的趋势，这意味着三组不同空间相关系数的能量效率曲线具有峰值，并且从

能量效率角度分析 ADC 量化精度并非越大越好。此外，当量化位数增加后，空间相关系数较大的曲线能量效率较低，与图 5.8 结合分析可知，具有空间相关特性的系统性能明显低于理想系统。因此，可以得出结论，大型天线阵列下的大规模 MIMO 系统不能忽略相邻天线之间的空间相关性。

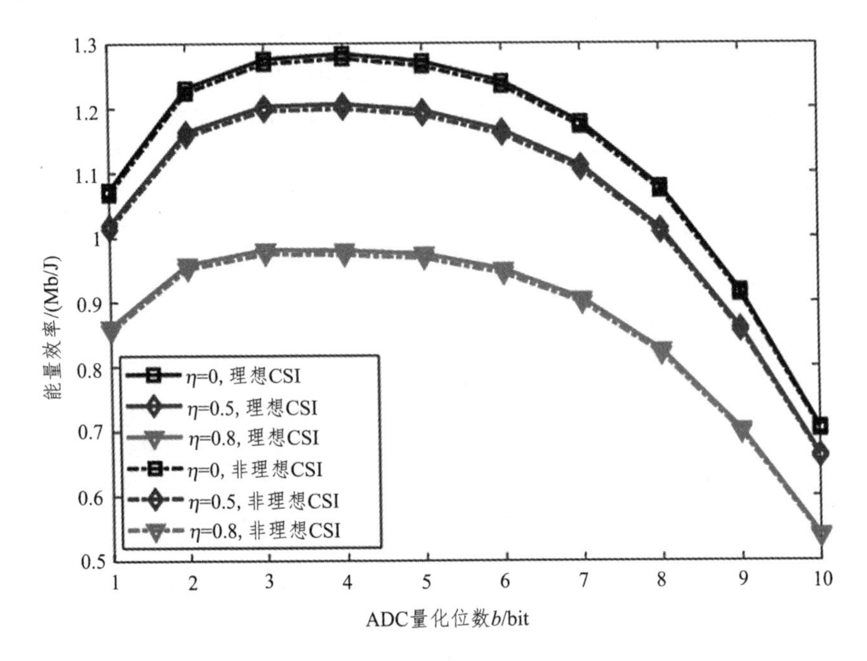

图 5.9　不同空间相关系数和 CSI 下 ADC 量化位数和能量效率的关系

图 5.10 给出了不同基站天线数和空间相关系数的情况下，系统总功率损耗和频谱效率之间的权衡关系。仿真中固定设置用户数 $K=10$，用户发送功率 $p_{\mathrm{u}}=15\,\mathrm{dB}$。不同空间相关系数下，低精度 ADC 的系统所需功耗明显低于混合精度 ADC 的系统。此外，随着 ADC 量化位数从 1 到 10 范围内变化，各组天线配置下的系统频谱效率均有显著地提升，但系统功耗也随之增加。另外，两组不同空间相关系数的频谱效率曲线增长趋势几乎相同。但是，通过比较两组空间相关系数的曲线，可以看出空间相关系数 $\eta=0$ 的曲线包含的区域面积明显大于空间相关系数 $\eta=0.7$ 的曲线包含的区域面积。因此，在相同功耗下具有较小空间相关系数的系统功率损耗和频谱效率权衡曲线具有更好的性能，即若要提升大规模 MIMO

上行系统整体性能，需要尽量克服信道空间相关特性的影响，同时采用混合 ADC 架构的系统具有更优的性能。

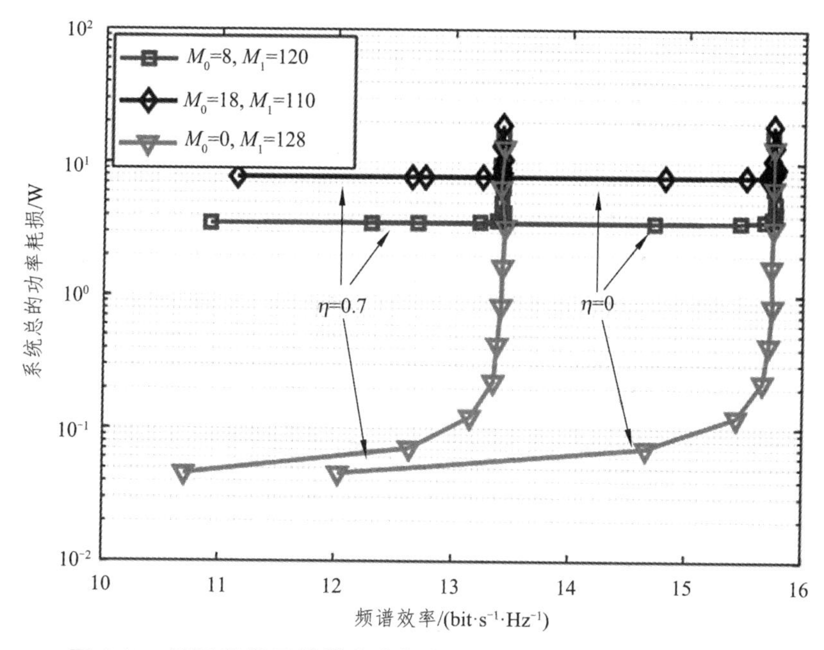

图 5.10 不同基站天线数和空间相关系数下系统总功率损耗和频谱效率之间的权衡

图 5.11 和图 5.12 给出了不同基站天线数、空间相关系数和 CSI 的情况下，能量效率和频谱效率之间的权衡关系。仿真中固定设置用户数 $K=10$，用户发送功率 $p_{\mathrm{u}}=15\,\mathrm{dB}$，且图 5.12 的空间相关系数 $\eta=0.7$。从图 5.11 可知，系统频谱效率的略微增加会导致能量效率的大幅度降低，尤其是频谱效率接近 x 轴极限时。此外，当量化位数较小时，低精度 ADC 系统能量效率明显高于混合精度 ADC 系统。在相同的能量效率的条件下，空间相关系数 $\eta=0$ 时具有更高的频谱效率。从图 5.12 可知，理想 CSI 下的系统性能明显优于非理想 CSI 下的系统，这意味着信道估计误差会对混合精度 ADC 下的大规模 MIMO 系统产生一定的影响。因此，通过在大规模 MIMO 上行系统部署混合精度 ADC 接收机并选择合适的空间相关系数，可以获得更好的频谱效率和相对较高的能量效率。

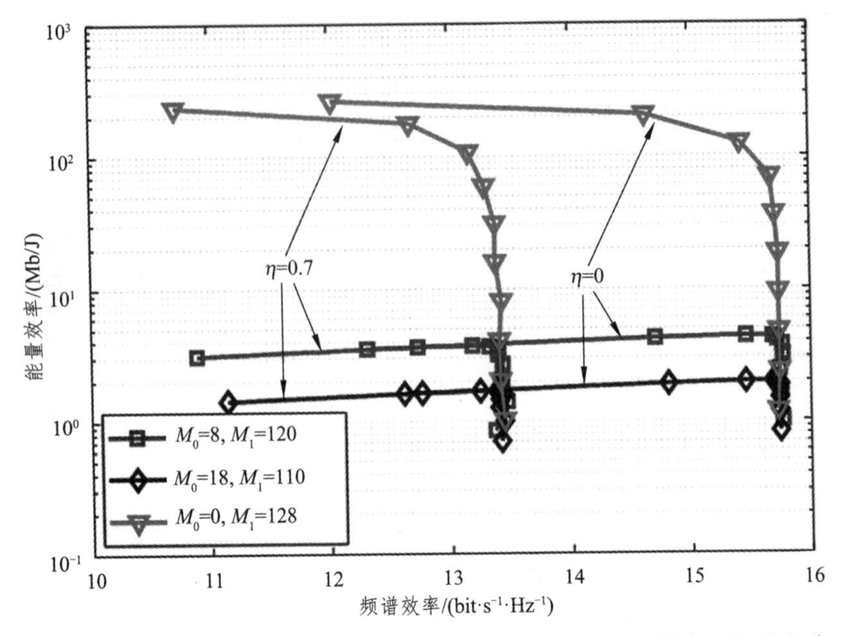

图 5.11　不同基站天线数和空间相关系数下能量效率和频谱效率之间的权衡

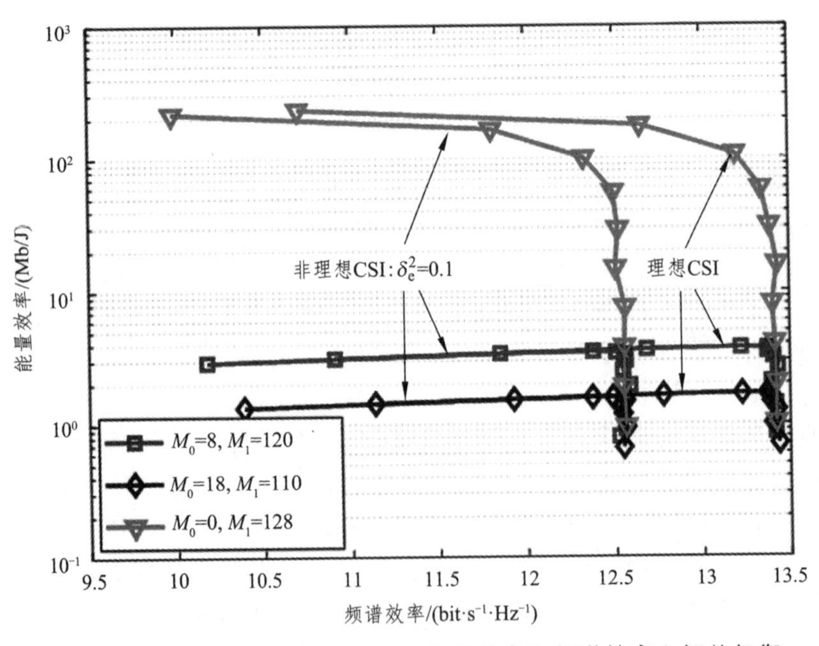

图 5.12　不同基站天线数和 CSI 下能量效率和频谱效率之间的权衡

5.3 本章小结

本章主要分析了干扰机和空间相关信道场景下多用户大规模 MIMO 上行系统频谱效率和能量效率性能。通过在基站接收端部署不同架构 ADC 接收机，推导出频谱效率的近似表达式。基于此，构建系统功耗模型，对能量效率进行仿真。仿真结果表明：若要提高低精度 ADC 系统性能，需要保证用户发送功率大于干扰机信号发送功率，同时适当地增加 ADC 的精度和降低空间相关系数。此外，对于混合精度 ADC 系统，适当地调整高/低精度 ADC 比例并选定合适的空间相关系数,可以获得更好的频谱效率和相对较高的能量效率。

第 6 章　低精度 ADCs/DACs 下大规模 MIMO 系统性能研究

本章考虑在理想和非理想 CSI 条件下，研究低精度 ADCs/DACs 架构的全双工大规模 MIMO 系统性能。借助 AQNM 模型对 ADC/DAC 量化过程建模，基站端采用 MRC/MRT 算法处理信号，并推导出上/下行链路频谱效率的精确和近似表达式。基于此，建立全双工基站的能耗模型,并分析了全双工大规模 MIMO 系统的能量效率以及能量效率和频谱效率之间的折中方案。另外，考虑在混合预编码结构下，研究不同量化精度 ADCs/DACs 对混合预编码设计及系统频谱效率和能量效率的影响，首先推导出系统频谱效率的一般表达式，提出了一种两级联合优化方案，最后根据 ADCs/DACs 的量化精度，进而权衡系统频谱效率和能量效率。

6.1　低精度 ADCs/DACs 下全双工大规模 MIMO 系统模型

本节主要介绍一个单小区多用户的全双工大规模 MIMO 信道模型，包括上行链路信道和下行链路信道。为减少硬件成本和功耗，在基站上行和下行射频链中分别使用低精度 ADCs/DACs，并详细分析了该 ADCs/DACs 架构下多用户全双工大规模 MIMO 系统的性能。

6.1.1　信道模型

理想 CSI 条件下，研究一个单小区多用户的全双工大规模 MIMO 系统，如图 6.1 所示。

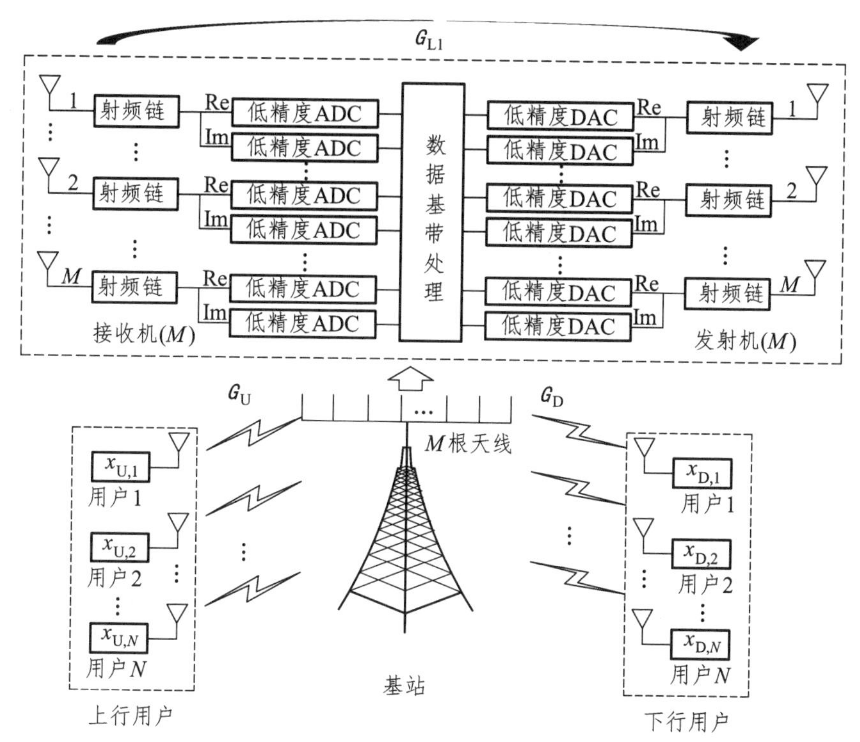

图 6.1 低精度 ADC/DAC 架构下全双工大规模 MIMO 系统框图

假设该系统由一个全双工基站，N个单天线上行用户和N个单天线下行用户组成。同时，全双工基站配备M根接收天线和M根发射天线。从上行用户到基站的信道矩阵记为$\boldsymbol{G}_{\mathrm{U}} \in \mathbb{C}^{M \times N}$，从基站到下行用户的信道矩阵记为$\boldsymbol{G}_{\mathrm{D}} \in \mathbb{C}^{M \times N}$，则信道矩阵建模为

$$\boldsymbol{G}_a = \boldsymbol{H}_a \boldsymbol{D}_a^{1/2}, \quad a \in (\mathrm{U}, \mathrm{D}) \tag{6.1}$$

其中，$a \in (\mathrm{U}, \mathrm{D})$表示上行链路或下行链路；$\boldsymbol{H}_a \in \mathbb{C}^{M \times N}$表示小尺度衰落信道矩阵；$\boldsymbol{D}_a = \mathrm{diag}\{[\beta_{a,1}, \cdots, \beta_{a,N}]\} \in \mathbb{C}^{N \times N}$表示大尺度衰落系数矩阵，$\beta_{a,n}$是第$n$个用户与基站间的大尺度衰落系数。此处采用的莱斯衰落是一种流行且实用的信道模型[36,120]，并且比瑞利衰落更普遍。对于信道矩阵$\boldsymbol{H}_a$包括考虑视距的确定性分量$\bar{\boldsymbol{H}}_a$和服从瑞利分布的随机分量$\boldsymbol{H}_{a,w}$。因此，用户与基站之间的小尺度衰落信道矩阵可以进一步表示为

$$
\begin{aligned}
\boldsymbol{H}_a = \bar{\boldsymbol{H}}_a \mathrm{diag}\left\{\frac{\sqrt{K_{a,1}}}{\sqrt{1+K_{a,1}}},\cdots,\frac{\sqrt{K_{a,N}}}{\sqrt{1+K_{a,N}}}\right\}+ \\
\boldsymbol{H}_{a,w}\mathrm{diag}\left\{\frac{1}{\sqrt{1+K_{a,1}}},\cdots,\frac{1}{\sqrt{1+K_{a,N}}}\right\}
\end{aligned}
\tag{6.2}
$$

其中，$K_{a,n}$ 为第 n 个用户的莱斯因子；$\boldsymbol{H}_{a,w}$ 的元素是独立同分布的，并且是具有零均值和单位方差的复高斯随机变量。此外，$\bar{\boldsymbol{H}}_a$ 可以建模为

$$
[\bar{\boldsymbol{H}}_a]_{mn} = \mathrm{e}^{-\mathrm{j}(m-1)(2\pi l_a/\lambda)\sin(\theta_{a,n})} \tag{6.3}
$$

其中，l_a 为基站天线的间距，λ 为信号波长，而 $\theta_{a,n}\in(-\pi/2,\pi/2)$ 为达到角。在不失一般性的前提下，设置 $l_{\mathrm{U}}=l_{\mathrm{D}}=\lambda/2$。

由于系统采用全双工工作模式，则基站收/发设备之间存在回路干扰（Loop Interference，LI）影响[121]。对于回路干扰信道的描述，用 $\boldsymbol{G}_{\mathrm{LI}}\in\mathbb{C}^{M\times M}$ 表示基站发射天线和接收天线之间的回路干扰信道矩阵，其矩阵元素建模为 $\mathcal{CN}(0,w_{\mathrm{LI}}^2)$ 的随机变量[122,123]。在此，w_{LI}^2 可以理解为残余回路干扰水平，其值取决于收发天线间距和硬件回路干扰消除能力。此外，在上行用户和下行用户之间存在用户间干扰（Inter-User-Interference，IUI），采用 $\boldsymbol{G}_{\mathrm{IU}}\in\mathbb{C}^{N\times N}$ 表示上、下行用户间干扰信道，其中 $[\boldsymbol{G}_{\mathrm{IU}}]_{ij}\sim\mathcal{CN}(0,\mu_{ij}^2)$ 是第 i 个下行用户和 j 个上行用户之间的用户间干扰信道系数[36]。

在非理想 CSI 条件下，根据 MMSE 估计，则全双工大规模 MIMO 系统信道矩阵可以分解为[110]

$$
\boldsymbol{G}_a = \hat{\boldsymbol{G}}_a + \Delta\boldsymbol{G}_a,\quad a\in\{\mathrm{U},\mathrm{D}\} \tag{6.4}
$$

其中，$\hat{\boldsymbol{G}}_a\sim\mathcal{CN}(0,(1-\delta_{\mathrm{e}}^2)\boldsymbol{I}_M)$ 是通过上行链路训练得到的信道矩阵估计值，$\Delta\boldsymbol{G}_a\sim\mathcal{CN}(0,\delta_{\mathrm{e}}^2\boldsymbol{I}_M)$ 是信道矩阵估计误差值，而 δ_{e}^2 为 CSI 误差功率，同时 $\hat{\boldsymbol{G}}_a$ 和 $\Delta\boldsymbol{G}_a$ 之间相互独立[111]。此外，假设非理想 CSI 的大尺度衰落系数矩阵为 $\hat{\boldsymbol{D}}_{\mathrm{D}}=(1-\delta_{\mathrm{e}}^2)\boldsymbol{D}_{\mathrm{D}}$。

6.1.2 收/发信号模型

对于上行链路，令 $\boldsymbol{x}_{\mathrm{U}}=[x_{\mathrm{U},1},x_{\mathrm{U},2},\cdots,x_{\mathrm{U},n}]^{\mathrm{T}}$ 表示上行用户发送到基站的

信号矢量，并且 $\boldsymbol{x}_{\mathrm{U}}$ 归一化为 $\mathbb{E}\{\boldsymbol{x}_{\mathrm{U}}\boldsymbol{x}_{\mathrm{U}}^{\mathrm{H}}\}=\boldsymbol{I}_N$。经过低精度 ADC 量化处理前，基站端上行链路接收信号 $\boldsymbol{y}_{\mathrm{U}}\in\mathbb{C}^{N\times 1}$ 可以表示为[122]

$$\boldsymbol{y}_{\mathrm{U}}=\sqrt{P_{\mathrm{U}}}\boldsymbol{G}_{\mathrm{U}}\boldsymbol{x}_{\mathrm{U}}+\sqrt{P_{\mathrm{D}}}\boldsymbol{G}_{\mathrm{LI}}\tilde{\boldsymbol{y}}_{\mathrm{D}}+\boldsymbol{n}_{\mathrm{U}} \tag{6.5}$$

其中，$\tilde{\boldsymbol{y}}_{\mathrm{D}}$ 为基站端发射信号矢量；P_{U} 和 P_{D} 分别表示用户和基站的信号发送功率。$\boldsymbol{n}_{\mathrm{U}}\sim\mathcal{CN}(0,\sigma_{\mathrm{U}}^2\boldsymbol{I}_M)$ 为加性高斯白噪声矢量，其中 σ_{U}^2 为基站端的噪声功率。此外，经过低精度 ADC 量化处理后，上行链路接收信号可以写成 $\tilde{\boldsymbol{y}}_{\mathrm{U}}=\mathbb{Q}(\boldsymbol{y}_{\mathrm{U}})$，其中 $\mathbb{Q}$ 表示 ADC 量化运算。

对于下行链路，令 $\boldsymbol{x}_{\mathrm{D}}=[x_{\mathrm{D},1},x_{\mathrm{D},2},\cdots,x_{\mathrm{D},n}]^{\mathrm{T}}$ 表示基站发送到下行用户的信息矢量，并且归一化为 $\mathbb{E}\{\boldsymbol{x}_{\mathrm{D}}\boldsymbol{x}_{\mathrm{D}}^{\mathrm{H}}\}=\boldsymbol{I}_N$。若基站端采用 MRT 预编码算法处理信号，则经过低精度 DAC 处理前的基站发送信号 $\boldsymbol{y}_{\mathrm{D}}$ 可以表示为

$$\boldsymbol{y}_{\mathrm{D}}=\frac{1}{\sqrt{Mtr(\boldsymbol{G}_{\mathrm{D}})}}\boldsymbol{G}_{\mathrm{D}}\boldsymbol{x}_{\mathrm{D}} \tag{6.6}$$

其中，$tr(\bullet)$ 表示矩阵对角元素求和运算。此外，经过低精度 DAC 处理后，则基站的发送信号可以写成 $\tilde{\boldsymbol{y}}_{\mathrm{D}}=\breve{\mathbb{Q}}(\boldsymbol{y}_{\mathrm{D}})$，其中 $\breve{\mathbb{Q}}$ 表示 DAC 运算。因此，下行用户接收信号表示为

$$\boldsymbol{r}_{\mathrm{D}}=\sqrt{P_{\mathrm{D}}}\boldsymbol{G}_{\mathrm{D}}^{\mathrm{H}}\tilde{\boldsymbol{y}}_{\mathrm{D}}+\sqrt{P_{\mathrm{U}}}\boldsymbol{G}_{\mathrm{IU}}^{\mathrm{H}}\boldsymbol{x}_{\mathrm{U}}+\boldsymbol{n}_{\mathrm{D}} \tag{6.7}$$

其中，$\boldsymbol{n}_{\mathrm{D}}\sim\mathcal{CN}(0,\sigma_{\mathrm{D}}^2\boldsymbol{I}_M)$ 为加性高斯白噪声矢量，σ_{D}^2 为基站处的噪声功率。

6.1.3 ADC/DAC 失真模型

为了便于分析，采用加性量化噪声模型对 ADC 量化误差和 DAC 失真进行建模[122,124]。然后，经过 ADC 量化处理后的基站接收信号可以表示为

$$\tilde{\boldsymbol{y}}_{\mathrm{U}}\approx\alpha_{\mathrm{u}}\boldsymbol{y}_{\mathrm{U}}+\boldsymbol{q}_{\mathrm{U}} \tag{6.8}$$

其中，$\boldsymbol{q}_{\mathrm{U}}\sim\mathcal{CN}(0,\boldsymbol{R}_{\boldsymbol{q}_{\mathrm{U}}})$ 是与 $\boldsymbol{y}_{\mathrm{U}}$ 不相关的加性高斯量化噪声；$\alpha_{\mathrm{u}}=1-\rho_{\mathrm{u}}$ 为线性量化增益，其值取决于 ADC 量化位数 b_{A}。如果给定 b_{A}，则 α_{u} 值可以在表 6.1 中获得。

经过 DAC 处理后，下行用户的接收信号 $\boldsymbol{y}_{\mathrm{D}}$ 可以表示为

$$\tilde{\boldsymbol{y}}_{\mathrm{D}} \approx \alpha_{\mathrm{d}} \boldsymbol{y}_{\mathrm{D}} + \boldsymbol{q}_{\mathrm{D}} \tag{6.9}$$

其中，$\boldsymbol{q}_{\mathrm{D}} \sim \mathcal{CN}(0, \boldsymbol{R}_{\boldsymbol{q}_{\mathrm{D}}})$是与$\boldsymbol{y}_{\mathrm{D}}$不相关的加性高斯量化噪声；$\alpha_{\mathrm{d}} = 1 - \rho_{\mathrm{d}}$为线性量化增益，其值取决于 DAC 量化位数$b_{\mathrm{A}}$[125]。同样，如果给定$b_{\mathrm{D}}$，则$\alpha_{\mathrm{d}}$值可以在表 6.1 中获得。

表 6.1　不同 ADC/DAC 量化位数 $b_{\mathrm{A}}(b_{\mathrm{D}})$ 下 $\rho_{\mathrm{u}}(\rho_{\mathrm{d}})$ 的近似值

$b_{\mathrm{A}}(b_{\mathrm{D}})$	1	2	3	4	5	6	7	8
$\rho_{\mathrm{u}}(\rho_{\mathrm{d}})$	0.363 4	0.117 5	0.034 54	0.009 497	0.002 499	0.000 664	0.000 166	0.000 041

对于固定信道$\boldsymbol{G}_{\mathrm{D}}$，$\boldsymbol{G}_{\mathrm{U}}$和$\boldsymbol{G}_{\mathrm{LI}}$，$\boldsymbol{q}_{\mathrm{D}}$和$\boldsymbol{q}_{\mathrm{U}}$的协方差矩阵可以表示为

$$\boldsymbol{R}_{\boldsymbol{q}_{\mathrm{D}}} = \mathbb{E}\{\boldsymbol{q}_{\mathrm{D}}\boldsymbol{q}_{\mathrm{D}}^{\mathrm{H}}\} = \frac{\alpha_{\mathrm{d}}(1-\alpha_{\mathrm{d}})}{Mtr(\boldsymbol{D}_{\mathrm{D}})}\mathrm{diag}(\boldsymbol{G}_{\mathrm{D}}\boldsymbol{G}_{\mathrm{D}}^{\mathrm{H}}) \tag{6.10}$$

$$\boldsymbol{R}_{\boldsymbol{q}_{\mathrm{U}}} = \mathbb{E}\{\boldsymbol{q}_{\mathrm{U}}\boldsymbol{q}_{\mathrm{U}}^{\mathrm{H}}\} = \alpha_{\mathrm{u}}(1-\alpha_{\mathrm{u}})\mathrm{diag}(P_{\mathrm{U}}\boldsymbol{G}_{\mathrm{U}}\boldsymbol{G}_{\mathrm{U}}^{\mathrm{H}} + L + \sigma_{\mathrm{U}}^{2}\boldsymbol{I}_{M}) \tag{6.11}$$

其中，$L = \dfrac{P_{\mathrm{D}}\alpha_{\mathrm{d}}^{2}}{Mtr(\boldsymbol{D}_{\mathrm{D}})}\boldsymbol{G}_{\mathrm{LI}}\boldsymbol{G}_{\mathrm{D}}\boldsymbol{G}_{\mathrm{D}}^{\mathrm{H}}\boldsymbol{G}_{\mathrm{LI}}^{\mathrm{H}} + \dfrac{P_{\mathrm{D}}\alpha_{\mathrm{d}}(1-\alpha_{\mathrm{d}})}{Mtr(\boldsymbol{D}_{\mathrm{D}})}\boldsymbol{G}_{\mathrm{LI}}\mathrm{diag}(\boldsymbol{G}_{\mathrm{D}}\boldsymbol{G}_{\mathrm{D}}^{\mathrm{H}})\boldsymbol{G}_{\mathrm{LI}}^{\mathrm{H}}$。

证明： 由于$\boldsymbol{R}_{\boldsymbol{q}_{\mathrm{U}}}$的推导需要下行链路信号统计结果，因此先处理下行链路信号，并推导出式（6.10）。由式（6.6）可知，对于第m个天线/维度，有

$$\mathbb{E}\left\{\left|\boldsymbol{y}_{\mathrm{D},m}\right|^{2}\right\} = \frac{1}{Mtr(\boldsymbol{D}_{\mathrm{D}})}[\boldsymbol{G}_{\mathrm{D}}\boldsymbol{G}_{\mathrm{D}}^{\mathrm{H}}]_{mm} \tag{6.12}$$

对于量化噪声模型：$\alpha_{\mathrm{d}} = \mathbb{E}\left\{\left|\hat{\boldsymbol{y}}_{\mathrm{D},m}\right|^{2}\right\} \Big/ \mathbb{E}\left\{\left|\boldsymbol{y}_{\mathrm{D},m}\right|^{2}\right\}$，因此有$\mathbb{E}\left\{\left|\hat{\boldsymbol{y}}_{\mathrm{D},m}\right|^{2}\right\} = \alpha_{\mathrm{d}}\mathbb{E}\left\{\left|\boldsymbol{y}_{\mathrm{D},m}\right|^{2}\right\}$。由于$\boldsymbol{R}_{\boldsymbol{q}_{\mathrm{D}}}$和$\boldsymbol{y}_{\mathrm{D}}$是不相关的，从式（6.9）中可得

$$\mathbb{E}\left\{\left|\boldsymbol{q}_{\mathrm{D},m}\right|^{2}\right\} = \mathbb{E}\left\{\left|\hat{\boldsymbol{y}}_{\mathrm{D},m}\right|^{2}\right\} - \alpha_{\mathrm{d}}^{2}\mathbb{E}\left\{\left|\boldsymbol{y}_{\mathrm{D},m}\right|^{2}\right\} = \frac{\alpha_{\mathrm{d}}(1-\alpha_{\mathrm{d}})}{Mtr(\boldsymbol{D}_{\mathrm{D}})}[\boldsymbol{G}_{\mathrm{D}}\boldsymbol{G}_{\mathrm{D}}^{\mathrm{H}}]_{mm} \tag{6.13}$$

由于$\mathbb{E}\{\boldsymbol{q}_{\mathrm{D},m}\} = 0$，因此式（6.10）证毕。

对于上行链路的处理方法相似，则有

$$\mathbb{E}\left\{\left|\boldsymbol{q}_{\mathrm{U},m}\right|^{2}\right\} = \alpha_{\mathrm{u}}(1-\alpha_{\mathrm{u}})\mathbb{E}\left\{\left|\boldsymbol{y}_{\mathrm{U},m}\right|^{2}\right\} \tag{6.14}$$

将式（6.6）和式（6.9）代入式（6.5）中，则有

$$\boldsymbol{y}_{\mathrm{U}}=\sqrt{P_{\mathrm{U}}}\boldsymbol{G}_{\mathrm{U}}\boldsymbol{x}_{\mathrm{U}}+\frac{\alpha_{\mathrm{d}}\sqrt{P_{\mathrm{D}}}}{\sqrt{Mtr(\boldsymbol{D}_{\mathrm{D}})}}\boldsymbol{G}_{\mathrm{LI}}\boldsymbol{G}_{\mathrm{D}}\boldsymbol{x}_{\mathrm{D}}+\sqrt{P_{\mathrm{D}}}\boldsymbol{G}_{\mathrm{LI}}\boldsymbol{q}_{\mathrm{D}}+\boldsymbol{n}_{\mathrm{U}} \tag{6.15}$$

由式（6.15）可得

$$\mathbb{E}\left\{\left|\boldsymbol{y}_{\mathrm{U},n}\right|^{2}\right\}=P_{\mathrm{U}}[\boldsymbol{G}_{\mathrm{U}}\boldsymbol{G}_{\mathrm{U}}^{\mathrm{H}}]_{mm}+\frac{\alpha_{\mathrm{d}}^{2}P_{\mathrm{D}}}{Mtr(\boldsymbol{D}_{\mathrm{D}})}[\boldsymbol{G}_{\mathrm{LI}}\boldsymbol{G}_{\mathrm{D}}\boldsymbol{G}_{\mathrm{D}}^{\mathrm{H}}\boldsymbol{G}_{\mathrm{LI}}^{\mathrm{H}}]_{mm}+\frac{\alpha_{\mathrm{d}}(1-\alpha_{\mathrm{d}})P_{\mathrm{D}}}{Mtr(\boldsymbol{D}_{\mathrm{D}})}[\boldsymbol{G}_{\mathrm{LI}}\mathrm{diag}(\boldsymbol{G}_{\mathrm{D}}\boldsymbol{G}_{\mathrm{D}}^{\mathrm{H}})\boldsymbol{G}_{\mathrm{LI}}^{\mathrm{H}}]_{mm}+\sigma_{\mathrm{U}}^{2} \tag{6.16}$$

因此，将式（6.16）代入式（6.14），且 $\mathbb{E}\left\{\boldsymbol{q}_{\mathrm{U},m}\right\}=0$，则式（6.11）证毕。

6.2 低精度 ADCs/DACs 架构下系统性能分析

本小节推导了理想/非理想 CSI 条件下低精度 ADC/DAC 架构多用户全双工大规模 MIMO 系统频谱效率近似表达式。然后，基于得到的表达式，研究用户信号发送功率、基站天线数、莱斯因子、CSI 误差、残余干扰功率及 ADC/DAC 量化精度等参数对系统性能的影响。最后，构建相应的功耗模型，并对系统的能量效率展开研究。

6.2.1 上行系统频谱效率分析

在理想 CSI 条件下，基站端采用 MRC 检测算法处理上行接收信号，即将接收信号乘以 $\boldsymbol{G}_{\mathrm{U}}^{\mathrm{H}}$。根据式（6.8），可以将 MRC 处理后的基站接收信号表示为

$$\boldsymbol{r}_{\mathrm{U}}=\alpha_{\mathrm{u}}\sqrt{P_{\mathrm{U}}}\boldsymbol{G}_{\mathrm{U}}^{\mathrm{H}}\boldsymbol{G}_{\mathrm{U}}\boldsymbol{x}_{\mathrm{U}}+\alpha_{\mathrm{u}}\sqrt{P_{\mathrm{D}}}\boldsymbol{G}_{\mathrm{U}}^{\mathrm{H}}\boldsymbol{G}_{\mathrm{LI}}\tilde{\boldsymbol{y}}_{\mathrm{D}}+\alpha_{\mathrm{u}}\boldsymbol{G}_{\mathrm{U}}^{\mathrm{H}}\boldsymbol{n}_{\mathrm{U}} \tag{6.17}$$

将式（6.6）和式（6.9）代入式（6.17）可知，理想 CSI 条件下全双工大规模 MIMO 系统第 n 个上行用户的输出信号 $r_{\mathrm{U},n}$ 可以表示为

$$r_{\mathrm{U},n}=\underbrace{\alpha_{\mathrm{u}}\sqrt{P_{\mathrm{U}}}\boldsymbol{g}_{\mathrm{U},n}^{\mathrm{H}}\boldsymbol{g}_{\mathrm{U},n}x_{\mathrm{U},n}}_{\text{上行用户}n\text{发送的信号}}+\underbrace{\alpha_{\mathrm{u}}\sqrt{P_{\mathrm{U}}}\sum_{i=1,i\neq n}^{N}\boldsymbol{g}_{\mathrm{U},n}^{\mathrm{H}}\boldsymbol{g}_{\mathrm{U},i}x_{\mathrm{U},i}}_{\text{来自其他用户的干扰信号}}+$$

$$\underbrace{\frac{\alpha_{\rm u}\alpha_{\rm d}\sqrt{P_{\rm D}}}{\sqrt{Mtr(\boldsymbol{D}_{\rm D})}}\sum_{i=1}^{N}\boldsymbol{g}_{{\rm U},n}^{\rm H}\boldsymbol{G}_{\rm LI}\boldsymbol{g}_{{\rm D},i}x_{{\rm D},i}}_{\text{回路干扰信号}}+\underbrace{\alpha_{\rm u}\sqrt{P_{\rm D}}\boldsymbol{g}_{{\rm U},n}^{\rm H}\boldsymbol{G}_{\rm LI}\boldsymbol{q}_{\rm D}}_{\rm AGQN}+ \quad (6.18)$$

$$\underbrace{\alpha_{\rm u}\boldsymbol{g}_{{\rm U},n}^{\rm H}\boldsymbol{n}_{{\rm U},n}}_{\rm AWGN}+\underbrace{\boldsymbol{g}_{{\rm U},n}^{\rm H}\boldsymbol{q}_{\rm U}}_{\rm AGQN}$$

其中，$x_{{\rm U},n}$ 和 $x_{{\rm D},n}$ 分别为 $\boldsymbol{x}_{\rm U}$ 和 $\boldsymbol{x}_{\rm D}$ 的第 n 个元素，$\boldsymbol{g}_{{\rm U},n}$ 和 $\boldsymbol{g}_{{\rm D},n}$ 分别为信道矩阵 $\boldsymbol{G}_{\rm U}$ 和 $\boldsymbol{G}_{\rm D}$ 的第 n 列元素。此外，式（6.18）右边首项为用户 n 的上行传输信号，其余五项可视为用户间干扰信号、回路干扰信号、量化噪声和信道噪声。

由式(6.18)可知，理想 CSI 条件下第 n 个用户在全双工大规模 MIMO 系统上行链路的频谱效率可以表示为

$$R_{{\rm U},n}=\mathbb{E}\left\{\log_2\left(1+\frac{A_{{\rm U},n}}{B_{{\rm U},n}+C_{{\rm U},n}+D_{{\rm U},n}+E_{{\rm U},n}+F_{{\rm U},n}}\right)\right\} \quad (6.19)$$

其中，$A_{{\rm U},n}=\alpha_{\rm u}^2P_{\rm U}\left|\boldsymbol{g}_{{\rm U},n}^{\rm H}\boldsymbol{g}_{{\rm U},n}\right|^2$；$B_{{\rm U},n}=\alpha_{\rm u}^2P_{\rm U}\sum\limits_{i=1,i\neq n}^{N}\left|\boldsymbol{g}_{{\rm U},n}^{\rm H}\boldsymbol{g}_{{\rm U},i}\right|^2$；$C_{{\rm U},n}=\frac{\alpha_{\rm u}^2\alpha_{\rm d}^2P_{\rm D}}{Mtr(\boldsymbol{D}_{\rm D})}\sum\limits_{i=1}^{N}\left|\boldsymbol{g}_{{\rm U},n}^{\rm H}\boldsymbol{G}_{\rm LI}\boldsymbol{g}_{{\rm D},i}\right|^2$；$D_{{\rm U},n}=\alpha_{\rm u}^2P_{\rm D}\boldsymbol{g}_{{\rm U},n}^{\rm H}\boldsymbol{G}_{\rm LI}\boldsymbol{R}_{q_{\rm D}}\boldsymbol{G}_{\rm LI}^{\rm H}\boldsymbol{g}_{{\rm U},n}$；$E_{{\rm U},n}=\alpha_{\rm u}^2\sigma_{\rm U}^2\boldsymbol{g}_{{\rm U},n}^{\rm H}\boldsymbol{g}_{{\rm U},n}$；$F_{{\rm U},n}=\boldsymbol{g}_{{\rm U},n}^{\rm H}\boldsymbol{R}_{q_{\rm U}}\boldsymbol{g}_{{\rm U},n}$。

定理 6.1： 在莱斯衰落信道场景下，对于采用低精度 ADCs/DACs 架构的多用户全双工大规模 MIMO 系统，若基站端采用 MRC 检测算法处理信号，则理想 CSI 下第 n 个用户在全双工大规模 MIMO 系统上行链路的频谱效率可以近似为

$$R_{{\rm U},n}\approx\log_2\left(1+\frac{\alpha_{\rm u}P_{\rm U}\beta_{{\rm U},n}M\psi_{0,n}}{\alpha_{\rm u}P_{\rm U}\sum\limits_{i=1,i\neq n}^{N}\beta_{{\rm U},i}\psi_{1,n,i}+\alpha_{\rm d}P_{\rm D}w_{\rm LI}^2+(1-\alpha_{\rm u})P_{\rm U}\psi_{2,n}+\sigma_{\rm U}^2}\right) \quad (6.20)$$

其中，$\psi_{0,n}=\frac{2K_{{\rm U},n}+1}{M(K_{{\rm U},n}+1)^2}+1$；$\psi_{1,n,i}=1-\frac{K_{{\rm U},n}K_{{\rm U},i}}{(K_{{\rm U},n}+1)(K_{{\rm U},i}+1)}\left(1-\frac{\phi_{{\rm U},ni}^2}{M}\right)$；$\psi_{2,n}=\beta_{{\rm U},n}\frac{K_{{\rm U},n}^2+4K_{{\rm U},n}+2}{(K_{{\rm U},n}+1)^2}+\sum\limits_{i=1,i\neq n}^{N}\beta_{{\rm U},i}$；$\phi_{{\rm U},ni}=\frac{\sin\left(\frac{M\pi}{2}[\sin(\theta_{{\rm U},n})-\sin(\theta_{{\rm U},i})]\right)}{\sin\left(\frac{\pi}{2}[\sin(\theta_{{\rm U},n})-\sin(\theta_{{\rm U},i})]\right)}$。

定理 6.1 给出了第 n 个用户在全双工大规模 MIMO 系统上行链路频

谱效率的近似表达式，并对上行频谱效率进行评估。为便于对定理 6.1 的全面理解，下面将讨论几个特殊场景下的近似结果。

（1）固定用户发送功率 P_{U} 、基站发送功率 P_{D} 、基站天线数 M 和 ADC/DAC 精度不变，当莱斯因子 $K_{\mathrm{U},n}\to\infty$ 时，式（6.20）的上行链路频谱效率有以下限制：

$$R_{\mathrm{U},n}\to\log_2\left(1+\frac{\alpha_{\mathrm{u}}P_{\mathrm{U}}\beta_{\mathrm{U},n}M}{\dfrac{\alpha_{\mathrm{u}}P_{\mathrm{U}}}{M}\sum\limits_{i=1,i\neq n}^{N}\beta_{\mathrm{U},i}\phi_{\mathrm{U},ni}^{2}+\alpha_{\mathrm{d}}P_{\mathrm{D}}w_{\mathrm{LI}}^{2}+\ni_1}\right) \tag{6.21}$$

其中，$\ni_1=(1-\alpha_{\mathrm{u}})P_{\mathrm{U}}\left(\beta_{\mathrm{U},n}+\sum\limits_{i=1,i\neq n}^{N}\beta_{\mathrm{U},i}\right)+\sigma_{\mathrm{U}}^{2}$。由式（6.21）可知，当 $K_{\mathrm{U},n}$ 趋于无穷大时，全双工大规模 MIMO 上行链路频谱效率接近恒定值，这揭示了在强莱斯衰落的情况下频谱效率有上限值。

（2）固定 ADC/DAC 精度、基站天线数 M 、用户发送功率 P_{U} 和基站发送功率 P_{D} 不变，在瑞利信道场景下，即 $K_{\mathrm{U},n}=0$（其中 $n=1,\cdots,N$ ）时，式（6.20）的上行链路频谱效率可以简化为

$$R_{\mathrm{U},n}\to\log_2\left(1+\frac{\alpha_{\mathrm{u}}P_{\mathrm{U}}\beta_{\mathrm{U},n}(M+1)}{P_{\mathrm{U}}\sum\limits_{i=1,i\neq n}^{N}\beta_{\mathrm{U},i}+2(1-\alpha_{\mathrm{u}})P_{\mathrm{U}}\beta_{\mathrm{U},n}+\ni_2}\right) \tag{6.22}$$

其中，$\ni_2=\alpha_{\mathrm{d}}P_{\mathrm{D}}w_{\mathrm{LI}}^{2}+\sigma_{\mathrm{U}}^{2}$。由式（6.22）可知，如果仅考虑上行链路并且忽略回路干扰，则可以发现式（6.22）与文献[118]中式（12）的半双工模式结果一致。

（3）固定用户发送功率 P_{U} 、基站发送功率 P_{D} 和基站天线数 M 不变，当 ADC/DAC 为理想硬件时，即 $\alpha_{\mathrm{u}}=\alpha_{\mathrm{d}}=1$，式（6.20）的上行链路频谱效率可简化为

$$R_{\mathrm{U},n}\to\log_2\left(1+\frac{P_{\mathrm{U}}\beta_{\mathrm{U},n}M\psi_{0,n}}{P_{\mathrm{U}}\sum\limits_{i=1,i\neq n}^{N}\beta_{\mathrm{U},i}\psi_{1,n,i}+P_{\mathrm{D}}w_{\mathrm{LI}}^{2}+\sigma_{\mathrm{U}}^{2}}\right) \tag{6.23}$$

由式（6.23）可知，如果仅考虑上行链路并且忽略回路干扰，则可以发现式（6.23）与文献[117]中式（40）的半双工模式结果一致。

（4）固定 ADC/DAC 精度和基站天线数 M 不变，当 $P_{\mathrm{D}}=\varUpsilon P_{\mathrm{U}}\to\infty$，其中系数 $\varUpsilon$ 为一个确定常数，则式（6.20）的上行链路频谱效率可以简化为

$$R_{\mathrm{U},n}\to\log_2\left(1+\frac{\alpha_{\mathrm{u}}\beta_{\mathrm{U},n}M\psi_{0,n}}{\alpha_{\mathrm{u}}\sum\limits_{i=1,i\neq n}^{N}\beta_{\mathrm{U},i}\psi_{1,n,i}+\alpha_{\mathrm{d}}\varUpsilon w_{\mathrm{LI}}^{2}+(1-\alpha_{\mathrm{u}})\psi_{2,n}}\right)\tag{6.24}$$

由式（6.24）可知，全双工大规模 MIMO 上行系统的频谱效率接近于恒定值，而不会随着 P_{U} 和 P_{D} 的增加而无限增大。

（5）当 $P_{\mathrm{U}}=E_{\mathrm{U}}/M$ 和 $P_{\mathrm{D}}=E_{\mathrm{D}}/M$ 且 E_{U} 和 E_{D} 固定时，基站天线数 $M\to\infty$，此时发送功率与天线数成反比，则式（6.20）的上行链路频谱效率可以简化为

$$R_{\mathrm{U},n}\to\log_2\left(1+\frac{\alpha_{\mathrm{u}}E_{\mathrm{U}}\beta_{\mathrm{U},n}}{\sigma_{\mathrm{U}}^{2}}\right)\tag{6.25}$$

假设 $\sigma_{\mathrm{U}}^{2}=1$ 的情况下，式（6.25）与文献[124]中式（17）的结果一致。由式（6.25）可知，提高 ADC 量化精度可以有效地改善上行链路频谱效率。此外，使用大规模的基站天线和相对较低的发送功率，可以有效地消除 ADC 的量化噪声和全双工回路干扰。

同理，在非理想 CSI 条件下，对于基站端上行接收信号，仍采用 MRC 检测算法处理。由式（6.4）和式（6.8）知，可以将 MRC 处理后的基站接收信号矢量表示为

$$\hat{\boldsymbol{r}}_{\mathrm{U}}=\alpha_{\mathrm{u}}\sqrt{P_{\mathrm{U}}}\hat{\boldsymbol{G}}_{\mathrm{U}}^{\mathrm{H}}(\hat{\boldsymbol{G}}_{\mathrm{U}}+\Delta\boldsymbol{G}_{\mathrm{U}})\boldsymbol{x}_{\mathrm{U}}+\alpha_{\mathrm{u}}\sqrt{P_{\mathrm{D}}}\hat{\boldsymbol{G}}_{\mathrm{U}}^{\mathrm{H}}\boldsymbol{G}_{\mathrm{LI}}\tilde{\boldsymbol{y}}_{\mathrm{D}}+\alpha_{\mathrm{u}}\hat{\boldsymbol{G}}_{\mathrm{U}}^{\mathrm{H}}\boldsymbol{n}_{\mathrm{U}}\tag{6.26}$$

将式（6.6）和式（6.9）代入式（6.26）可知，非理想 CSI 条件下第 n 个用户在全双工系统上行链路的输出信号 $\hat{r}_{\mathrm{U},n}$ 可以表示为

$$\begin{aligned}\hat{r}_{\mathrm{U},n}=&\underbrace{\alpha_{\mathrm{u}}\sqrt{P_{\mathrm{U}}}\hat{\boldsymbol{g}}_{\mathrm{U},n}^{\mathrm{H}}\hat{\boldsymbol{g}}_{\mathrm{U},n}x_{\mathrm{U},n}}_{\text{上行用户}n\text{发送的信号}}+\underbrace{\alpha_{\mathrm{u}}\sqrt{P_{\mathrm{U}}}\sum_{i=1,i\neq n}^{N}\hat{\boldsymbol{g}}_{\mathrm{U},n}^{\mathrm{H}}\hat{\boldsymbol{g}}_{\mathrm{U},i}x_{\mathrm{U},i}}_{\text{来自其他用户的干扰信号}}+\underbrace{\alpha_{\mathrm{u}}\sqrt{P_{\mathrm{U}}}\sum_{i=1}^{N}\hat{\boldsymbol{g}}_{\mathrm{U},n}^{\mathrm{H}}\Delta\boldsymbol{g}_{\mathrm{U},i}x_{\mathrm{U},i}}_{\text{信道估计误差信号}}+\\&\underbrace{\alpha_{\mathrm{u}}\sqrt{P_{\mathrm{D}}}\hat{\boldsymbol{g}}_{\mathrm{U},n}^{\mathrm{H}}\boldsymbol{G}_{\mathrm{LI}}\boldsymbol{q}_{\mathrm{D}}}_{\text{AGQN}}+\underbrace{\frac{\alpha_{\mathrm{u}}\alpha_{\mathrm{d}}\sqrt{P_{\mathrm{D}}}}{\sqrt{Mtr(\hat{\boldsymbol{D}}_{\mathrm{D}})}}\sum_{i=1}^{N}\hat{\boldsymbol{g}}_{\mathrm{U},n}^{\mathrm{H}}\boldsymbol{G}_{\mathrm{LI}}\hat{\boldsymbol{g}}_{\mathrm{D},i}x_{\mathrm{D},i}}_{\text{回路干扰信号}}+\underbrace{\alpha_{\mathrm{u}}\hat{\boldsymbol{g}}_{\mathrm{U},n}^{\mathrm{H}}\boldsymbol{n}_{\mathrm{U},n}}_{\text{AWGN}}+\underbrace{\hat{\boldsymbol{g}}_{\mathrm{U},n}^{\mathrm{H}}\boldsymbol{q}_{\mathrm{U}}}_{\text{AGQN}}\end{aligned}\tag{6.27}$$

其中，$\hat{\boldsymbol{g}}_{\mathrm{U},n}$ 和 $\hat{\boldsymbol{g}}_{\mathrm{D},n}$ 分别为信道矩阵 $\hat{\boldsymbol{G}}_{\mathrm{U}}$ 和 $\hat{\boldsymbol{G}}_{\mathrm{D}}$ 的第 n 列元素。式（6.27）右边首项为用户 n 的上行传输信号，其余六项可视为用户干扰、信道估计误

差、量化噪声、回路干扰和信道噪声。

由式（6.27）可知，非理想 CSI 条件下第 n 个用户在全双工大规模 MIMO 系统上行链路的频谱效率可以表示为

$$\hat{R}_{\mathrm{U},n}=\mathbb{E}\left\{\log_2\left(1+\frac{\hat{A}_{\mathrm{U},n}}{\hat{B}_{\mathrm{U},n}+\hat{C}_{\mathrm{U},n}+\hat{D}_{\mathrm{U},n}+\hat{E}_{\mathrm{U},n}+\hat{F}_{\mathrm{U},n}+\hat{I}_{\mathrm{U},n}}\right)\right\} \quad (6.28)$$

其中，$\hat{A}_{\mathrm{U},n}=\alpha_{\mathrm{u}}^2 P_{\mathrm{U}}\left|\hat{\boldsymbol{g}}_{\mathrm{U},n}^{\mathrm{H}}\hat{\boldsymbol{g}}_{\mathrm{U},n}\right|^2$；$\hat{B}_{\mathrm{U},n}=\alpha_{\mathrm{u}}^2 P_{\mathrm{U}}\sum_{i=1,i\neq n}^{N}\left|\hat{\boldsymbol{g}}_{\mathrm{U},n}^{\mathrm{H}}\hat{\boldsymbol{g}}_{\mathrm{U},i}\right|^2$；$\hat{C}_{\mathrm{U},n}=\alpha_{\mathrm{u}}^2 P_{\mathrm{U}}\sum_{i=1}^{N}\delta_{\mathrm{U},i}^2\left|\hat{\boldsymbol{g}}_{\mathrm{U},n}^{\mathrm{H}}\hat{\boldsymbol{g}}_{\mathrm{U},i}\right|$；$\hat{D}_{\mathrm{U},n}=\frac{\alpha_{\mathrm{u}}^2\alpha_{\mathrm{d}}^2 P_{\mathrm{D}}}{Mtr(\hat{\boldsymbol{D}}_{\mathrm{D}})}\sum_{i=1}^{N}\left|\hat{\boldsymbol{g}}_{\mathrm{U},n}^{\mathrm{H}}\boldsymbol{G}_{\mathrm{LI}}\hat{\boldsymbol{g}}_{\mathrm{D},i}\right|^2$；$\hat{E}_{\mathrm{U},n}=\alpha_{\mathrm{u}}^2 P_{\mathrm{D}}\hat{\boldsymbol{g}}_{\mathrm{U},n}^{\mathrm{H}}\boldsymbol{G}_{\mathrm{LI}}\boldsymbol{R}_{\boldsymbol{q}_{\mathrm{D}}}\boldsymbol{G}_{\mathrm{LI}}^{\mathrm{H}}\hat{\boldsymbol{g}}_{\mathrm{U},n}$；$\hat{F}_{\mathrm{U},n}=\alpha_{\mathrm{u}}^2\sigma_{\mathrm{U}}^2\left|\hat{\boldsymbol{g}}_{\mathrm{U},n}^{\mathrm{H}}\hat{\boldsymbol{g}}_{\mathrm{U},n}\right|$；$\hat{I}_{\mathrm{U},n}=\hat{\boldsymbol{g}}_{\mathrm{U},n}^{\mathrm{H}}\boldsymbol{R}_{\boldsymbol{q}_{\mathrm{U}}}\hat{\boldsymbol{g}}_{\mathrm{U},n}$。

定理 6.2： 在莱斯衰落信道场景下，对于采用低精度 ADCs/DACs 架构的多用户全双工大规模 MIMO 系统，若基站端采用 MRC 检测算法处理信号，则非理想 CSI 下第 n 个用户在全双工大规模 MIMO 系统上行链路的频谱效率可以近似为

$$\hat{R}_{\mathrm{U},n}\approx\log_2\left(1+\frac{(1-\delta_{\mathrm{e}}^2)\alpha_{\mathrm{u}}P_{\mathrm{U}}\beta_{\mathrm{U},n}M\psi_{0,n}}{\alpha_{\mathrm{u}}P_{\mathrm{U}}\sum_{i=1,i\neq n}^{N}\beta_{\mathrm{U},i}\psi_{1,n,i}+\delta_{\mathrm{e}}^2\alpha_{\mathrm{u}}P_{\mathrm{U}}\beta_{\mathrm{U},n}M\psi_{0,n}+(1-\alpha_{\mathrm{u}})\beta_{\mathrm{U},n}\psi_{2,n}+\Delta}\right) \quad (6.29)$$

其中，$\psi_{0,n}=\frac{2K_{\mathrm{U},n}+1}{M(K_{\mathrm{U},n}+1)^2}+1$；$\psi_{1,n,i}=1-\frac{K_{\mathrm{U},n}K_{\mathrm{U},i}}{(K_{\mathrm{U},n}+1)(K_{\mathrm{U},i}+1)}\left(1-\frac{\phi_{\mathrm{U},ni}^2}{M}\right)$；$\psi_{2,n}=\beta_{\mathrm{U},n}\frac{K_{\mathrm{U},n}^2+4K_{\mathrm{U},n}+2}{(K_{\mathrm{U},n}+1)^2}+\sum_{i=1,i\neq n}^{N}\beta_{\mathrm{U},i}$；$\phi_{\mathrm{U},ni}=\frac{\sin\left(\frac{M\pi}{2}[\sin(\theta_{\mathrm{U},n})-\sin(\theta_{\mathrm{U},i})]\right)}{\sin\left(\frac{\pi}{2}[\sin(\theta_{\mathrm{U},n})-\sin(\theta_{\mathrm{U},i})]\right)}$；$\Delta=\alpha_{\mathrm{d}}P_{\mathrm{D}}w_{\mathrm{LI}}^2+\sigma_{\mathrm{U}}^2$。

6.2.2 下行系统频谱效率分析

在理想 CSI 条件下，将式（6.6）和式（6.9）代入式（6.7），则下行用户接收信号可以表示为

$$\mathbf{r}_{\mathrm{D}}=\frac{\alpha_{\mathrm{d}}\sqrt{P_{\mathrm{D}}}}{\sqrt{Mtr(\boldsymbol{D}_{\mathrm{D}})}}\boldsymbol{G}_{\mathrm{D}}^{\mathrm{H}}\boldsymbol{G}_{\mathrm{D}}\boldsymbol{x}_{\mathrm{D}}+\sqrt{P_{\mathrm{U}}}\boldsymbol{G}_{\mathrm{IU}}^{\mathrm{H}}\boldsymbol{x}_{\mathrm{U}}+\sqrt{P_{\mathrm{D}}}\boldsymbol{G}_{\mathrm{D}}^{\mathrm{H}}\boldsymbol{q}_{\mathrm{D}}+\boldsymbol{n}_{\mathrm{D}} \tag{6.30}$$

由式（6.30）可知，理想 CSI 条件下全双工系统第 n 个下行用户的接收信号表示为

$$r_{\mathrm{D},n}=\underbrace{\frac{\alpha_{\mathrm{d}}\sqrt{P_{\mathrm{D}}}}{\sqrt{Mtr(\boldsymbol{D}_{\mathrm{D}})}}\boldsymbol{g}_{\mathrm{D},n}^{\mathrm{H}}\boldsymbol{g}_{\mathrm{D},n}x_{\mathrm{D},n}}_{\text{下行用户}n\text{需要的信号}}+\underbrace{\frac{\alpha_{\mathrm{d}}\sqrt{P_{\mathrm{D}}}}{\sqrt{M\mathrm{tr}(\boldsymbol{D}_{\mathrm{D}})}}\sum_{i=1,i\neq n}^{N}\boldsymbol{g}_{\mathrm{D},n}^{\mathrm{H}}\boldsymbol{g}_{\mathrm{D},i}x_{\mathrm{D},i}}_{\text{来自其他用户的干扰信号}}+\underbrace{\sqrt{P_{\mathrm{U}}}\boldsymbol{g}_{\mathrm{IU},n}^{\mathrm{H}}x_{\mathrm{U},n}}_{\text{上/下行用户间干扰信号}}+\underbrace{\sqrt{P_{\mathrm{D}}}\boldsymbol{g}_{\mathrm{D},n}^{\mathrm{H}}\boldsymbol{q}_{\mathrm{D}}}_{\mathrm{AGQN}}+\underbrace{\boldsymbol{n}_{\mathrm{D},n}}_{\mathrm{AWGN}} \tag{6.31}$$

其中，$\mathbf{g}_{\mathrm{D},n}$ 为信道矩阵 $\boldsymbol{G}_{\mathrm{D}}$ 的第 n 列。同时，式（6.31）右侧首项为下行用户 n 需要的信号，而后六项可视为干扰和噪声项。

由式(6.31)可知，理想 CSI 条件下第 n 个用户在全双工大规模 MIMO 系统下行链路的频谱效率可以表示为

$$R_{\mathrm{D},n}=\mathbb{E}\left\{\log_2\left(1+\frac{A_{\mathrm{D},n}}{B_{\mathrm{D},n}+C_{\mathrm{D},n}+D_{\mathrm{D},n}+\sigma_{\mathrm{D}}^2}\right)\right\} \tag{6.32}$$

其中，$A_{\mathrm{D},n}=\frac{\alpha_{\mathrm{d}}^2P_{\mathrm{D}}}{M\mathrm{tr}(\boldsymbol{D}_{\mathrm{D}})}\left|\boldsymbol{g}_{\mathrm{D},n}^{\mathrm{H}}\boldsymbol{g}_{\mathrm{D},n}\right|^2$；$B_{\mathrm{D},n}=\frac{\alpha_{\mathrm{d}}^2P_{\mathrm{D}}}{M\mathrm{tr}(\boldsymbol{D}_{\mathrm{D}})}\sum_{i=1,i\neq n}^{N}\left|\boldsymbol{g}_{\mathrm{D},n}^{\mathrm{H}}\boldsymbol{g}_{\mathrm{D},i}\right|^2$；$C_{\mathrm{D},n}=P_{\mathrm{D}}\boldsymbol{g}_{\mathrm{D},n}^{\mathrm{H}}\boldsymbol{R}_{q_{\mathrm{D}}}\boldsymbol{g}_{\mathrm{D},n}$；$D_{\mathrm{D},n}=P_{\mathrm{U}}\boldsymbol{g}_{\mathrm{IU},n}^{\mathrm{H}}\boldsymbol{g}_{\mathrm{IU},n}$。

定理 6.3：在莱斯衰落信道场景下，对于采用低精度 ADCs/DACs 架构的多用户全双工大规模 MIMO 系统，若基站端采用 MRT 预编码算法处理信号，则理想 CSI 下第 n 个用户在全双工大规模 MIMO 系统下行链路的频谱效率可以近似为

$$R_{\mathrm{D},n}\approx\log_2\left[1+\frac{\alpha_{\mathrm{d}}^2P_{\mathrm{D}}\beta_{\mathrm{D},n}^2M\mathfrak{I}_{0,n}}{\alpha_{\mathrm{d}}^2P_{\mathrm{D}}\beta_{\mathrm{D},n}\sum_{i=1,i\neq n}^{N}\beta_{\mathrm{D},i}\mathfrak{I}_{1,n,i}+\alpha_{\mathrm{d}}(1-\alpha_{\mathrm{d}})P_{\mathrm{D}}\mathfrak{I}_{2,n}+\left(P_{\mathrm{U}}\sum_{i=1}^{N}\mu_{in}^2+\sigma_{\mathrm{D}}^2\right)\sum_{i=1}^{N}\beta_{\mathrm{D},i}}\right] \tag{6.33}$$

其中，$\mathfrak{I}_{0,n}=\frac{2K_{\mathrm{D},n}+1}{M(K_{\mathrm{D},n}+1)^2}+1$；$\mathfrak{I}_{1,n,i}=1-\frac{K_{\mathrm{D},n}K_{\mathrm{D},i}}{(K_{\mathrm{D},n}+1)(K_{\mathrm{D},i}+1)}\left(1-\frac{\phi_{\mathrm{D},ni}^2}{M}\right)$；

$$\Im_{2,n}=\beta_{\mathrm{D},n}^{2}\frac{K_{\mathrm{D},n}^{2}+4K_{\mathrm{D},n}+2}{(K_{\mathrm{D},n}+1)^{2}}+\beta_{\mathrm{D},n}\sum_{i=1,i\neq n}^{N}\beta_{\mathrm{D},i}\,;\phi_{\mathrm{D},ni}=\frac{\sin\left\{\frac{M\pi}{2}[\sin(\theta_{\mathrm{D},n})-\sin(\theta_{\mathrm{D},i})]\right\}}{\sin\left\{\frac{\pi}{2}[\sin(\theta_{\mathrm{D},n})-\sin(\theta_{\mathrm{D},i})]\right\}}。$$

为深入了解莱斯因子、DAC 精度、用户/基站发送功率和基站天线数对下行链路频谱效率的影响，下面将讨论几个特殊场景下的近似结果。

（1）固定用户发送功率 P_{U}、基站发送功率 P_{D}、基站天线数 M 和 ADC/DAC 精度不变，当莱斯因子 $K_{\mathrm{D},n}\to\infty$ 时，式（6.33）的下行链路频谱效率有以下限制：

$$R_{\mathrm{D},n}\to\log_2\left(1+\frac{\alpha_{\mathrm{d}}^{2}P_{\mathrm{D}}\beta_{\mathrm{D},n}^{2}M}{\alpha_{\mathrm{d}}^{2}P_{\mathrm{D}}\beta_{\mathrm{D},n}\sum\limits_{i=1,i\neq n}^{N}\beta_{\mathrm{D},i}\phi_{\mathrm{D},ni}^{2}/M+\ni_3}\right) \tag{6.34}$$

其中，$\ni_3=\alpha_{\mathrm{d}}(1-\alpha_{\mathrm{d}})P_{\mathrm{D}}\beta_{\mathrm{D},n}\sum\limits_{i=1}^{N}\beta_{\mathrm{D},i}+\left(P_{\mathrm{U}}\sum\limits_{i=1}^{N}\mu_{in}^{2}+\sigma_{\mathrm{D}}^{2}\right)\sum\limits_{i=1}^{N}\beta_{\mathrm{D},i}$。由式（6.34）可知，全双工系统下行链路频谱效率并不会随着莱斯因子数值的增大而无限增大，而是逐渐趋近于渐近上界值。

（2）固定 ADC/DAC 精度、基站天线数 M、用户发送功率 P_{U}、基站发送功率 P_{D} 不变，在瑞利信道场景下，即 $K_{\mathrm{D},n}=0$（其中 $n=1,\cdots,N$）时，式（6.33）的下行链路频谱效率可以进一步简化为

$$R_{\mathrm{D},n}\to\log_2\left(1+\frac{\alpha_{\mathrm{d}}^{2}P_{\mathrm{D}}\beta_{\mathrm{D},n}^{2}(M+1)}{\alpha_{\mathrm{d}}^{2}P_{\mathrm{D}}\beta_{\mathrm{D},n}\sum\limits_{i=1,i\neq n}^{N}\beta_{\mathrm{D},i}+\ni_4}\right) \tag{6.35}$$

其中，$\ni_4=\alpha_{\mathrm{d}}(1-\alpha_{\mathrm{d}})P_{\mathrm{D}}\left(\beta_{\mathrm{D},n}^{2}+\beta_{\mathrm{D},n}\sum\limits_{i=1}^{N}\beta_{\mathrm{D},i}\right)+\left(P_{\mathrm{U}}\sum\limits_{i=1}^{N}\mu_{in}^{2}+\sigma_{\mathrm{D}}^{2}\right)\sum\limits_{i=1}^{N}\beta_{\mathrm{D},i}$。由式（6.35）可知，化简后的下行链路频谱效率与文献[122]中式（28）的全双工模式结果一致。

（3）固定基站天线数 M、用户发送功率 P_{U} 和基站发送功率 P_{D} 不变，当 ADC/DAC 为理想硬件时，即 $\alpha_{\mathrm{u}}=\alpha_{\mathrm{d}}=1$，式（6.33）的下行链路频谱效率可简化为

$$R_{\mathrm{D},n}\to\log_2\left(1+\frac{P_{\mathrm{D}}\beta_{\mathrm{D},n}^{2}M\Im_{0,n}}{P_{\mathrm{D}}\beta_{\mathrm{D},n}\sum\limits_{i=1,i\neq n}^{N}\beta_{\mathrm{D},i}\Im_{1,n,i}+\left(P_{\mathrm{U}}\sum\limits_{i=1}^{N}\mu_{in}^{2}+\sigma_{\mathrm{D}}^{2}\right)\sum\limits_{i=1}^{N}\beta_{\mathrm{D},i}}\right) \tag{6.36}$$

（4）固定 ADC/DAC 精度和基站天线数 M 不变，当 $P_{\rm D}=\Upsilon P_{\rm U}\to\infty$，其中系数 Υ 为一个确定常数，式（6.33）的下行链路频谱效率可以简化为

$$R_{{\rm D},n}\to\log_2\left(1+\frac{\alpha_{\rm d}^2\Upsilon\beta_{{\rm D},n}^2M\Im_{0,n}}{\alpha_{\rm d}^2\Upsilon\beta_{{\rm D},n}\sum\limits_{i=1,i\neq n}^{N}\beta_{{\rm D},i}\Im_{1,n,i}+\alpha_{\rm d}(1-\alpha_{\rm d})\Upsilon\Im_{2,n}+\sum\limits_{i=1}^{N}\mu_{in}^2\sum\limits_{i=1}^{N}\beta_{{\rm D},i}}\right)\tag{6.37}$$

由式（6.37）可知，当 $P_{\rm U}$ 和 $P_{\rm D}$ 趋于无穷大时，全双工大规模 MIMO 下行系统频谱效率数值与基站天线数和 ADC/DAC 精度直接相关。此外，增加发送功率并不能有效地消除低精度 ADC/DAC 引起的量化噪声和全双工模式用户引起的用户间干扰。

（5）当 $P_{\rm U}=E_{\rm U}/M$，$P_{\rm D}=E_{\rm D}/M$，且 $E_{\rm U}$ 和 $E_{\rm D}$ 固定时，对于基站天线数 $M\to\infty$，上/下行发送功率与基站天线数 M 成反比，则式（6.33）的下行链路频谱效率可简化为

$$R_{{\rm D},n}\to\log_2\left(1+\frac{\alpha_{\rm d}^2E_{\rm D}\beta_{{\rm D},n}^2}{\sigma_{\rm D}^2\sum\limits_{i=1}^{N}\beta_{{\rm D},i}}\right)\tag{6.38}$$

由式（6.38）可知，其计算结果与文献[122]中式（35）的全双工模式结果一致。当全双工基站天线数趋于无穷大时，式（6.38）的结果取决于 ADC/DAC 的精度。同时，随着基站天线数的增加，可以忽略全双工模式引起的用户间干扰。

同理，在非理想 CSI 条件下，将式（6.4）、式（6.6）和式（6.9）代入式（6.7），则下行链路用户的接收信号可以表示为

$$\hat{\boldsymbol r}=\frac{\alpha_{\rm d}\sqrt{P_{\rm D}}}{\sqrt{M{\rm tr}(\hat{\boldsymbol D}_{\rm D})}}\hat{\boldsymbol G}_{\rm D}^{\rm H}(\hat{\boldsymbol G}_{\rm D}+\Delta\boldsymbol G_{\rm D})\boldsymbol x_{\rm D}+\sqrt{P_{\rm D}}\hat{\boldsymbol G}_{\rm D}^{\rm H}\boldsymbol q_{\rm D}+\sqrt{P_{\rm U}}\boldsymbol G_{\rm IU}^{\rm H}\boldsymbol x_{\rm U}+\boldsymbol n_{\rm D}\tag{6.39}$$

由式（6.39）可知，非理想 CSI 条件下第 n 个用户在全双工系统下行链路的接收信号可以表示为

$$\hat r_{{\rm D},n}=\underbrace{\frac{\alpha_{\rm d}\sqrt{P_{\rm D}}}{\sqrt{M{\rm tr}(\hat{\boldsymbol D}_{\rm D})}}\hat{\boldsymbol g}_{{\rm D},n}^{\rm H}\hat{\boldsymbol g}_{{\rm D},n}x_{{\rm D},n}}_{\text{下行用户}n\text{需要的信号}}+\underbrace{\frac{\alpha_{\rm d}\sqrt{P_{\rm D}}}{\sqrt{M{\rm tr}(\hat{\boldsymbol D}_{\rm D})}}\sum_{i=1,i\neq n}^{N}\hat{\boldsymbol g}_{{\rm D},n}^{\rm H}\hat{\boldsymbol g}_{{\rm D},i}x_{{\rm D},i}}_{\text{来自其他用户的干扰信号}}+$$

$$\underbrace{\sqrt{P_{\mathrm{D}}}\hat{\boldsymbol{g}}_{\mathrm{D},n}^{\mathrm{H}}\boldsymbol{q}_{\mathrm{D}}}_{\text{AGQN}}+\underbrace{\frac{\alpha_{\mathrm{d}}\sqrt{P_{\mathrm{D}}}}{\sqrt{M\mathrm{tr}(\hat{\boldsymbol{D}}_{\mathrm{D}})}}\sum_{i=1}^{N}\hat{\boldsymbol{g}}_{\mathrm{D},n}^{\mathrm{H}}\Delta\boldsymbol{g}_{\mathrm{D},i}x_{\mathrm{D},i}}_{\text{信道估计误差信号}}+\underbrace{\sqrt{P_{\mathrm{U}}}\boldsymbol{g}_{\mathrm{IU},n}^{\mathrm{H}}x_{\mathrm{U},n}}_{\text{上/下行用户间干扰信号}}+\underbrace{\boldsymbol{n}_{\mathrm{D},n}}_{\text{AWGN}} \tag{6.40}$$

其中，$\hat{\boldsymbol{g}}_{\mathrm{D},n}$为信道矩阵$\hat{\boldsymbol{G}}_{\mathrm{D}}$的第$n$列；$\Delta\boldsymbol{g}_{\mathrm{D},n}$为信道估计矩阵$\Delta\boldsymbol{G}_{\mathrm{D}}$的第$n$列。同时，式（6.40）右侧首项为下行用户$n$需要的信号，而后五项可视为干扰、估计误差和噪声项。

定理 6.4： 在莱斯衰落信道场景下，对于采用低精度 ADCs/DACs 架构的多用户全双工大规模 MIMO 系统，若基站端采用 MRT 预编码算法处理信号，则非理想 CSI 下第n个用户在全双工大规模 MIMO 系统下行链路的频谱效率可以近似为

$$\hat{R}_{\mathrm{D},n}\approx\log_2\left(1+\frac{(1-\delta_{\mathrm{e}}^2)\alpha_{\mathrm{d}}^2P_{\mathrm{D}}\Im_{0,n}}{\alpha_{\mathrm{d}}^2P_{\mathrm{D}}\beta_{\mathrm{D},n}\sum\limits_{i=1,i\neq n}^{N}\beta_{\mathrm{D},i}\Im_{1,n,i}+\delta_{\mathrm{e}}^2\alpha_{\mathrm{d}}^2P_{\mathrm{D}}\Im_{0,n}+(1-\delta_{\mathrm{e}}^2)\alpha_{\mathrm{d}}(1-\alpha_{\mathrm{d}})P_{\mathrm{D}}\Im_{2,n}+\varGamma}\right) \tag{6.41}$$

其中，$\Im_{0,n}=\beta_{\mathrm{D},n}^2M\left(\dfrac{2K_{\mathrm{D},n}+1}{M(K_{\mathrm{D},n}+1)^2}+1\right)$；$\Im_{1,n,i}=1-\dfrac{K_{\mathrm{D},n}K_{\mathrm{D},i}}{(K_{\mathrm{D},n}+1)(K_{\mathrm{D},i}+1)}\left(1-\dfrac{\phi_{\mathrm{D},ni}^2}{M}\right)$；

$\Im_{2,n}=\beta_{\mathrm{D},n}^2\dfrac{K_{\mathrm{D},n}^2+4K_{\mathrm{D},n}+2}{(K_{\mathrm{D},n}+1)^2}+\beta_{\mathrm{D},n}\sum\limits_{i=1,i\neq n}^{N}\beta_{\mathrm{D},i}$；$\phi_{\mathrm{D},ni}=\dfrac{\sin\left(\dfrac{M\pi}{2}[\sin(\theta_{\mathrm{D},n})-\sin(\theta_{\mathrm{D},i})]\right)}{\sin\left(\dfrac{\pi}{2}[\sin(\theta_{\mathrm{D},n})-\sin(\theta_{\mathrm{D},i})]\right)}$；

$\varGamma=\left(P_{\mathrm{U}}\sum\limits_{i=1}^{N}\mu_{in}^2+\sigma_{\mathrm{D}}^2\right)\sum\limits_{i=1}^{N}\beta_{\mathrm{D},i}$。

6.2.3 系统能量效率分析

为进一步分析全双工大规模 MIMO 系统的性能，本小节将重点研究全双工大规模 MIMO 系统的能量效率。能量效率可以定义为[107]

$$\eta_{\mathrm{EE}}\triangleq\frac{B\times R_{\mathrm{sum}}}{P_{\mathrm{total}}}\ \mathrm{b/J} \tag{6.42}$$

其中，$R_{\mathrm{sum}}=\sum_{n=1}^{N}R_{\mathrm{U},n}+\sum_{n=1}^{N}R_{\mathrm{D},n}$ 表示全双工系统总的频谱效率；B 表示值为 20 MHz 的通信带宽，P_{total} 表示全双工系统的总功耗。全双工系统总功耗表示为[123,126]

$$P_{\mathrm{total}}=M(P_{\mathrm{mix}}+P_{\mathrm{filt}})+2P_{\mathrm{syn}}+M[(c_{\mathrm{A}}+c_{\mathrm{D}})P_{\mathrm{AGC}}+P_{\mathrm{DAC}}+P_{\mathrm{ADC}}]+ \\ M(P_{\mathrm{LNA}}+P_{\mathrm{mix}}+P_{\mathrm{IFA}}+P_{\mathrm{filr}}) \tag{6.43}$$

其中，P_{mix}、P_{filt}、P_{syn}、P_{LNA}、P_{IFA}、P_{filr}、P_{AGC}、P_{DAC} 和 P_{ADC} 分别表示混频器，发射机侧的有源滤波器、频率合成器、低噪声放大器、中频放大器，接收机侧的有源滤波器、自动增益控制、低精度 ADC 和低精度 DAC 的功率消耗[123]。此外，c_{A} 和 c_{D} 是与 ADC 和 DAC 精度有关的标志[127]，其取值如下：

$$c_k=\begin{cases}0, & b_k=1,\\ 1, & b_k>1.\end{cases}\qquad k\in\{\mathrm{A},\mathrm{D}\} \tag{6.44}$$

对 ADC 和 DAC 的硬件功耗分别进行建模，并且其数值取决于 ADC/DAC 量化位数，则具体模型可以表示为[128]

$$P_{\mathrm{ADC}}=\frac{3V_{\mathrm{dd}}^2L_{\min}(2B+f_{\mathrm{cor}})}{10^{-0.1525b_{\mathrm{A}}+4.838}} \tag{6.45}$$

$$P_{\mathrm{DAC}}=\frac{1}{2}V_{\mathrm{dd}}I_0(2^{b_{\mathrm{D}}}-1)+b_{\mathrm{D}}C_{\mathrm{p}}(2B+f_{\mathrm{cor}})V_{\mathrm{dd}}^2 \tag{6.46}$$

其中，b_{A} 和 b_{D} 分别表示 ADC 和 DAC 的量化位数；V_{dd} 是转换器的电源；I_0 表示对应于最低有效位的单位电流源；C_{p} 表示转换器中每个开关的寄生电容；$L_{\min}$ 表示给定 CMOS 技术的最小通道长度；f_{cor} 是 $1/f$ 噪声的转折频率[128]。

对低精度 ADCs/DACs 架构下的全双工大规模 MIMO 系统的频谱效率和能量效率解析结果进行仿真验证，具体的参数设置如表 6.2 所示[122,123,127]。对于所有的仿真，大尺度衰落均建模为 $\beta_{a,n}=z_{a,n}/(d_{a,n}/r_{\mathrm{d}})^{-\nu}$，其中 $a\in(\mathrm{U},\mathrm{D})$ 表示全双工大规模 MIMO 系统上行链路或下行链路。这里针对采用不同基站天线数、用户发送功率、莱斯因子、ADC/DAC 的量化精度、回路干扰程度和残余回路干扰功率等，对频谱效率和能量效率进行仿真分析与研究。

表 6.2　仿真参数设置

参数描述	符号表示	参数值	参数描述	符号表示	参数值
用户天线数	-	1	混频器功率	P_{mix}	30.3 mW
用户数	N	10	有源滤波器功率	P_{filt} , P_{filr}	2.5 mW
用户发送功率	P_{U}	10 dB	频率合成器功率	P_{syn}	50 mW
小区半径	d_n	1 000 m	低噪声放大器功率	P_{LNA}	20 mW
用户到基站距离	r_{d}	100 m	中频放大器功率	P_{IFA}	3 mW
路径损耗指数	v	3.8	自动增益控制功率	P_{AGC}	2 mW
阴影衰落指数	σ_{shadow}	8 dB	ADC 消耗功率	P_{ADC}	式（6.45）
高斯白噪声方差	$\sigma_{\text{U}}^2, \sigma_{\text{D}}^2$	1	DAC 消耗功率	P_{DAC}	式（6.46）

图 6.2 给出了不同 ADC/DAC 量化精度的情况下，频谱效率与用户发送功率的关系。仿真中固定设置用户数 $N=10$，基站天线数 $M=100$，CSI 误差 $\delta_{\text{e}}^2=0.001$，莱斯因子 $K_{\text{U},n}=K_{\text{D},n}=K_n=6\text{ dB}$，基站发送功率 $P_{\text{D}}=10P_{\text{U}}$ 和 ADC/DAC 量化精度 $b_{\text{A}}=b_{\text{D}}=b$。由图 6.2 可知，理论分析和蒙特卡洛

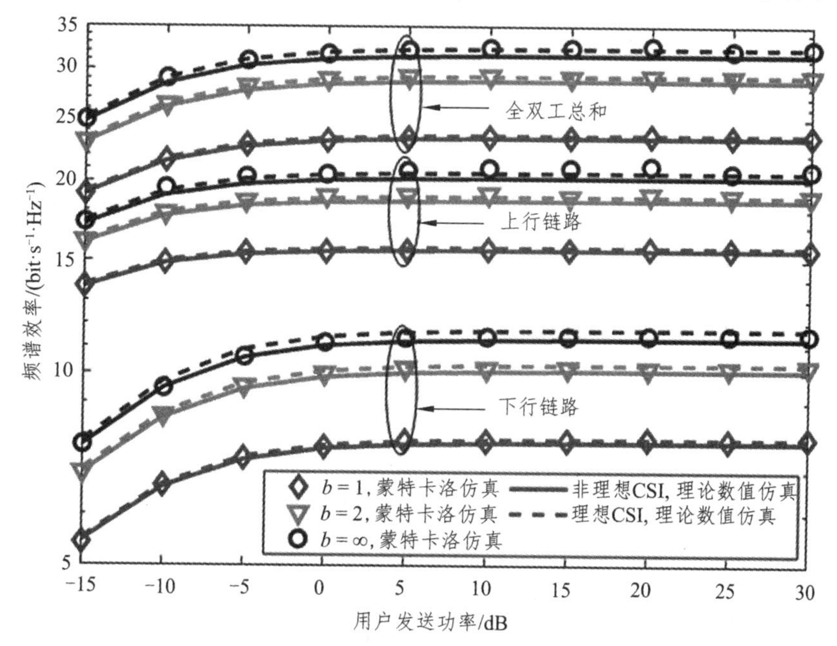

图 6.2　不同 ADC/DAC 量化精度下的用户发送功率和频谱效率的关系

仿真曲线都非常紧凑，这说明上述推导结果是完全正确的。同时，随着用户发送功率的增加，各组频谱效率曲线不断增加并逐渐接近上界值，这与式（6.24）和式（6.37）的理论分析结果完全一致，这意味着全双工大规模 MIMO 系统不能仅通过增加用户/基站发送功率来无限提升系统的频谱效率。此外，当用户发送功率较小（$P_U < 5$ dB）时，理想 CSI 系统频谱效率性能优于非理想 CSI 系统；当用户发送功率进一步增大时，CSI 误差对系统性能的影响减小。

图 6.3 给出了理想 CSI 和不同基站天线数的情况下，频谱效率与莱斯因子的关系。仿真中固定设置用户数 $N = 10$，用户发送功率 $P_U = 10$ dB，基站发送功率 $P_D = 10P_U$ 和 ADC/DAC 量化精度 $b_A = b_D = 2$ bit。由图 6.3 可知，理论分析与蒙特卡洛仿真结果在 $M = \{50, 150, 250, 350\}$ 这四种情况下都十分吻合。同时，当莱斯因子趋于无穷大时，全双工系统总频谱效率趋近于一个常数，这与式（6.21）和式（6.34）的理论分析结果一致。这意味着在莱斯信道场景下，适当地增大莱斯因子可以促进频谱效率得到提升，但是当莱斯因子逐渐增大并趋于无穷大时，并不能无限提升系统的性能。

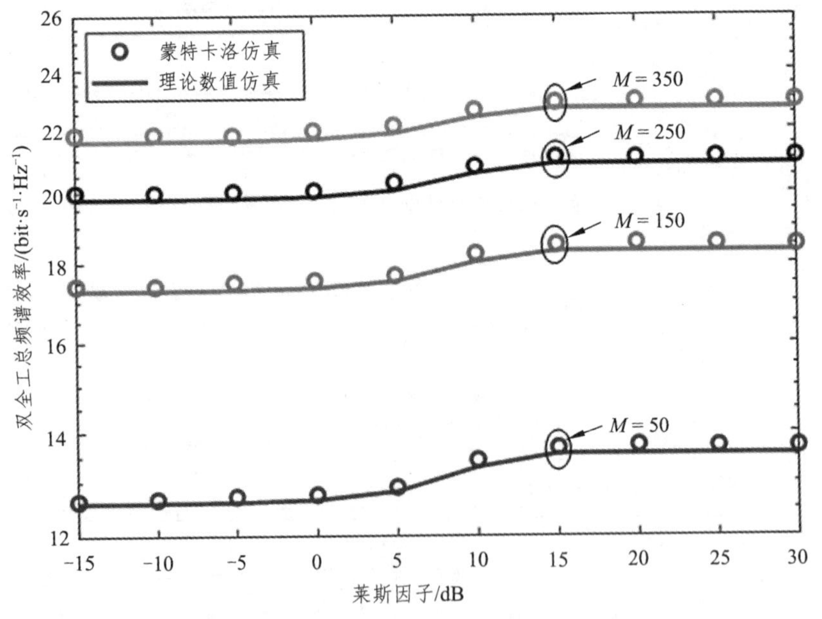

图 6.3　不同基站天线数下的莱斯因子和频谱效率的关系

图 6.4 给出了不同信道场景和 ADC/DAC 量化精度的情况下，频谱效率和基站收/发天线数的关系。仿真中固定设置用户数 $N=10$，用户发送功率 $P_{\mathrm{U}}=10\,\mathrm{dB}$，基站发送功率 $P_{\mathrm{D}}=10P_{\mathrm{U}}$ 和莱斯因子 $K_{\mathrm{U},n}=K_{\mathrm{D},n}=6\,\mathrm{dB}$。由图 6.4 可知，图中提供了 4 种不同信道场景下的频谱效率进行比较，分别为：① 半双工瑞利信道场景；② 全双工瑞利信道场景；③ 半双工莱斯信道场景；④ 全双工莱斯信道场景。从中可以看出，随着基站收/发天线数的增加，各组频谱效率曲线具有相似的增长曲线。同时，图中清晰地表明，全双工模式下的性能明显优于半双工模式。此外，对于较低的 ADC/DAC 精度，莱斯信道场景下的系统频谱效率优于瑞利信道场景下的频谱效率，而对于理想的 ADC/DAC，其频谱效率差距减小。由此可知，在增加基站天线和 ADC/DAC 精度的前提下，全双工模式的工作效率总体上优于半双工模式，并且这种优势随着基站天线和 ADC/DAC 精度的增加而更加显著。

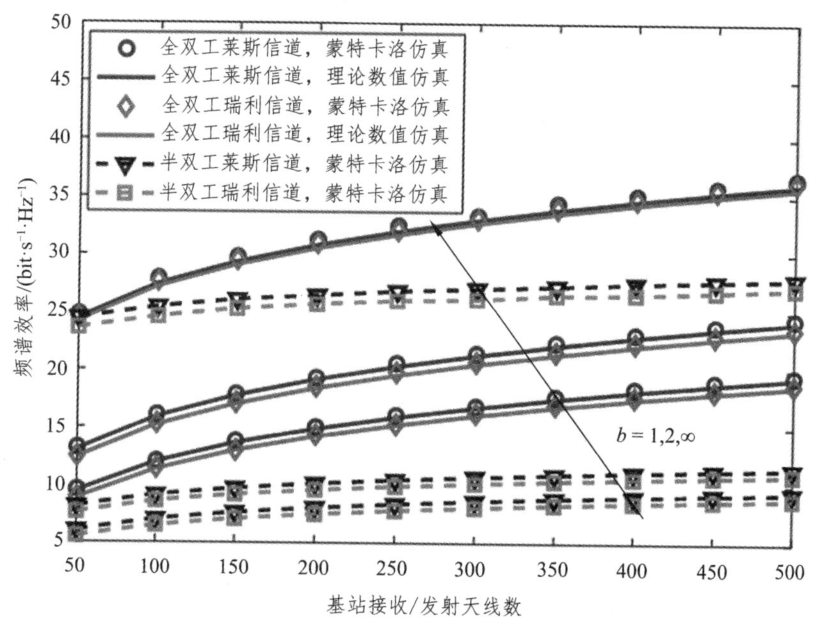

图 6.4　不同信道场景和 ADC/DAC 量化精度下的基站天线数和频谱效率的关系

图 6.5 给出了不同基站天线数的情况下，ADC/DAC 量化位数和频谱效率的关系。仿真中固定设置用户数 $N=10$，莱斯因子 $K_{\mathrm{U},n}=K_{\mathrm{D},n}=6\,\mathrm{dB}$，

用户发送功率 $P_{\mathrm{U}}=10\,\mathrm{dB}$，基站发送功率 $P_{\mathrm{D}}=10P_{\mathrm{U}}$ 和 ADC/DAC 量化精度 $b_{\mathrm{A}}=b_{\mathrm{D}}=b$。图 6.5 中提供了频谱效率的蒙特卡洛仿真和理论分析值（包括上行链路，下行链路和全双工总和）。从图中可以看出，随着 ADC/DAC 量化精度的提高，各组曲线都具有相似的增长趋势。同时当 ADC/DAC 量化位数从 1 位增加到 3 位时，各组频谱效率曲线得到快速增长趋势。但是，随着 ADC/DAC 量化精度的进一步提高，各组频谱效率曲线将缓慢增长并逐渐达到极限，这与式（6.23）和式（6.36）的理论分析结果一致。此外，在低精度 ADC/DAC 量化位数从 1 位变为 10 位的过程中，随着基站天线数的进一步增加，系统的频谱效率将得到显著地提升。

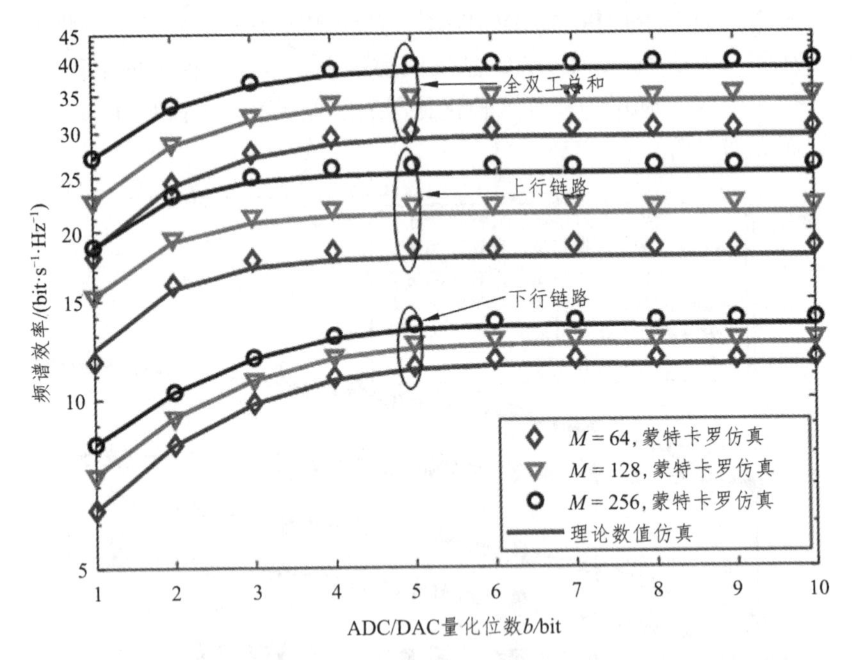

图 6.5　不同基站天线数下的 ADC/DAC 量化位数和频谱效率的关系

图 6.6 给出了不同工作模式的情况下，频谱效率和残余回路干扰功率 w_{LI}^2 的关系。仿真中固定设置用户数 $N=10$，莱斯因子 $K_n=6\,\mathrm{dB}$，用户发送功率 $P_{\mathrm{U}}=10\ \mathrm{dB}$，基站发送功率 $P_{\mathrm{D}}=10P_{\mathrm{U}}$ 和 ADC/DAC 量化精度 $b_{\mathrm{A}}=b_{\mathrm{D}}=b$。由图 6.6 可知，当使用 2 bit 的 ADC/DAC 时，全双工工作模式下的大规模 MIMO 系统的性能会随着残余回路干扰功率的增加而降低。在残余回路干扰功率较低时，全双工模式下的系统频谱效率性能优

于半双工模式。对于较大的残余回路干扰功率，半双工模式的性能更好。此外，在基站部署更多的天线可以减轻残余回路干扰功率的影响，尤其是将基站天线数从 100 增加到 500，可以大大提高全双工系统的性能。

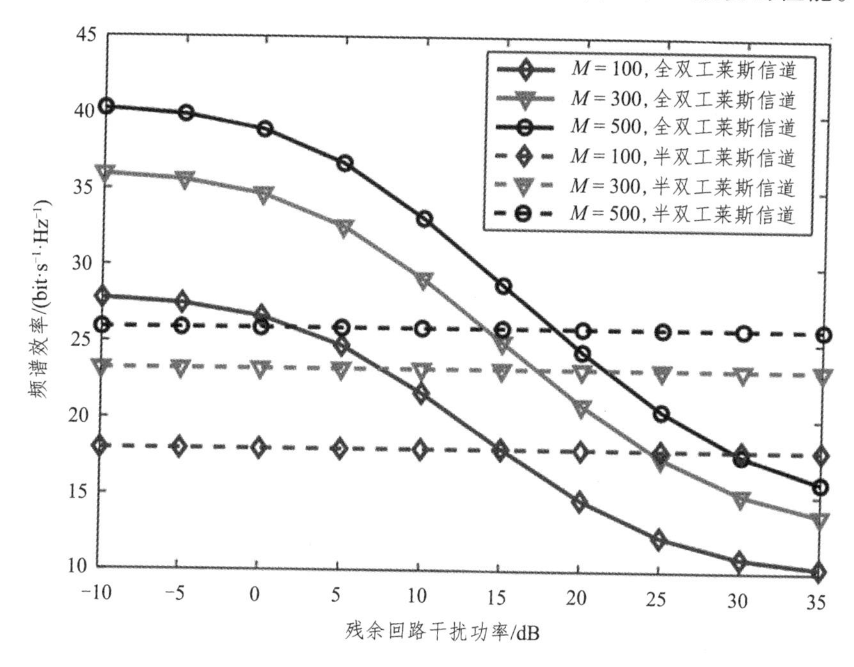

图 6.6　不同基站天线数和工作模式下的残余回路干扰功率和频谱效率的关系

图 6.7 给出了不同基站天线数和 CSI 的情况下，能量效率和 ADC/DAC 量化精度的关系。仿真中固定设置用户数 $N=10$，CSI 误差 $\delta_{\mathrm{e}}^2=0.001$，莱斯因子 $K_{\mathrm{U},n}=K_{\mathrm{D},n}=K_n=6$ dB，用户发送功率 $P_{\mathrm{U}}=10$ dB，基站发送功率 $P_{\mathrm{D}}=10P_{\mathrm{U}}$ 和 ADC/DAC 量化精度 $b_{\mathrm{A}}=b_{\mathrm{D}}=b$。从图 6.7 可知，随着 ADC/DAC 精度的提高，能量效率曲线先升后降，期间出现峰值。这是由于 $b=1\sim3$ bit 的 ADC/DAC 功耗较低，因此能够快速提升系统能量效率；当 $b>3$ bit 后，随着量化精度进一步提高，ADC/DAC 的功耗急剧增加，因此呈现能量效率逐渐下降的趋势。同时，随着基站天线数的增加，能量效率反而更低，这是由于更多的基站天线意味着要部署同等数量的 ADC/DAC 接收机，也会加剧回路间的相互干扰，综合各项因素，导致能量效率降低。此外，非理想 CSI 下系统能量效率略低于理想 CSI 下系统。

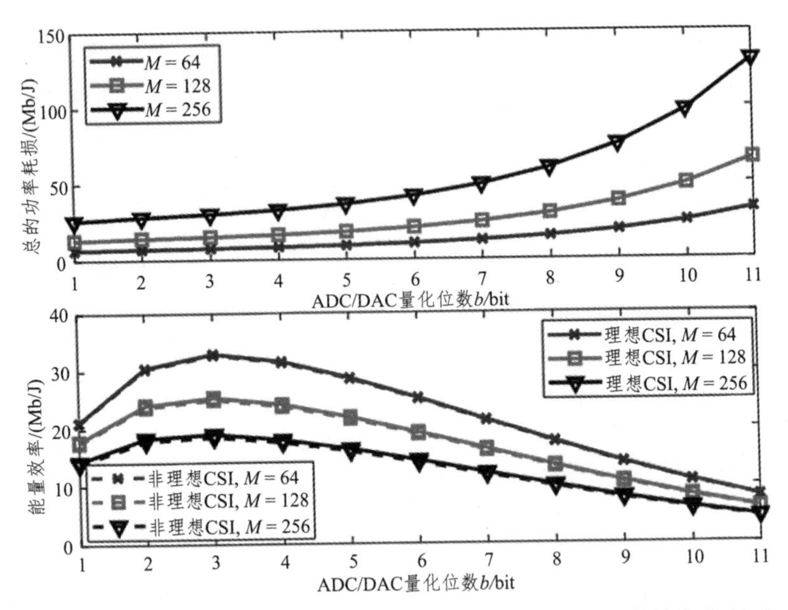

图 6.7 不同基站天线数下的 ADC/DAC 量化精度和频谱效率的关系

图 6.8 给出了不同基站天线数和莱斯因子的情况下，系统总的功率损耗和频谱效率之间的权衡关系。仿真中固定设置用户数 $N=10$，用户发送功率 $P_{\mathrm{U}}=10$ dB，基站发送功率 $P_{\mathrm{D}}=10P_{\mathrm{U}}$ 和 ADC/DAC 量化精度 $b_{\mathrm{A}}=b_{\mathrm{D}}=b$。通过将 ADC/DAC 量化位数从 1 bit（对应于每条曲线的左下端）调整到 10 bit（对应于每条曲线的右端）来获得各组曲线。由图 6.8 可知，当 ADC/DAC 量化位数从 1 bit 增加到 3 bit 时，可以快速提升全双工大规模 MIMO 系统的频谱效率。对于更高的量化精度，由于功率损耗占主导地位，相对精度的提高，频谱效率的增加趋势大大降低。此外，在相同的功耗下，可以通过增加基站天线数来提高频谱效率。同时，具有较大莱斯因子的系统具有更好的性能。

图 6.9 给出了不同基站天线数和莱斯因子的情况下，能量效率和频谱效率之间的权衡分析。仿真中固定设置用户数 $N=10$，用户发送功率 $P_{\mathrm{U}}=10$ dB，基站发送功率 $P_{\mathrm{D}}=10P_{\mathrm{U}}$ 和 ADC/DAC 量化精度 $b_{\mathrm{A}}=b_{\mathrm{D}}=b$。由图 6.9 可知，具有较大莱斯因子的曲线包含的区域面积更大，这意味着具有较大莱斯因子的系统拥有更好的性能。同时，可以看出，当量化位数较小（如 1～3 bit）时，频谱效率的轻微降低可以使能量效率得到大幅度的提升。但是，当量化位数较大时，能量效率随着量化位数进一步增加

而逐渐呈现下降趋势。此外，增加基站天线数可以显著改善系统的整体性能。例如，$M=64$ 和 $M=256$ 两种情况，尽管后者的能量效率略低，但是频谱效率却得到了显著提高。因此，为了在能量效率和频谱效率之间进行折中，增加基站天线数会导致频谱效率的增益高于能量效率的增益。

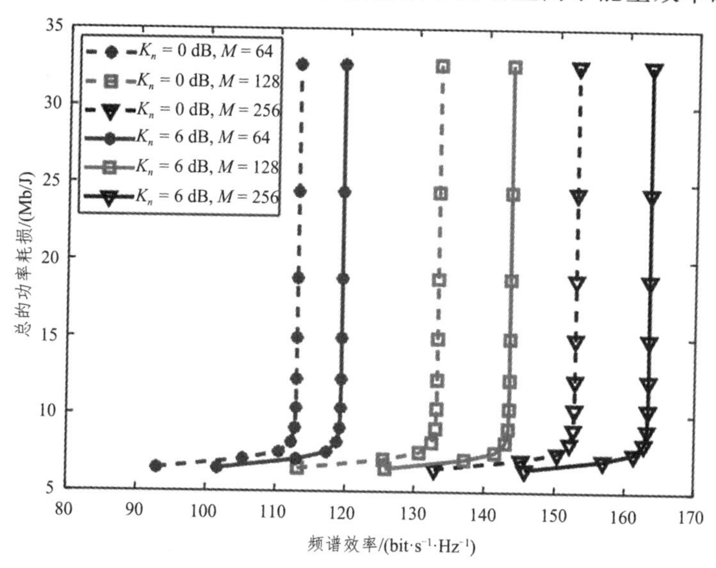

图 6.8　不同基站天线数和莱斯因子下的总的功率损耗和频谱效率之间的权衡

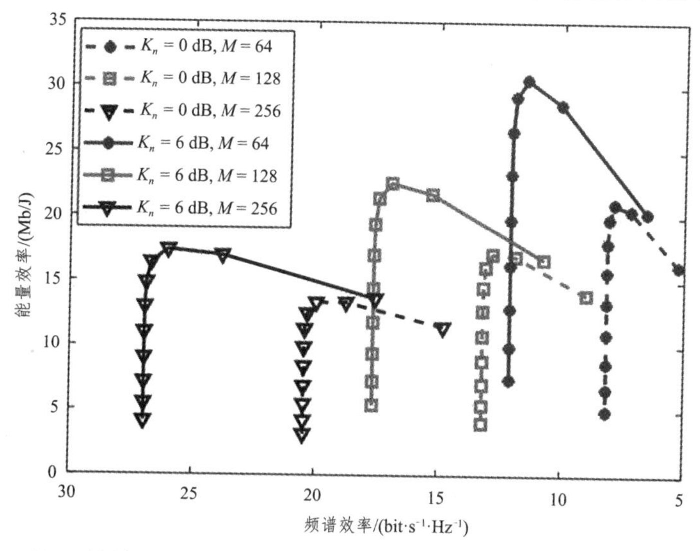

图 6.9　不同基站天线数和莱斯因子下的能量效率和频谱效率之间的权衡

6.3 低精度 ADCs/DACs 下毫米波大规模 MIMO 混合预编码模型

6.3.1 低精度 ADCs/DACs 下的混合预编码结构模型

假设轨旁基站端为基于完全连接架构的点对点毫米波大规模 MIMO 系统，其具有 N_t 个天线的发射机向具有 N_r 个天线的接收机发射 N_S 个数据流，如图 6.10 所示。发射端和接收端分别装有低分辨率 ADC/DAC。为了实现多流通信，发射端配备了 N_{RF} 个 RF 链，其设置为 $N_{RF}=N_S\leqslant N_t$。

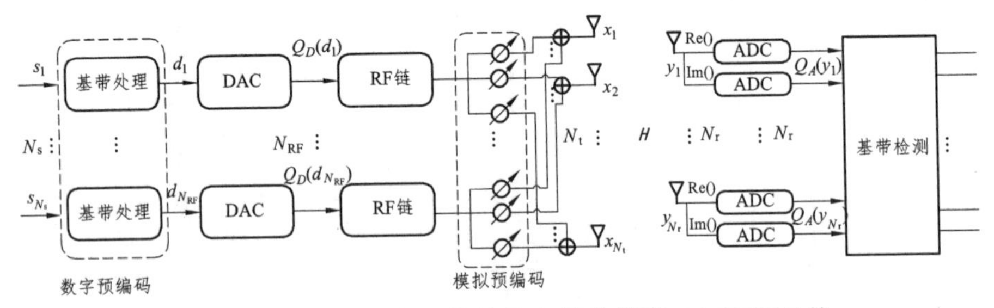

图 6.10　基于全连接架构的具有低分辨率 DAC/ADC 的毫米波 MIMO 系统混合预编码

假设在轨旁基站发射端处发送 N_S 个数据符号流，其矢量形式可以表示为 $\boldsymbol{s}=[s_1,\cdots,s_{N_S}]$。假设数据流间各个信号是相互独立的，并且满足零均值和单位方差的高斯分布，因此其协方差矩阵可以表示为 $\boldsymbol{R}_{ss}=\mathbb{E}[\boldsymbol{ss}^{\mathrm{H}}]=\boldsymbol{I}_{N_S}/N_S$ [129]。在数据流传输过程中，首先由基带数字预编码器 $\boldsymbol{D}\in\mathbb{C}^{N_{RF}\times N_S}$ 处理所发送的符号。然后，数据流由对应的模拟预编码器 $\boldsymbol{A}\in\mathbb{C}^{N_t\times N_{RF}}$ 在模拟域进行预编码，并由移相器处理且满足 $\left|\boldsymbol{A}_{i,j}\right|=1$。经过低分辨率的 DACs 后，数据经过预编码操作后为

$$\boldsymbol{x}=\sqrt{P}\boldsymbol{A}Q_D(\boldsymbol{Ds}) \tag{6.47}$$

其中 $Q_D(\cdot)$ 代表 DAC 的量化操作，P 代表发射端的功率。功率约束通过归一化混合预编码，使得 $\|\boldsymbol{AD}\|_{\mathrm{F}}^2=N_S$。$\boldsymbol{d}=\boldsymbol{Ds}$ 是经过数字预编码器后被预编码的矢量。

假设高铁无线通信过程中具有窄带快衰落信道，且不存在符号间干

扰，则接收端接收到的信号可以表示为

$$\boldsymbol{y}=\boldsymbol{H}\boldsymbol{x}+\boldsymbol{n} \tag{6.48}$$

其中，$\boldsymbol{y}=[y_1\ y_2\ \dots\ y_{N_r}]^{\mathrm{T}}$，$\boldsymbol{n}\sim\mathcal{CN}(0,I_{N_r})$ 为干扰接收信号的加性高斯白噪声，$\boldsymbol{H}\in\mathbb{C}^{N_r\times N_t}$ 为毫米波信道矩阵。本节专注于使用低分辨率 ADCs/DACs 进行混合预编码的设计，因此假设信道 $\boldsymbol{H}$ 的状态信息是完美且已知的。

接收端的信号经过低分辨率 ADCs 处理后的信号可以表示为

$$\boldsymbol{r}=\mathcal{Q}_{\mathrm{A}}(\boldsymbol{y})=\mathcal{Q}_{\mathrm{A}}(\boldsymbol{H}\boldsymbol{x}+\boldsymbol{n}) \tag{6.49}$$

其中，$\mathcal{Q}_{\mathrm{A}}(\cdot)$ 为 ADCs 的量化函数。

6.3.2 毫米波信道模型

毫米波信道可以通过标准的多径簇模型来表示，假设该模型中信号传播路径数为 L，信号的到达角 $\left\{\theta_l^{\mathrm{r}}\right\}_{l=1}^{L}$ 和离开角 $\left\{\theta_l^{\mathrm{t}}\right\}_{l=1}^{L}$ 均匀分布在 $[0,2\pi)$。因此，窄带毫米波信号 $\boldsymbol{H}$ 可以表示为[130]

$$\boldsymbol{H}=\sqrt{\frac{N_t N_r}{L}}\sum_{l=1}^{L}\beta_l \boldsymbol{f}_{\mathrm{r}}(\phi_l^{\mathrm{r}},\theta_l^{\mathrm{r}})\boldsymbol{f}_{\mathrm{t}}^{\mathrm{H}}(\phi_l^{\mathrm{t}},\theta_l^{\mathrm{t}}) \tag{6.50}$$

其中，β_l 为信道中第 l 条路径的增益，并服从均值为零、方差为 1 的高斯分布；$\boldsymbol{f}_{\mathrm{r}}(\cdot)$ 和 $\boldsymbol{f}_{\mathrm{t}}(\cdot)$ 分别为接收端和发射端的天线阵列响应矢量。对于毫米波信道矩阵满足 $\mathbb{E}[\|\boldsymbol{H}\|_{\mathrm{F}}^2]=N_{\mathrm{r}}\times N_{\mathrm{t}}$。对于具有 N 个天线的均匀直线阵列，其天线阵列响应矢量可以表示为

$$\boldsymbol{f}_{a,\mathrm{ULA}}(\phi)=\frac{1}{\sqrt{N}}[1,\mathrm{e}^{\mathrm{j}\mu d\sin(\phi)},\cdots,\mathrm{e}^{\mathrm{j}\mu d(N-1)\sin(\phi)}]^{\mathrm{T}} \tag{6.51}$$

其中，$a\in\{\mathrm{t,r}\}$；$\mu=2\pi/\lambda$；λ 表示信号波长；d 为天线间距。

6.3.3 信号量化模型

在基站发射端，假设信号在传输时被多个 DACs 转换为模拟信号，利用 Bussgang 模型[123]，将 DAC 处理后的信号 $\boldsymbol{t}$ 分解为所需的信号分量

和不相关的量化误差 $\boldsymbol{g}$，其可以表示为

$$\boldsymbol{t}=\mathcal{Q}_{D}(\boldsymbol{d})=\boldsymbol{F}\boldsymbol{d}+\boldsymbol{g} \tag{6.52}$$

其中，$\boldsymbol{d}$ 是量化器的输入信号；$\boldsymbol{F}=(1-\varsigma)\boldsymbol{I}_{N_{\mathrm{RF}}}$ 表示信号经过 DAC 处理后的矩阵[131]，ς 是 DACs 的量化失真因子。$\boldsymbol{g}$ 的协方差矩阵可以计算为

$$\boldsymbol{R}_{\mathrm{gg}}=\mathbb{E}\{\boldsymbol{g}\boldsymbol{g}^{\mathrm{H}}\}=\varsigma(1-\varsigma)\mathrm{diag}(\boldsymbol{R}_{\mathrm{dd}}) \tag{6.53}$$

其中 $\boldsymbol{R}_{\mathrm{dd}}$ 表示量化器输入信号的协方差，其可以表示为

$$\boldsymbol{R}_{\mathrm{dd}}=\mathbb{E}\{\boldsymbol{d}\boldsymbol{d}^{\mathrm{H}}\}=\mathbb{E}\{\boldsymbol{D}\boldsymbol{s}\boldsymbol{s}^{\mathrm{H}}\boldsymbol{D}^{\mathrm{H}}\}=\frac{1}{N_{\mathrm{s}}}\boldsymbol{D}\boldsymbol{D}^{\mathrm{H}} \tag{6.54}$$

利用式（6.47）、式（6.48）和式（6.52），可以将经过 DACs 量化后的信号表示为

$$\boldsymbol{y}=(1-\varsigma)\sqrt{P}\boldsymbol{H}\boldsymbol{A}\boldsymbol{D}+\sqrt{P}\boldsymbol{H}\boldsymbol{A}\boldsymbol{g}+\boldsymbol{n} \tag{6.55}$$

在接收端，经过天线接收后检测到的信号由 ADC 量化，考虑到系统控制的增益设置适当，我们使用加性量化噪声模型将量化器输出表示为[132]

$$\boldsymbol{r}=\mathcal{Q}_{\mathrm{A}}(\boldsymbol{y})=(1-\rho)\boldsymbol{y}+\boldsymbol{e} \tag{6.56}$$

其中，ρ 表示 ADCs 的量化失真因子，其取决于 ADC 的分辨率[110]；$\boldsymbol{e}\in\mathbb{C}^{N_{\mathrm{r}}\times 1}$ 为量化噪声矩阵，其协方差矩阵可以表示为

$$\boldsymbol{R}_{\mathrm{ee}}=\rho(1-\rho)\mathrm{diag}(\mathbb{E}\{\boldsymbol{y}\boldsymbol{y}^{\mathrm{H}}\}) \tag{6.57}$$

将式（6.55）代入式（6.56），接收端接收到的信号经过低分辨率 ADCs 量化后的信号可以表示为

$$\boldsymbol{r}=\underbrace{(1-\rho)(1-\varsigma)\sqrt{P}\boldsymbol{H}\boldsymbol{A}\boldsymbol{D}\boldsymbol{s}}_{\text{所需信号}}+\underbrace{(1-\rho)\sqrt{P}\boldsymbol{H}\boldsymbol{A}\boldsymbol{g}}_{\text{DAC量化失真}}+\underbrace{(1-\rho)\boldsymbol{n}}_{\text{加性高斯白噪}}+\underbrace{(\boldsymbol{e})}_{\text{ADC量化失真}} \tag{6.58}$$

6.4 系统频谱效率分析与混合预编码设计

本节主要研究推导混合预编码 MIMO 系统的频谱效率，并推导出在

具有低精度 ADCs/DACs 的全连接结构的频谱效率近似表达式。然后，基于推导的解析表达式，提出一种交替最小化方案，以获得最优的混合预编码矩阵。

6.4.1　系统频谱效率分析

假设在接收端可以实现完美的解码，在具有低精度 ADCs/DACs 的全连接结构中，经过混合预编码后的频谱效率 R 可以表示为

$$R(\boldsymbol{A},\boldsymbol{D})=\log_2\left(\left|\boldsymbol{I}_{N_r}+\frac{\boldsymbol{R}_{\mathrm{SS}}}{\boldsymbol{R}_{\hat{\mathrm{g}}\hat{\mathrm{g}}}+\boldsymbol{R}_{\hat{\mathrm{n}}\hat{\mathrm{n}}}+\boldsymbol{R}_{\mathrm{ee}}}\right|\right) \tag{6.59}$$

其中，$\boldsymbol{R}_{\mathrm{SS}}\in\mathbb{C}^{N_r\times N_r}$ 为所需信号功率，$\boldsymbol{R}_{\hat{\mathrm{n}}\hat{\mathrm{n}}}$ 为高斯白噪声功率，可以分别表示为

$$\begin{aligned}R_{\mathrm{SS}}&=\mathbb{E}\{\boldsymbol{S}\boldsymbol{S}^{\mathrm{H}}\}\\&=(1-\rho)^2(1-\varsigma)^2P\mathbb{E}\left\{\boldsymbol{HADss}^{\mathrm{H}}\boldsymbol{D}^{\mathrm{H}}\boldsymbol{A}^{\mathrm{H}}\boldsymbol{H}^{\mathrm{H}}\right\}\\&=(1-\rho)^2(1-\varsigma)^2\frac{P}{N_{\mathrm{S}}}\boldsymbol{HADD}^{\mathrm{H}}\boldsymbol{A}^{\mathrm{H}}\boldsymbol{H}^{\mathrm{H}}\end{aligned} \tag{6.60}$$

和

$$\boldsymbol{R}_{\tilde{\mathrm{n}}\tilde{\mathrm{n}}}=(1-\rho)^2\boldsymbol{I}_{N_r} \tag{6.61}$$

利用式（6.53）和式（6.54），发射端的 DACs 量化失真噪声功率 $\boldsymbol{R}_{\hat{\mathrm{g}}\hat{\mathrm{g}}}\in\mathbb{C}^{N_r\times N_r}$ 表示为

$$\begin{aligned}\boldsymbol{R}_{\hat{\mathrm{g}}\hat{\mathrm{g}}}&=\mathbb{E}\{\boldsymbol{g}\boldsymbol{g}^{\mathrm{H}}\}\\&=(1-\rho)^2P\cdot\mathbb{E}\{\boldsymbol{HAgg}^{\mathrm{H}}\boldsymbol{A}^{\mathrm{H}}\boldsymbol{H}^{\mathrm{H}}\}\\&=(1-\rho)^2P\cdot\boldsymbol{HAR}_{\mathbf{gg}}\boldsymbol{A}^{\mathrm{H}}\boldsymbol{H}^{\mathrm{H}}\\&=(1-\rho)^2\varsigma(1-\varsigma)\frac{P}{N_{\mathrm{S}}}\cdot\boldsymbol{HA}\mathrm{diag}(\boldsymbol{DD}^{\mathrm{H}})\boldsymbol{A}^{\mathrm{H}}\boldsymbol{H}^{\mathrm{H}}\end{aligned} \tag{6.62}$$

利用式（6.55）和式（6.57），可以将接收端 ADCs 的量化噪声功率 $\boldsymbol{R}_{\mathrm{ee}}\in\mathbb{C}^{N_r\times N_r}$ 表示为

$$
\begin{aligned}
\boldsymbol{R}_{\mathbf{ee}} &= \rho(1-\rho)\mathrm{diag}((1-\varsigma)^2 P\boldsymbol{HAD}\mathbb{E}\{\boldsymbol{ss}^{\mathrm{H}}\}\boldsymbol{D}^{\mathrm{H}}\boldsymbol{A}^{\mathrm{H}}\boldsymbol{H}^{\mathrm{H}} + \\
&\quad P\boldsymbol{HA}\mathbb{E}\{\boldsymbol{gg}^{\mathrm{H}}\}\boldsymbol{A}^{\mathrm{H}}\boldsymbol{H}^{\mathrm{H}} + \mathbb{E}\{\boldsymbol{nn}^{\mathrm{H}}\}) \\
&= \rho(1-\rho)\mathrm{diag}\left((1-\varsigma)^2 \frac{P}{N_{\mathrm{S}}}\boldsymbol{HADD}^{\mathrm{H}}\boldsymbol{A}^{\mathrm{H}}\boldsymbol{H}^{\mathrm{H}} + \right. \\
&\quad \left. \frac{P}{N_{\mathrm{S}}}\boldsymbol{HA}\mathrm{diag}(\boldsymbol{DD}^{\mathrm{H}})\boldsymbol{A}^{\mathrm{H}}\boldsymbol{H}^{\mathrm{H}} + \boldsymbol{I}_{N_{\mathrm{r}}}\right)
\end{aligned} \tag{6.63}
$$

为了获得系统最大化的频谱效率，将推导 $\boldsymbol{R}_{\hat{\mathbf{g}}\hat{\mathbf{g}}}$ 和 $\boldsymbol{R}_{\mathbf{ee}}$ 的近似表达式以减少混合预编码设计的难度。

对于具有低分辨率 ADCs/DACs 的点对点毫米波大规模 MIMO 系统的混合预编码，DACs 噪声 $\boldsymbol{R}_{\hat{\mathbf{g}}\hat{\mathbf{g}}}$ 和 ADC 噪声 $\boldsymbol{R}_{\hat{\mathbf{g}}\hat{\mathbf{g}}}$ 的协方差矩阵可以分别近似表示为

$$
\tilde{\boldsymbol{R}}_{\hat{\mathbf{g}}\hat{\mathbf{g}}} \approx \kappa(1-\rho)^2\varsigma(1-\varsigma)\frac{P}{N_{\mathrm{S}}}\boldsymbol{HH}^{\mathrm{H}} \tag{6.64}
$$

和

$$
\tilde{\boldsymbol{R}}_{\hat{\mathbf{e}}\hat{\mathbf{e}}} \approx \rho(1-\rho)\mathrm{diag}\left(\kappa(1-\varsigma)^2\frac{P}{N_{\mathrm{S}}}\boldsymbol{HH}^{\mathrm{H}} + \kappa\varsigma(1-\varsigma)\frac{P}{N_{\mathrm{S}}}\boldsymbol{HH}^{\mathrm{H}} + \boldsymbol{I}_{N_{\mathrm{r}}}\right) \tag{6.65}
$$

证明：对于毫米波大规模 MIMO 系统中，最佳模拟预编码近似正交，其可以近似表示为[133]

$$
\boldsymbol{AA}^{\mathrm{H}} = \boldsymbol{I}_{N_{\mathrm{r}}} \tag{6.66}
$$

在信道矩阵 $\boldsymbol{H}$ 经过奇异值分解之后，可以从信道矩阵 $\boldsymbol{H}$ 的右奇异矢量获得最优的无约束数字预编码。同时，最优的无约束数字预编码矩阵是正交的，即 $\boldsymbol{W}_{\mathrm{opt}}\boldsymbol{W}_{\mathrm{opt}}{}^{\mathrm{H}} = \boldsymbol{I}_{N_{\mathrm{S}}}$。因此，接近最佳的数字预编码设计还应表现出与最佳无约束数字预编码相同的正交性，即数字预编码可以表示为

$$
\boldsymbol{DD}^{\mathrm{H}} = \kappa\boldsymbol{I}_{N_{\mathrm{RF}}} \tag{6.67}
$$

其中，κ 为归一化因子。根据式（6.66）和式（6.67），可以得到 $\boldsymbol{ADD}^{\mathrm{H}}\boldsymbol{A}^{\mathrm{H}} = \kappa\boldsymbol{I}_{N_{\mathrm{t}}}$，将式（6.66）和式（6.67）代入式（6.62）和式（6.63），则即可获得式（6.64）和式（6.65），证毕。

因此，式（6.59）的近似表达式可以表示为

$$\tilde{R}(\boldsymbol{A},\boldsymbol{D}) \approx \log_2\left(\left|\boldsymbol{I}_{N_r} + \xi\frac{P}{N_S}\boldsymbol{R}_n^{-1}\boldsymbol{H}\boldsymbol{A}\boldsymbol{D}\boldsymbol{D}^H\boldsymbol{A}^H\boldsymbol{H}^H\right|\right) \tag{6.68}$$

其中，$\xi = (1-\rho)^2(1-\varsigma)^2$； $\boldsymbol{R}_n = \tilde{\boldsymbol{R}}_{\hat{\mathbf{g}}\hat{\mathbf{g}}} + \tilde{\boldsymbol{R}}_{\hat{\mathbf{e}}\hat{\mathbf{e}}} + \boldsymbol{R}_{\tilde{\mathbf{n}}\tilde{\mathbf{n}}}$ 为系统总噪声功率。

6.4.2 混合预编码设计

本小节主要讨论式（6.68）中最大化 SE 的优化问题，将其重新表示为

$$\begin{aligned} &\mathcal{P}1:(\boldsymbol{A}_{\text{opt}},\boldsymbol{D}_{\text{opt}}) = \max \tilde{R}(\boldsymbol{A},\boldsymbol{D}) \\ &\text{sunject to } \|\boldsymbol{W}\|_F^2 = N_S \\ &\qquad [\boldsymbol{A}]_{m,n} \in \mathcal{F}, \forall m,n \end{aligned} \tag{6.69}$$

数学上，可以将式（6.69）转换为如下混合预编码设计问题[52]

$$\begin{aligned} &\mathcal{P}2:(\boldsymbol{A}_{\text{opt}},\boldsymbol{D}_{\text{opt}}) = \min \|\boldsymbol{W}_{\text{opt}} - \boldsymbol{A}\boldsymbol{D}\|_F \\ &\text{sunject to } \|\boldsymbol{W}\|_F^2 = N_S \\ &\qquad [\boldsymbol{A}]_{m,n} \in \mathcal{F}, \forall m,n \end{aligned} \tag{6.70}$$

其中，$\boldsymbol{W}_{\text{opt}}$ 表示最佳混合预编码矩阵。由于模拟预编码矩阵 $\boldsymbol{A}$ 和数字预编码矩阵 $\boldsymbol{D}$ 在式（6.70）中受到了非凸约束限制，解决问题式（6.70）比较棘手，这促使我们通过提出两阶段迭代过程来找到最优 $\boldsymbol{A}$ 和 $\boldsymbol{D}$ 来解决式（6.70）的优化问题。

该交替最小化方案的主要思想是处理两个优化问题。该算法从信道矩阵 $\boldsymbol{H}$ 的奇异值分解来获得最佳混合预编码矩阵 $\boldsymbol{W}_{\text{opt}}$。在第一阶段，先保持模拟预编码矩阵 $\boldsymbol{A}$ 固定不变，利用线性最小二乘策略优化数字预编码矩阵 $\boldsymbol{D}$，可以表示为

$$\boldsymbol{D} = \boldsymbol{A}^H\boldsymbol{W}_{\text{opt}} \tag{6.71}$$

对于混合预编码设计问题，暂时消除式（6.70）中的功率约束 $\|\boldsymbol{W}\|_F^2 = N_S$，式（6.71）中的最小二乘解提供了全局最优解。

在第二阶段的模拟预编码设计时，受益于数字预编码矩阵 $\boldsymbol{D}$ 的单一性，利用固定的数字预编码矩阵 $\boldsymbol{D}$ 来优化 $\boldsymbol{A}$，即可转化为[104]

$$\arg\min_{\boldsymbol{A}} \left\| \boldsymbol{W}_{\text{opt}} - \boldsymbol{A}\boldsymbol{D} \right\|_{\text{F}}^{2} = \arg\min_{\boldsymbol{A}} \left\| \boldsymbol{W}_{\text{opt}} \boldsymbol{D}^{\text{H}} - \boldsymbol{A} \right\|_{\text{F}}^{2} \tag{6.72}$$

当数字预编码矩阵固定后，可以通过最小化 $\left\| \boldsymbol{W}_{\text{opt}} \boldsymbol{D}^{\text{H}} - \boldsymbol{A} \right\|_{\text{F}}^{2}$ 来获得模拟预编码器矩阵。由式（6.72）可以从等效的预编码器 $\boldsymbol{W}_{\text{opt}}\boldsymbol{D}^{\text{H}}$ 中获取模拟预编码矩阵 $\boldsymbol{A}$，其可以表示为

$$\boldsymbol{A} = \mathrm{e}^{\mathrm{j}\angle[\boldsymbol{F}]_{m,n}}, \forall m,n \tag{6.73}$$

其中，$\boldsymbol{F} = \boldsymbol{W}_{\text{opt}}\boldsymbol{D}^{\text{H}}$。上述方法完全满足了发射功率约束。因此，基于该思路，可利用交替最小化方案获得模拟预编码矩阵 $\boldsymbol{A}$ 和数字预编码矩阵 $\boldsymbol{D}$。

具体的算法步骤为可以总结如下：

步骤 1：设定系统参数，如数据流 N_{S}、RF 链个数 N_{RF}、迭代次数 S；

步骤 2：构建任意模拟预编码矩阵 $\tilde{\boldsymbol{A}}$，满足 $\left|\tilde{\boldsymbol{A}}_{i,j}\right| = 1, \forall i,j$；

步骤 3：对信道矩阵 $\boldsymbol{H}$ 进行奇异值分解得到右奇异矩阵，即 $\boldsymbol{H} = \boldsymbol{U}\Sigma\boldsymbol{V}_{\text{H}}^{\text{H}}$。最佳全数字预编码表示为：$\boldsymbol{W}_{\text{opt}} = \boldsymbol{V}(:,1:N_{\text{S}})$，令 $\tilde{\boldsymbol{W}} = \boldsymbol{W}_{\text{opt}}$；

步骤 4：迭代开始，$s = 1$；

步骤 5：固定模拟预编码矩阵 $\tilde{\boldsymbol{A}}$，计算 $\tilde{\boldsymbol{D}} = \tilde{\boldsymbol{A}}^{\text{H}}\boldsymbol{W}_{\text{opt}}$；

步骤 6：计算 $\boldsymbol{F} = \boldsymbol{W}_{\text{opt}}\tilde{\boldsymbol{D}}$；

步骤 7：固定数字预编码矩阵 $\tilde{\boldsymbol{D}}$，更新 $\tilde{\boldsymbol{A}} = \mathrm{e}^{\mathrm{j}\angle[\boldsymbol{F}]_{m,n}}, \forall m,n$；

步骤 8：更新迭代次数：$s = s+1$，若 $s \leqslant S$ 则返回第 4 步，否则循环结束，执行下一步；

步骤 9：获得模拟预编码矩阵 $\boldsymbol{A} = \tilde{\boldsymbol{A}}$ 获取数字预编码，对数字预编码矩阵 $\boldsymbol{D}$ 进行处理，以满足发射功率限制，即 $\boldsymbol{D} = \sqrt{N_{\text{S}}}\dfrac{\tilde{\boldsymbol{D}}}{\left\|\boldsymbol{A}\tilde{\boldsymbol{D}}\right\|_{\text{F}}}$。

经过步骤 1 至步骤 9 后，利用两级交替最小化方案算法可以求出最终的最佳数字预编码器与最佳离散化的模拟预编码器。

6.4.3 系统能量效率分析

本节将对点对点毫米波大规模 MIMO 系统的能量效率进行分析研

究，然后分析 ADC/DAC 的精度来权衡系统的频谱效率与能量效率。系统的能量效率的表达式可以表示为

$$\eta = \frac{B \times R}{P_{\text{total}}} \tag{6.74}$$

其中，B 为系统的可用带宽；R 为式（6.59）中定义的频谱效率；P_{total} 表示为具有 ADCs/DACs 的点对点毫米波大规模 MIMO 系统的总功耗。

全数字预编码架构和全连接混合预编码架构的总功耗可以分别表示为

$$P_{\text{tot}}^{\text{FD}} = P_{\text{LO}} + P_{\text{PA}} + 2N_{\text{r}}P_{\text{ADC}} + N_{\text{t}}(2P_{\text{DAC}} + P_{\text{RF}}) \tag{6.75}$$

和

$$P_{\text{tot}}^{\text{HP}} = P_{\text{LO}} + P_{\text{PA}} + N_{\text{RF}}N_{\text{t}}P_{\text{PS}} + 2N_{\text{r}}P_{\text{ADC}} + N_{\text{RF}}(2P_{\text{DAC}} + P_{\text{RF}}) \tag{6.76}$$

其中，$P_{\text{DAC}} = c_1 f_{\text{t}} q + c_2 2^q$ 为发射端 DACs 的能量消耗，$c_1 = 9\times10^{-12}$ 为 DACs 的静态功耗系数，f_{t} 为发射端的采样频率，q 为 DACs 的量化精度，$c_2 = 1.5\times10^{-5}$ 为 DACs 的动态功耗系数；$P_{\text{ADC}} = kf_{\text{r}}2^b$ 为接收端 ADCs 的能量消耗，$k = 294\ fJ$ 为每个量化步骤的能耗，f_{r} 为接收端的采样频率；P_{RF} 表示为 RF 链的能耗，可以表示为

$$P_{\text{RF}} = 2P_{\text{M}} + 2P_{\text{LF}} + P_{\text{HB}} \tag{6.77}$$

系统所有器件的符号和功耗如表 6.3 所示。

表 6.3　系统各个器件的功耗

器件	符号	功耗值	器件	符号	功耗值
振荡器/混频器	P_{LO}	22.5/0.3 mW	移相器	P_{PS}	21.6 mW
混合缓冲器	P_{HB}	3 mW	RF 链	P_{RF}	式(6.77)
功率放大器	P_{PA}	P/0.25	DAC	P_{DAC}	$c_1 f_{\text{t}} q + c_2 2^q$
低通滤波器	P_{LF}	14 mW	ADC	P_{ADC}	$kf_{\text{r}}2^b$

定义参数 ω，满足 $0 \leqslant \omega \leqslant 1$，用来权衡系统的能量效率和频谱效率之间的关系。对于该大规模 MIMO 系统，最大化能量效率和频谱效率的联合目标函数可以表示为

$$P3: \Theta = \underset{q,b\in\{1,\cdots,8\}}{\text{maximize}}(1-\omega)\eta + \omega R \\ \text{s.t.} \quad \omega \in [0,1] \tag{6.78}$$

由式（6.78）可以看出，当 $\omega=0$ 时，能够达到最大化的频谱效率，当 $\omega=1$，可以达到系统最大化的能量效率。针对不同分辨率 ADCs/DACs，可以利用穷举法来获得 $\omega\in[0,1]$ 范围内所有值的解。

根据所提出的混合预编码方案，讨论分析在具有低精度 ADCs/DACs 的混合预编码架构下的系统频谱效率和能量效率。发射端与接收端均为均匀直线阵列，除非另有说明，否则系统参数设置如表 6.4 所示。

表 6.4　仿真参数表

参数名称	设置	参数名称	设置
发射端天线	64	接收端采样频率	1 GHz
接收端天线	36	带宽	1 GHz
天线间距	0.5λ	θ	$[-\pi/2,\pi/2]$
数据流	2	信道路径数	6
RF 链个数	2	散射体个数	8
发射采样频率	1 GHz	迭代次数	10

图 6.11 给出了所提出交替最小化算法与迭代次数的关系。在图 6.11 中，交替最小化算法的有效性体现在优化数字预编码矩阵 $\boldsymbol{D}$ 和模拟预编码矩阵 $\boldsymbol{A}$ 的每次迭代绘制出的各个点上。可以看出，当迭代次数小于 30 次时，三种不同的天线数量都随着迭代次数的增加而增加。经过约 30 次迭代后，系统的频谱效率达到最大值而保持不变。当迭代次数达到 10 次时，此时系统的频谱效率可以达到最大频谱效率的 95%，这可以证明所提出的交替最小化算法在较少的迭代次数可以达到较好的性能，降低了系统运算的复杂度。此外，迭代次数相同时，随着天线数量的增加，系统的频谱效率也得到了提高，这表明增加系统的天线个数，可以提高系统的频谱效率。

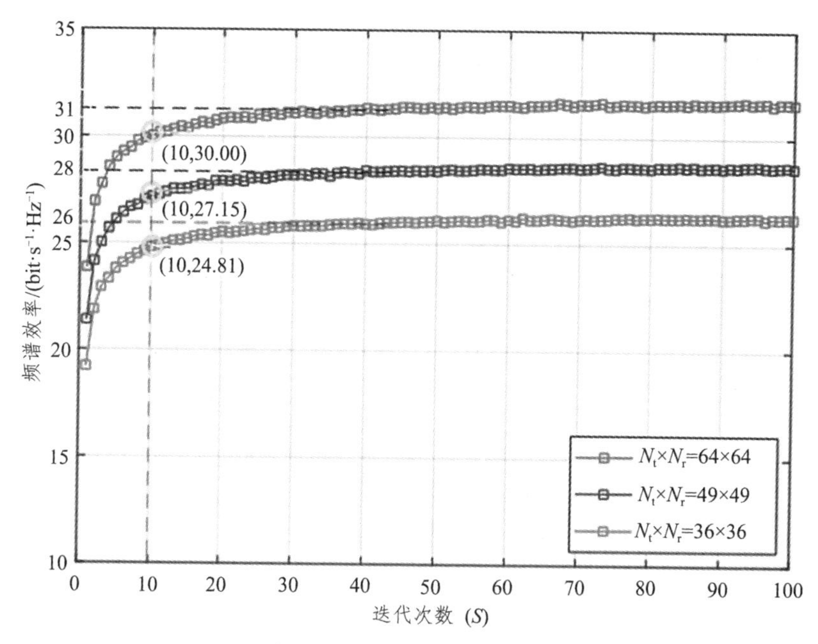

图 6.11　提出交替最小化算法与迭代次数的关系

图 6.12 为无量化失真情况下不同预编码策略与 SNR 的关系。同时，为了检验本节所提出混合预编码方案的性能，将所提出混合预编码方案与 OMP 算法[52]、全数字预编码[130]以及 Mo-AltMin 算法[104]相比较。可以看出，随着系统 SNR 的增大，所有预编码方案的频谱效率都不断增加。同时，从图 6.12 可以观察出所提出的算法优于 Mo-AltMin 算法和 OMP 算法，其频谱效率接近全数字预编码的性能。这是因为数字预编码矩阵 $\boldsymbol{D}$ 的优化会改变信号的幅度，而模拟预编码矩阵只能调整相位，这会降低混合预编码的性能。此外，可以观察到，增加数据流数量可以显著提高系统频谱效率，且当数据流为 1 时四种预编码方案的频谱效率比较接近，当数据流为 2 和 3 时，OMP 算法方案与其他三种预编码方案相差较大。

图 6.13 为不同预编码方案和 DAC 分辨率下的频谱效率与 SNR 的关系。在低 SNR（$SNR \leqslant -20$）的情况下，具有不同 DAC 分辨率的频谱效率几乎相同。这是因为高斯白噪声的功率接近于发射信号的功率，从而导致不同分辨率的频谱效率彼此接近。当 $-20 \leqslant SNR \leqslant -10$ 时，系统的频谱效率随着 SNR 的增加而增加。在高 SNR（$SNR \geqslant -10$），DAC 的精度值为 $q = 2, 4, 6$ 时，其频谱效率都保持不变。此外，随着分辨率数量的增

加，系统的 SE 增大并接近无失真量化（$q=\infty$）。同时可以看出，混合预编码方案的频谱效率优于其他两种混合预编码方案。

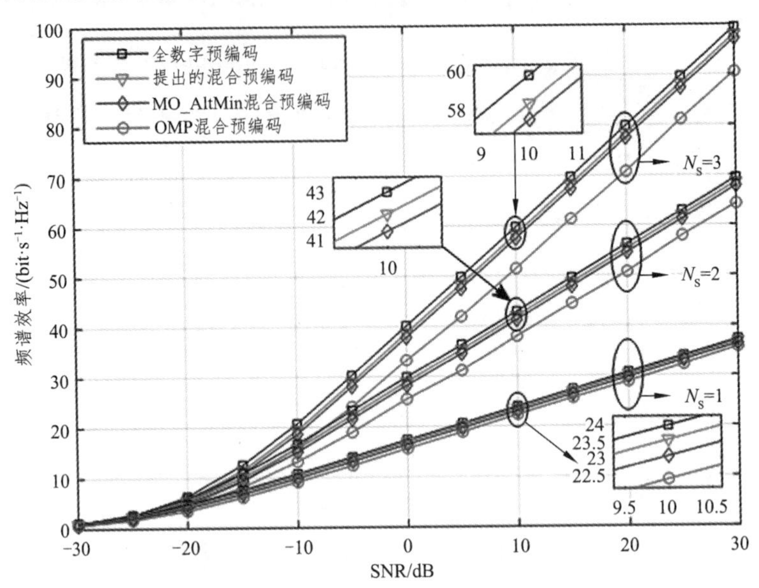

图 6.12　无量化失真情况下不同预编码策略与 SNR 的关系

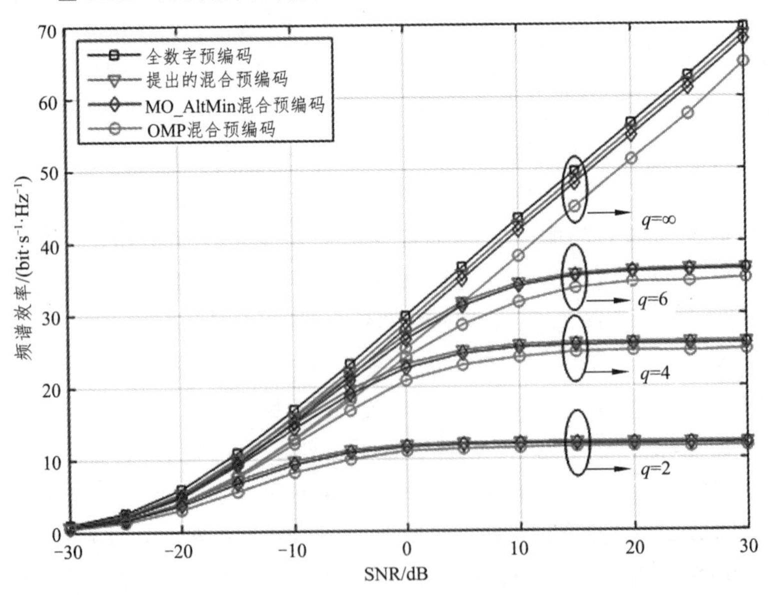

图 6.13　不同预编码和 DAC 分辨率下的频谱效率与 SNR 的关系

图 6.14 描述了当 $q=\infty$ 时，不同预编码方案和 ADC 分辨率下的频谱效率与 SNR 的关系。可以观察到在相同的 SNR 时，提高 ADC 的分辨率可以显著增加系统的频谱效率。同时，增加 ADC 分辨率可以接近于系统无量化失真的频谱效率。此外，在低 SNR 时，系统的频谱效率都随 SNR 的增加而增加；当 SNR 达到一定程度时，系统的频谱效率保持不变。同时，所提出的混合预编码方案在 $b=1, 3, 6, \infty$ 时，都优于 MO_AltMin 混合预编码与 OMP 混合预编码方案，并接近于全数字预编码，这与不同 ADC 分辨率下的频谱效率趋势相似。

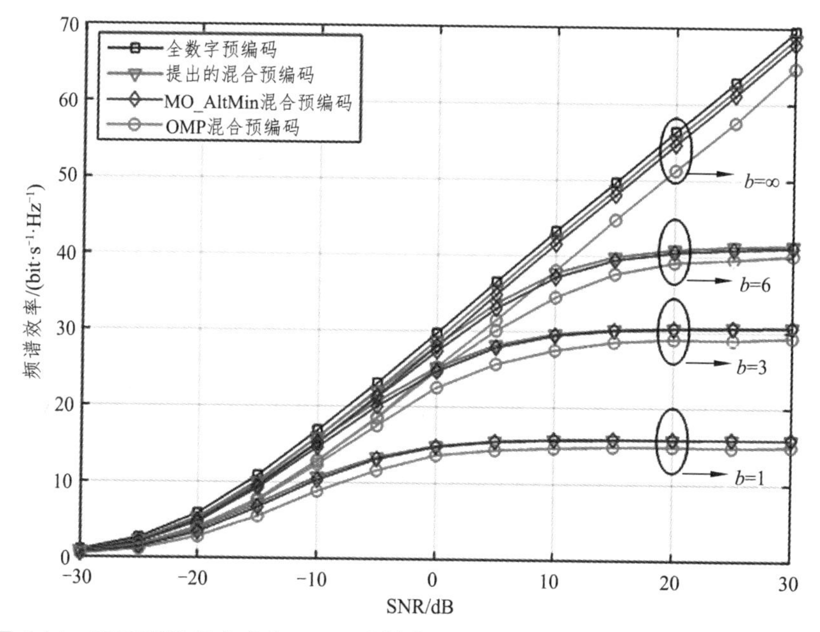

图 6.14　不同预编码方案和 ADC 分辨率下的频谱效率与 SNR 的关系 $(q=\infty)$

图 6.15 所示为系统在 $SNR=-5\,\text{dB}$，$b=\infty$ 时，系统频谱效率与 DAC 量化精度的关系。其中，系统中的全数字预编码的 DAC 和 ADC 被设置为无失真量化。显然，所提出的混合预编码方案与 OMP 预编码方案的曲线具有相似的趋势。同时可以看出，当 DAC 量化位较小 $(q<5)$，混合预编码方案与 OMP 预编码方案的频谱效率都随着 DAC 的量化精度的增加而增大，且增长的趋势都相对较大。因此，可以得出 DAC 的分辨率较小时，系统频谱效率对其量化位数更加敏感。随着 DAC 分辨率的提高，提出的混合预编码方案的频谱效率不断增大并逐渐达到全数字预编码。另

外，增加发射机和接收机处的天线数量可以显著改善系统的频谱效率。

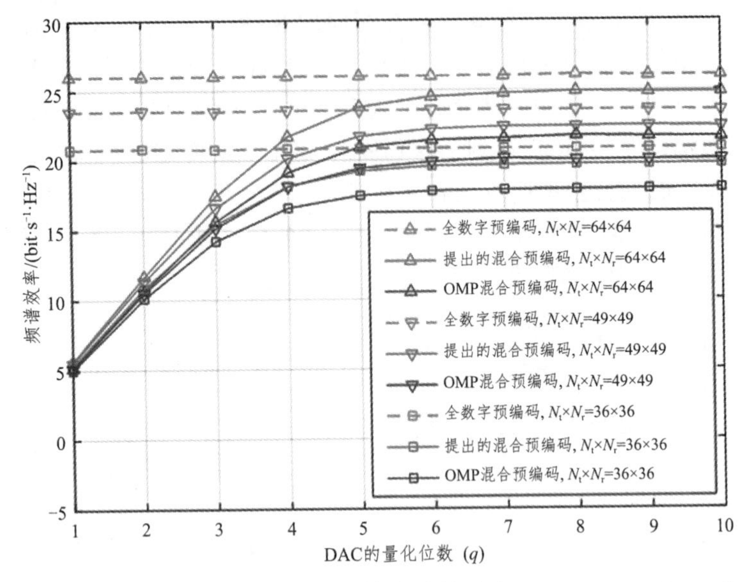

图 6.15 频谱效率与 DAC 量化精度的关系（ $SNR = -5$ dB， $b = \infty$ ）

图 6.16 所示为系统在 $SNR = -5$ dB， $q = \infty$ 时，系统频谱效率与 DAC 量化精度的关系。当 ADC 的量化精度为 1 ~ 4 bit 时，预编码系统的频谱效率随着 ADC 分辨率的增加而增大。当 ADC 的量化精度 $b > 4$ bit 时，所提出的混合预编码方法实现了与具有无失真ADC量化的全数字体系结构相似的频谱效率性能，并且两种混合预编码方案的频谱效率最终保持不变。所提出的混合预编码方案在天线数为 36 和 49 时，其频谱效率已经分别达到 OMP 混合预编码方案在天线数为 49 和 64 的频谱效率。与图 6.15 相比，在量化位数为 1 ~ 4 bit 时，经过 ADC 量化后的系统频谱效率随着量化位增加，其增长的幅度低于图 6.16 中的经过 ADC 量化后的系统频谱效率。因此，与 DAC 量化相比，ADC 对低精度的量化不敏感。

图 6.17 为当 $SNR = -15$ dB， $b = 6$ 时，系统能量效率与 DAC 量化精度以及发射端天线数量的关系。可以看出，随着 DAC 量化精度的增加，提出的混合预编码方案和 OMP 混合预编码方案的能量效率曲线先呈上升趋势，然后呈下降趋势。此外，图 6.17 显示了两种混合预编码方案的能量效率曲线在 $q = 4$ 处具有峰值。同时，当 $q = 2$ 时，全数字预编码的能量效率曲线具有最大值，然后随着量化位数的增加而逐渐减小。具有全

数字预编码和混合预编码的能量效率以不同的分辨率达到不同的峰值，这时因为全数字预编码结构中的每个天线都配置有 RF 链，因此对 DAC 的量化精度更敏感。

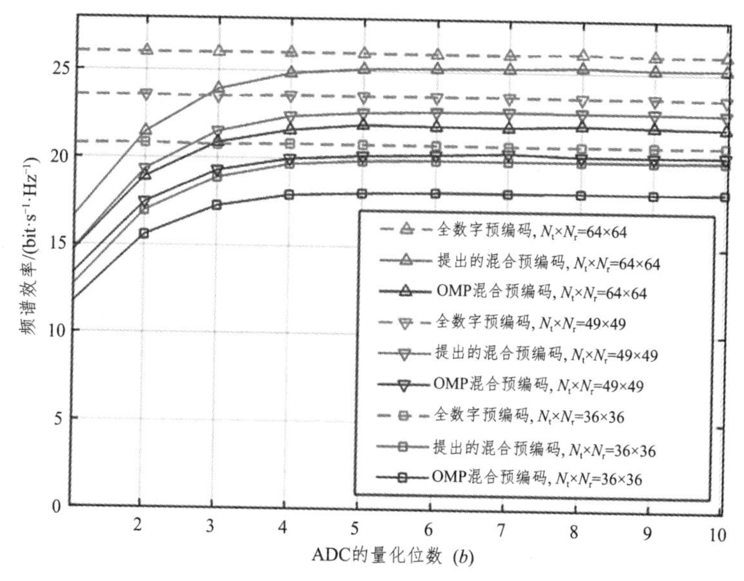

图 6.16　频谱效率与 ADC 量化精度的关系（ $SNR = -5\,\text{dB}$，$b = \infty$ ）

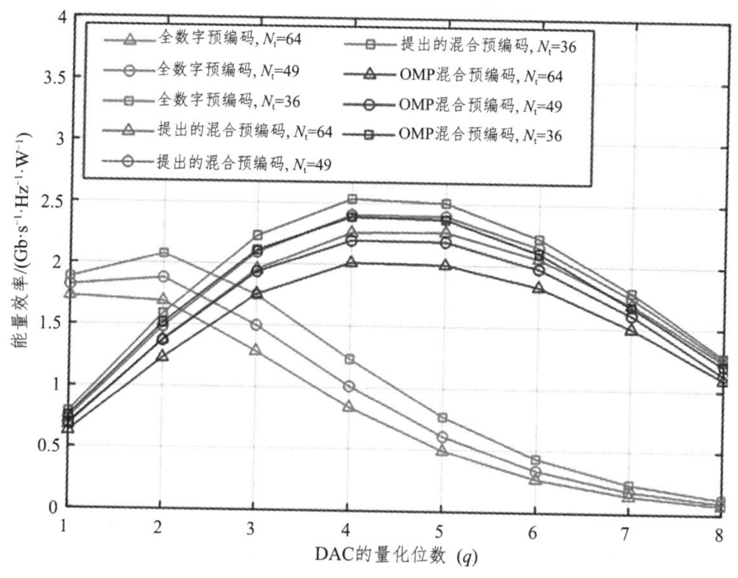

图 6.17　能量效率与 DAC 量化精度的关系

图 6.18 为当 $SNR=-5\,\mathrm{dB}$， $q=3$ 时，系统能量效率与 DAC 量化精度以及发射端天线数量的关系。可以观察出，随着接收器天线数量的增加，所有曲线的能量效率随着 ADC 量化位数的增加而具有相似的趋势。当 $b<4$ 时，全数字预编码和两种混合预编码方案的能量效率随着 ADC 量化位的增加而增加。显然，当 $b=4$ 时，具有全数字预编码和两种混合预编码方案的能量效率拥有不同的峰值。当 $b>4$ 时，所有曲线随 ADC 量化位数的增加而下降。可以观察到，这两种预编码方案可以实现比全数字预编码更高的能量效率，并且所提出的混合预编码方案显示出比常规 OMP 混合预编码更高的能量效率。此外，随着接收机天线数量的增加，系统的能量效率会降低。

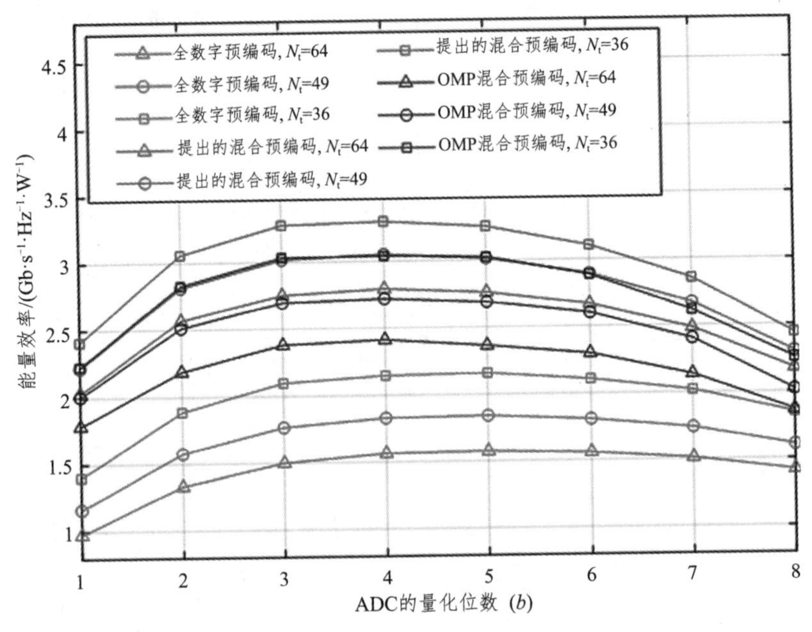

图 6.18 能量效率与 ADC 量化精度的关系

图 6.19 描述了不同量化位数的 DAC 的能量效率与频谱效率的比较，其中包括了提出的混合预编码、OMP 混合预编码方案和全数字预编码。可以从图 6.19 观察到，随着 DAC 量化位数 q 的增加，能量效率随能量效率近似线性增长，在到达最大值后以指数形式减小，而频谱效率缓慢增加。同时，提出的预编码方案在 $q=8$ 时取得最大化的频谱效率（ $\omega=1$ ），而最大化能量效率 $(\omega=0)$ 对应于 $q=4$。可以发现，提出的混合预编码方

案、OMP 混合预编码方案和全数字预编码分别以 $q=4$，$q=2$ 达到最大能量效率。这表明全数字预编码对 DAC 分辨率更敏感，因为它使用 N_t 个低精度的 DACs，而混合预编码仅使用 N_{RF} 个低精度的 DACs。此外，图 6.19 表明，提出的混合预编码方案优于 OMP 方案，可以提供频谱效率与能量效率的折中方案。同时，基于表 6.3 各个元件的功耗，我们提供了恒定的组件功耗参考，以虚线显示。如果确定了功率限制，则设计人员可以选择虚线以上的不同 DAC 分辨率的点。在 6.5 W 以下，两种混合预编码方案是可行的，而提出的混合预编码方案优于 OMP 方案。当功耗低于 15 W 时，提出的混合预编码方案和 OMP 预编码方案都可以在 $q \in \{1,2,\cdots,8\}$ 处应用，但全数字预编码仅在 $q=1$、2 和 3 时才能实现。

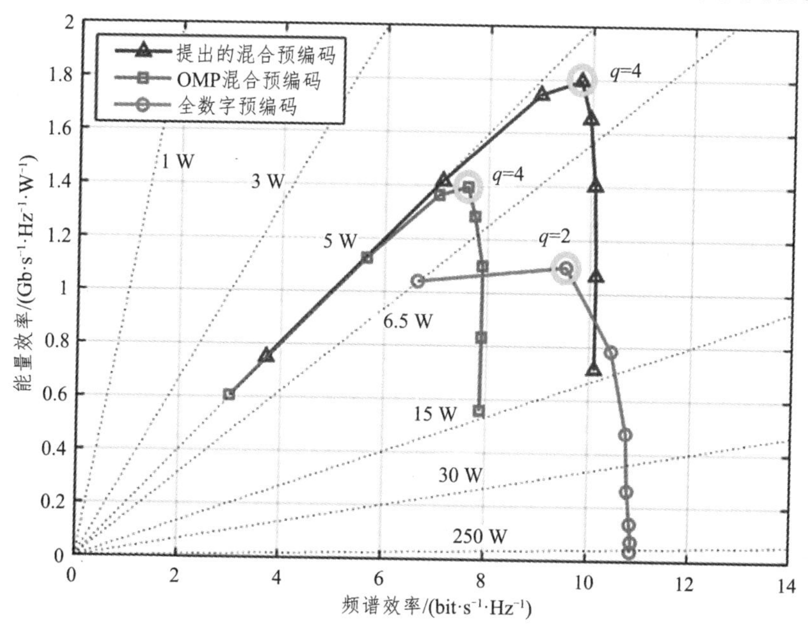

图 6.19 不同量化位数的 DAC 的能量效率与频谱效率的比较

图 6.20 为不同量化位数的 ADC 的能量效率与频谱效率的比较。所有的预编码方案的曲线都具有相似的趋势，即随着 ADC 量化位数的增加近似线性地增加，且具有能量效率的最大值点，然后随着 ADC 量化位数的持续增加呈指数减小。可以看到，全数字预编码在频谱效率中具有优势，而提出的混合预编码策略在能量效率方面具有优势。对于相同的 ADC 量化位数，提出的混合预编码方案始终比 OMP 混合预编码方案性能更好。

可以观察到，两种混合预编码方案和全数字预编码的在 ADC 量化位数 $b=4$ 时达到最大值。此外，考虑系统功耗为 4.5～6.5 W 时，只有混合预编码方案可以被选择。全数字预编码消耗为 8.2～10 W，与混合预编码相比，它消耗的能量更大。当 $b=4$ 时，系统的能量效率取得最大值，而频谱效率取得最大值时对应于 $b=8$。

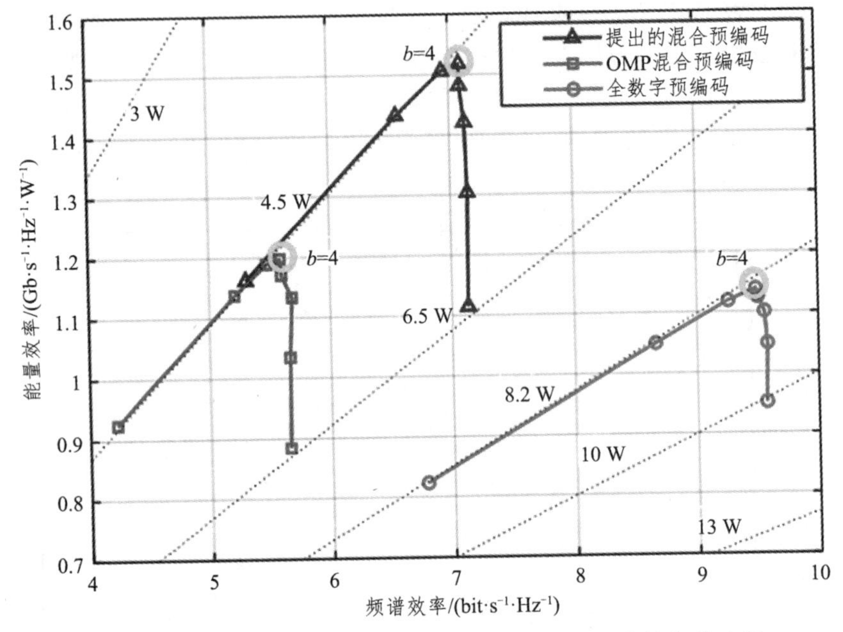

图 6.20　不同量化位数的 ADC 的能量效率与频谱效率的比较

6.5　本章小结

本章首先研究了莱斯信道场景下多用户全双工大规模 MIMO 系统频谱效率和能量效率性能。在基站端部署低精度 ADCs/DACs 接收/发射机，采用 MRC/MRT 算法处理信号，推导出频谱效率的近似表达式，基于此，构建系统功耗模型，对系统的能量效率进行仿真。其次，分析了用于点对点毫米波大规模 MIMO 系统的混合预编码的全连接混合预编码系统，并推导了低分辨率 ADC/DAC 得出频谱效率用于设计最佳混合预编码，考虑到非凸混合预编码设计问题，提出了一种基于交替最小化的混合预编码方案，该方案在两个独立的子问题中分别解决了数字预编码器和模拟预编码器的问题。最后，数值仿真表明：一方面，对于多用户全双工系统，增加用户/基站的发送功率、基站天线数，莱斯因子值均不会无限增大系统频谱效率，同时，在较低回路干扰程度下全双工模式的频谱效率性能优于半双工模式，而在较高回路干扰下则相反，此外，通过部署更多基站天线可以弥补由低精度 ADC/DAC 失真，IUI 和 LI 引起的系统性能损失，通过轻微地降低全双工系统的频谱效率，可以显著提高能量效率的性能；另一方面，对于混合预编码系统，与全数字预编码相比，所提出的混合预编码可以实现更高的频谱效率，在频谱效率和能量效率之间的权衡方面，预编码方案的性能明显优于 OMP 方案，此外，调整系统参数，包括 DAC 和 ADC 的精度，可以取得频谱效率和能量效率之间的权衡。

第 7 章　非理想硬件下大规模 MIMO 下行系统性能研究

大规模 MIMO 多天线配置切实有效地提升了系统容量、数据传输速率和能量效率等，同时通信链路中非理想硬件电路的能量损耗也是不容忽视的。近年来，绿色和环保型通信理念已经引起了学术界和工业界的广泛关注与推崇。本章将从大规模 MIMO 系统电路硬件损耗的角度出发，研究理想 CSI 和非理想硬件条件下基于低精度 ADCs/DACs 架构的大规模 MIMO 下行系统性能。对于基站处的数据信号采用 ZF 预编码方法处理，推导出频谱效率近似表达式，并分析基站信号发送功率、基站天线数、ADC/DAC 精度及硬件损耗水平等因素对频谱效率的影响。基于得到的频谱效率近似表达式，构建系统能耗模型，并分析系统能量效率。最后，从绿色通信角度讨论能量效率和频谱效率之间的折中方案。

7.1　系统模型

7.1.1　非理想硬件下信道模型

在理想 CSI 和非理想硬件条件下，研究一个单小区多用户的大规模 MIMO 下行系统，如图 7.1 所示。假设该系统在基站端配置 M 根天线，并在同一时频资源下服务于 N 个单天线用户。同时，在基站端的每根发射天线中配置一个低精度 DAC，而每个用户终端对应配置一个低精度 ADC。

假设多用户大规模 MIMO 下行系统的无线信道为典型的瑞利衰落信道，则基站与用户之间的信道矩阵 $\boldsymbol{G}\in\mathbb{C}^{N\times M}$ 可以建模为

$$\boldsymbol{G}=\boldsymbol{H}\boldsymbol{D}^{1/2} \tag{7.1}$$

其中，$\boldsymbol{H} \in \mathbb{C}^{N \times M}$ 为小尺度衰落系数矩阵，$\boldsymbol{D}$ 为对应的大尺度衰落系数。为便于分析，令大尺度系数矩阵 $\boldsymbol{D}=\boldsymbol{I}$，则 $\boldsymbol{G}=\boldsymbol{H}$。

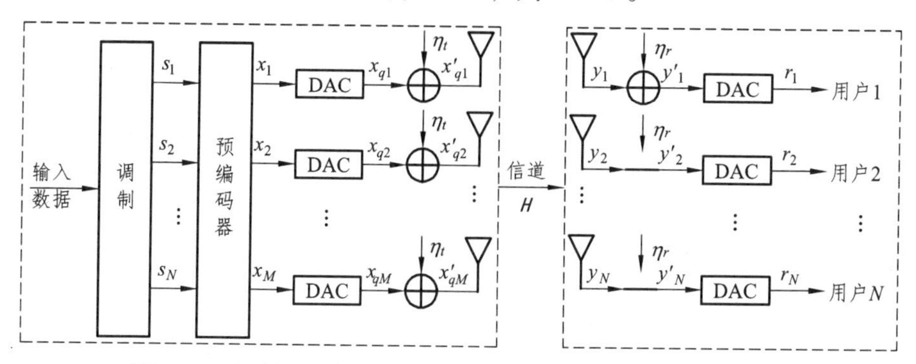

图 7.1　非理想硬件下的多用户大规模 MIMO 下行系统框图

7.1.2　非理想硬件下低精度量化模型

对于基站发送的数据矢量为 $\boldsymbol{s} \in \mathbb{C}^{N \times 1}$，且满足 $\mathbb{E}\{\boldsymbol{s}\boldsymbol{s}^{\mathrm{H}}\}=\dfrac{p_{\mathrm{b}}}{M}\boldsymbol{I}_M$。DAC 处理前的预编码信号为 $\boldsymbol{x}=\boldsymbol{W}\boldsymbol{s}$，而经过 DAC 处理后的信号矢量 $\boldsymbol{x}_q \in \mathbb{C}^{M \times 1}$ 可以表示为[134]

$$\boldsymbol{x}_q=\breve{\mathbb{Q}}(\boldsymbol{x}) \approx \sqrt{1-\rho_{\mathrm{D}}}\boldsymbol{W}\boldsymbol{s}+\boldsymbol{n}_{\mathrm{D}} \tag{7.2}$$

其中，$\rho_{\mathrm{D}}=1-\alpha_{\mathrm{D}}$ 为 DAC 的失真因子，而 α_{D} 为 DAC 的线性量化增益系数，其具体数值取决于量化位数 b_{D}[115,135]。$\boldsymbol{W}=\sqrt{\dfrac{p_{\mathrm{b}}}{\mathrm{tr}[(\boldsymbol{H}\boldsymbol{H}^{\mathrm{H}})^{-1}]}}\boldsymbol{H}^{\mathrm{H}}(\boldsymbol{H}\boldsymbol{H}^{\mathrm{H}})^{-1}$ 表示迫零预编码矩阵，其中 $\boldsymbol{H} \in \mathbb{C}^{N \times M}$ 为服从瑞利分布的小尺度衰落信道矩阵，p_{b} 为基站信号发送功率。$\boldsymbol{n}_{\mathrm{D}} \sim \mathcal{CN}(0,\boldsymbol{C}_{\mathrm{D}})$ 为 DAC 失真噪声，其中 $\boldsymbol{C}_{\mathrm{D}}$ 为量化噪声 $\boldsymbol{n}_{\mathrm{D}}$ 的协方差矩阵。

对于发射机硬件损耗的系统，则基站发送信号可以表示为[108,136]

$$\boldsymbol{x}'_q=\sqrt{1-\rho_{\mathrm{D}}}\boldsymbol{W}\boldsymbol{s}+\boldsymbol{\eta}_{\mathrm{t}}+\boldsymbol{n}_{\mathrm{D}} \tag{7.3}$$

其中，$\boldsymbol{\eta}_{\mathrm{t}} \sim \mathcal{CN}\left(0,\delta_{\mathrm{t}}^2\dfrac{p_{\mathrm{b}}}{M}\boldsymbol{I}_M\right)$ 为基站端硬件失真噪声矢量，δ_{t}^2 为发射机硬件损耗水平。

对于非理想硬件条件下，经过 ADC 处理前用户端接收信号矢量 $\boldsymbol{y}\in\mathbb{C}^{N\times1}$ 表示为

$$\boldsymbol{y}=\boldsymbol{H}\boldsymbol{x}_q'+\boldsymbol{n}=\sqrt{1-\rho_{\rm D}}\boldsymbol{H}\boldsymbol{W}\boldsymbol{s}+\boldsymbol{H}\boldsymbol{\eta}_{\rm t}+\boldsymbol{H}\boldsymbol{n}_{\rm D}+\boldsymbol{n} \tag{7.4}$$

其中，$\boldsymbol{n}\sim\mathcal{CN}(0,\sigma^2\boldsymbol{I}_M)$ 为信道噪声矢量。对于接收机硬件损耗的系统，则用户端的接收信号可以进一步表示为[136]

$$\boldsymbol{y}'=\sqrt{1-\rho_{\rm D}}\boldsymbol{H}\boldsymbol{W}\boldsymbol{s}+\boldsymbol{H}\boldsymbol{\eta}_{\rm t}+\boldsymbol{H}\boldsymbol{n}_{\rm D}+\boldsymbol{\eta}_{\rm r}+\boldsymbol{n} \tag{7.5}$$

其中，$\boldsymbol{\eta}_{\rm r}\sim\mathcal{CN}(0,\delta_{\rm r}^2 p_{\rm b}\boldsymbol{I}_N)$ 为用户端硬件失真噪声矢量，$\delta_{\rm r}^2$ 为接收机硬件损耗水平。$\delta_{\rm t}$ 和 $\delta_{\rm r}$ 本质上是连接到误差向量幅度(Error Vector Magnitude，EVM)度量[108]，该度量通常用于量化射频链收发器中预期信号与实际信号之间的失配，因此发射机硬件总的 EVM 可以表示为

$$\text{EVM}\triangleq\sqrt{\frac{\mathbb{E}_{\eta_{\rm t}}\left\{\|\boldsymbol{\eta}_{\rm t}\|^2\right\}}{\mathbb{E}_{\rm s}\left\{\|\boldsymbol{s}\|^2\right\}}}=\delta_{\rm t} \tag{7.6}$$

在实际应用中，例如长期演进（Long Term Evolution，LTE），EVM 要求在 $\delta_{\rm t}^2\in(0,1)$ 范围内[108]。当 $\delta_{\rm t}^2=\delta_{\rm r}^2=0$ 时，则认为基站和用户之间的接收机和发射机都是理想的硬件。

由式（7.5）可知，经过 ADC 处理后用户端的接收信号 $\boldsymbol{r}\in\mathbb{C}^{N\times1}$ 可以表示为

$$\begin{aligned}\boldsymbol{r}&=\mathbb{Q}(\boldsymbol{y}')\approx(1-\rho_{\rm A})\boldsymbol{y}'+\boldsymbol{n}_{\rm A}\\&=(1-\rho_{\rm A})\sqrt{1-\rho_{\rm D}}\boldsymbol{H}\boldsymbol{W}\boldsymbol{s}+(1-\rho_{\rm A})\boldsymbol{H}\boldsymbol{\eta}_{\rm t}+(1-\rho_{\rm A})\boldsymbol{H}\boldsymbol{n}_{\rm D}+\\&\quad(1-\rho_{\rm A})\boldsymbol{\eta}_{\rm r}+(1-\rho_{\rm A})\boldsymbol{n}+\boldsymbol{n}_{\rm A}\end{aligned} \tag{7.7}$$

其中，$\boldsymbol{n}_{\rm A}\sim\mathcal{CN}(0,\boldsymbol{C}_{\rm A})$ 为 ADC 量化噪声矢量，$\rho_{\rm A}=1-\alpha_{\rm A}$ 为 ADC 的失真因子，而 $\alpha_{\rm A}$ 为 ADC 的线性量化增益系数，其具体数值取决于量化位数 $b_{\rm A}$[115]。

对于固定信道 $\boldsymbol{H}$，则 $\boldsymbol{n}_{\rm D}$ 和 $\boldsymbol{n}_{\rm A}$ 的协方差矩阵分别表示为

$$\boldsymbol{C}_{\rm D}=\mathbb{E}\{\boldsymbol{n}_{\rm D}\boldsymbol{n}_{\rm D}^{\rm H}\}=\frac{\rho_{\rm D}p_{\rm b}}{M}\mathbb{E}\{\text{diag}(\boldsymbol{W}\boldsymbol{W}^{\rm H})\} \tag{7.8}$$

$$\boldsymbol{C}_{\mathrm{A}}=\mathbb{E}\{\boldsymbol{n}_{\mathrm{A}}\boldsymbol{n}_{\mathrm{A}}^{\mathrm{H}}\}=\rho_{\mathrm{A}}(1-\rho_{\mathrm{A}})\left[\operatorname{diag}\left((1-\rho_{\mathrm{D}})\frac{p_{\mathrm{b}}}{M}\mathbf{HWW}^{\mathrm{H}}\mathbf{H}^{\mathrm{H}}+\Re\right)\right] \quad (7.9)$$

其中，$\Re=\boldsymbol{H}\boldsymbol{C}_{\mathrm{D}}\boldsymbol{H}^{\mathrm{H}}+\boldsymbol{\eta}_{\mathrm{t}}^{2}\boldsymbol{H}\boldsymbol{H}^{\mathrm{H}}+\boldsymbol{\eta}_{\mathrm{r}}^{2}+\boldsymbol{I}_{M}$。

证明： 由于 $\boldsymbol{C}_{\mathrm{A}}$ 的推导需要基站端发送信号统计结果，需要先对基站端发送的信号进行处理，并推导出式（7.8）。由 $\boldsymbol{x}=\boldsymbol{W}\boldsymbol{s}$ 和 $\mathbb{E}\{\boldsymbol{s}\boldsymbol{s}^{\mathrm{H}}\}=\frac{p_{\mathrm{b}}}{M}\boldsymbol{I}_{M}$ 可知：

$$\begin{aligned}\boldsymbol{C}_{\mathrm{D}}&=\mathbb{E}\{\boldsymbol{n}_{\mathrm{D}}\boldsymbol{n}_{\mathrm{D}}^{\mathrm{H}}\}=\rho_{\mathrm{D}}\mathbb{E}\{\operatorname{diag}(\boldsymbol{x}\boldsymbol{x}^{\mathrm{H}})\}\\&=\rho_{\mathrm{D}}\mathbb{E}\{\operatorname{diag}(\boldsymbol{W}\boldsymbol{s}\boldsymbol{s}^{\mathrm{H}}\boldsymbol{W}^{\mathrm{H}})\}\\&=\frac{\rho_{\mathrm{D}}p_{\mathrm{b}}}{M}\mathbb{E}\{\operatorname{diag}(\boldsymbol{W}\boldsymbol{W}^{\mathrm{H}})\}\end{aligned} \quad (7.10)$$

至此，则式（7.8）证毕。

对于 $\boldsymbol{C}_{\mathrm{A}}$ 的推导，将式（7.5）代入，并进行化简[134]，则

$$\begin{aligned}\boldsymbol{C}_{\mathrm{A}}&=\mathbb{E}\{\boldsymbol{n}_{\mathrm{A}}\boldsymbol{n}_{\mathrm{A}}^{\mathrm{H}}\}=\rho_{\mathrm{A}}(1-\rho_{\mathrm{A}})\mathbb{E}\{\operatorname{diag}(\boldsymbol{y}'\boldsymbol{y}'^{\mathrm{H}})\}\\&=\rho_{\mathrm{A}}(1-\rho_{\mathrm{A}})\mathbb{E}\left\{\operatorname{diag}\left((1-\rho_{\mathrm{D}})\frac{p_{\mathrm{b}}}{M}\boldsymbol{H}\boldsymbol{W}\boldsymbol{W}^{\mathrm{H}}\boldsymbol{H}^{\mathrm{H}}+\Re\right)\right\}\end{aligned} \quad (7.11)$$

其中，$\Re=\boldsymbol{H}\boldsymbol{C}_{\mathrm{D}}\boldsymbol{H}^{\mathrm{H}}+\boldsymbol{\eta}_{\mathrm{t}}^{2}\boldsymbol{H}\boldsymbol{H}^{\mathrm{H}}+\boldsymbol{\eta}_{\mathrm{r}}^{2}+\boldsymbol{I}_{M}$。至此，则式（7.9）证毕。

7.2 低精度 ADCs/DACs 架构下系统性能分析

本小节主要推导了非理想硬件条件下低精度 ADC/DAC 架构的多用户大规模 MIMO 下行系统频谱效率近似表达式。然后，基于得到的表达式，分析基站发送功率、基站天线数、硬件损坏水平和 ADC/DAC 量化精度等对系统性能的影响。最后，构建合适的功耗模型，并对系统能量效率和频谱效率之间的权衡展开研究。

7.2.1 非理想硬件系统频谱效率分析

由式（7.7）可知，非理想硬件条件下第 n 个用户在多用户大规模

MIMO 下行系统接收到的信号可以表示为

$$r_n = \underbrace{(1-\rho_{\mathrm{A}})\sqrt{1-\rho_{\mathrm{D}}}\boldsymbol{h}_n^{\mathrm{H}}\boldsymbol{w}_n\boldsymbol{s}_n}_{\text{用户}n\text{发送的信号}} + \underbrace{(1-\rho_{\mathrm{A}})\sqrt{1-\rho_{\mathrm{D}}}\sum_{i=1,i\neq n}^{N}\boldsymbol{h}_n^{\mathrm{H}}\boldsymbol{w}_i\boldsymbol{s}_i}_{\text{来自用户间的干扰信号}} + \underbrace{(1-\rho_{\mathrm{A}})\boldsymbol{h}_n^{\mathrm{H}}\boldsymbol{\eta}_{\mathrm{t},n}}_{\text{发射机硬件失真}} +$$
$$\underbrace{(1-\rho_{\mathrm{A}})\boldsymbol{h}_n^{\mathrm{H}}\boldsymbol{n}_{\mathrm{D},n}}_{\text{AGQN}} + \underbrace{(1-\rho_{\mathrm{A}})\boldsymbol{\eta}_{\mathrm{r},n}}_{\text{接收机硬件失真}} + \underbrace{\boldsymbol{n}_{\mathrm{A},n}}_{\text{AGQN}} + \underbrace{(1-\rho_{\mathrm{A}})\boldsymbol{n}_n}_{\text{AWGN}} \tag{7.12}$$

其中，$\boldsymbol{h}_n^{\mathrm{H}}$ 为 $\boldsymbol{H}$ 的第 n 行元素；$\boldsymbol{n}_{\mathrm{A},n}$、$\boldsymbol{n}_{\mathrm{D},n}$ 和 $\boldsymbol{n}_n$ 分别为 $\boldsymbol{n}_{\mathrm{A}}$、$\boldsymbol{n}_{\mathrm{D}}$ 和 $\boldsymbol{n}$ 的第 n 个元素。$\boldsymbol{\eta}_{\mathrm{t},n}$ 和 $\boldsymbol{\eta}_{\mathrm{r},n}$ 分别为 $\boldsymbol{\eta}_{\mathrm{t}}$ 和 $\boldsymbol{\eta}_{\mathrm{r}}$ 的第 n 行元素。同时，式（7.12）右侧首项为用户 n 发送的信号，其余六项为用户间干扰信号、接收机和发射机硬件失真、量化误差和噪声。

由式（7.12）可知，非理想硬件条件下第 n 个用户在多用户大规模 MIMO 下行系统频谱效率可以表示为

$$R_n = \mathbb{E}\left\{\log_2\left(1+\frac{A_n}{B_n + C_n + D_n + E_n + F_n + (1-\rho_{\mathrm{A}})^2}\right)\right\} \tag{7.13}$$

其中，$A_n = (1-\rho_{\mathrm{A}})^2(1-\rho_{\mathrm{D}})\frac{p_{\mathrm{b}}}{M}\left|\boldsymbol{h}_n^{\mathrm{H}}\boldsymbol{w}_n\right|^2$；$B_n = (1-\rho_{\mathrm{A}})^2(1-\rho_{\mathrm{D}})\frac{p_{\mathrm{b}}}{M}\sum_{i=1,i\neq n}^{N}\left|\boldsymbol{h}_n^{\mathrm{H}}\boldsymbol{w}_i\right|^2$；$C_n = (1-\rho_{\mathrm{A}})^2\boldsymbol{\eta}_{\mathrm{t},n}^2\boldsymbol{h}_n^{\mathrm{H}}\boldsymbol{h}_n^*$；$D_n = (1-\rho_{\mathrm{A}})^2\boldsymbol{h}_n^{\mathrm{H}}\boldsymbol{C}_{\mathrm{D}}\boldsymbol{h}_n^*$；$E_n = (1-\rho_{\mathrm{A}})^2\boldsymbol{\eta}_{\mathrm{r},n}^2$；$F_n = \boldsymbol{C}_{\mathrm{A},n}$；$\boldsymbol{w}_n$ 为预编码矩阵 $\mathbf{W}$ 的第 n 列元素。

定理 7.1：在非理想硬件和瑞利衰落信道场景下，对于采用低精度 ADCs/DACs 架构的多用户大规模 MIMO 下行系统，若基站端采用 ZF 预编码算法处理信号，则第 n 个用户在大规模 MIMO 下行系统的频谱效率可以近似为

$$R_n \approx \log_2\left(1+\frac{(1-\rho_{\mathrm{A}})(1-\rho_{\mathrm{D}})p_{\mathrm{b}}^2(M-N)}{[\rho_{\mathrm{D}}N+\xi]p_{\mathrm{b}}^2+\varphi MN}\right) \tag{7.14}$$

其中，$\xi = \rho_{\mathrm{A}}(1-\rho_{\mathrm{D}})(M-N)$；$\varphi = [(\delta_{\mathrm{t}}^2+\delta_{\mathrm{r}}^2)p_{\mathrm{b}}+1]$。

证明：根据 $\mathbb{E}\{\log_2(1+X/Y)\} = \log_2(1+\mathbb{E}\{X\}/\mathbb{E}\{Y\})$[117]，其中 X 和 Y 是不要求相互独立的随机变量，但由大数定理收敛到其均值。因此，式（7.13）的频谱效率可以近似表示为

$$R_n \approx \log_2\left(1+\frac{\mathbb{E}\{A_n\}}{\mathbb{E}\{B_n\}+\mathbb{E}\{C_n\}+\mathbb{E}\{D_n\}+\mathbb{E}\{E_n\}+\mathbb{E}\{F_n\}+(1-\rho_{\mathrm{A}})^2}\right) \tag{7.15}$$

针对式（7.15），下面将逐一计算各项信号的期望。在非理想硬件下的多用户大规模 MIMO 下行系统中，由于 $\boldsymbol{H}\boldsymbol{H}^{\mathrm{H}}$ 为复 Wishart 矩阵，当且仅当 M 趋于无穷大时，$\mathrm{tr}[(\boldsymbol{H}\boldsymbol{H}^{\mathrm{H}})^{-1}]\to\frac{N}{M-N}$，则 $\boldsymbol{H}\boldsymbol{W}=\sqrt{\frac{p_{\mathrm{b}}}{\mathrm{tr}[(\boldsymbol{H}\boldsymbol{H}^{\mathrm{H}})^{-1}]}}\boldsymbol{H}\boldsymbol{H}^{\mathrm{H}}(\boldsymbol{H}\boldsymbol{H}^{\mathrm{H}})^{-1}=\sqrt{\frac{p_{\mathrm{b}}(M-N)}{N}}\boldsymbol{I}_N$。

对于 $\mathbb{E}\{A_n\}$ 的计算，则有

$$\begin{aligned}\mathbb{E}\{A_n\}&=(1-\rho_{\mathrm{A}})^2(1-\rho_{\mathrm{D}})\frac{p_{\mathrm{b}}}{M}\mathbb{E}\left\{\left|\mathbf{h}_n^{\mathrm{H}}\mathbf{w}_n\right|^2\right\}\\&=(1-\rho_{\mathrm{A}})^2(1-\rho_{\mathrm{D}})\frac{p_{\mathrm{b}}^2(M-N)}{MN}\end{aligned}\tag{7.16}$$

对于 $\mathbb{E}\{B_n\}$ 的计算，当 $i\neq n$ 时，即用户间干扰项，有

$$\mathbb{E}\{B_n\}=(1-\rho_{\mathrm{A}})^2(1-\rho_{\mathrm{D}})\frac{p_{\mathrm{b}}}{M}\sum_{i=1,i\neq n}^{N}\left|\boldsymbol{h}_n^{\mathrm{H}}\boldsymbol{w}_i\right|^2=0\tag{7.17}$$

对于 $\mathbb{E}\{C_n\}$ 的计算，由于 $\boldsymbol{\eta}_{\mathrm{t}}\sim\mathcal{CN}\left(0,\delta_{\mathrm{t}}^2\frac{p_{\mathrm{b}}}{M}\boldsymbol{I}_M\right)$，并根据中心极限定理可知，$\frac{1}{M}\boldsymbol{h}_n^{\mathrm{H}}\boldsymbol{h}_n^*\to1$，则有

$$\mathbb{E}\{C_n\}=(1-\rho_{\mathrm{A}})^2\mathbb{E}\left\{\left|\boldsymbol{\eta}_{\mathrm{t},n}\right|^2\right\}\mathbb{E}\left\{\boldsymbol{h}_n^{\mathrm{H}}\boldsymbol{h}_n^*\right\}=(1-\rho_{\mathrm{A}})^2\delta_{\mathrm{t}}^2p_{\mathrm{b}}\tag{7.18}$$

对于 $\mathbb{E}\{D_n\}$ 的计算，由于 $\mathrm{tr}\{\boldsymbol{W}\boldsymbol{W}^{\mathrm{H}}\}=p_{\mathrm{b}}$，则 $\mathrm{diag}(\boldsymbol{W}\boldsymbol{W}^{\mathrm{H}})\to\frac{p_{\mathrm{b}}}{M}\boldsymbol{I}_M$。将式（7.8）代入，则

$$\begin{aligned}\mathbb{E}\{D_n\}&=(1-\rho_{\mathrm{A}})^2\mathbb{E}\left\{\boldsymbol{h}_n^{\mathrm{H}}\boldsymbol{C}_{\mathrm{D}}\boldsymbol{h}_n^*\right\}\\&=(1-\rho_{\mathrm{A}})^2\frac{\rho_{\mathrm{D}}p_{\mathrm{b}}}{M}\boldsymbol{E}\left\{\boldsymbol{h}_n^{\mathrm{H}}\mathrm{diag}(\boldsymbol{W}\boldsymbol{W}^{H})\boldsymbol{h}_n^*\right\}\\&=\rho_{\mathrm{D}}(1-\rho_{\mathrm{A}})^2\frac{p_{\mathrm{b}}^2}{M}\end{aligned}\tag{7.19}$$

对于 $\mathbb{E}\{E_n\}$ 的计算，由于 $\boldsymbol{\eta}_{\mathrm{r}}\sim\mathcal{CN}(0,\delta_{\mathrm{r}}^2p_{\mathrm{b}}\boldsymbol{I}_N)$，则有

$$\mathbb{E}\{E_n\}=(1-\rho_{\mathrm{A}})^2\mathbb{E}\left\{\left|\boldsymbol{\eta}_{\mathrm{r},n}\right|^2\right\}=(1-\rho_{\mathrm{A}})^2\delta_{\mathrm{r}}^2p_{\mathrm{b}}\tag{7.20}$$

对于$\mathbb{E}\{F_n\}$的计算，由于$\boldsymbol{x}=\boldsymbol{W}\boldsymbol{s}$且$\mathbb{E}\{\boldsymbol{s}\boldsymbol{s}^{\mathrm{H}}\}=\frac{p_{\mathrm{b}}}{M}\boldsymbol{I}_M$，将式（7.10）代入，则有

$$\begin{aligned}\mathbb{E}\{F_n\}&=\mathbb{E}\left\{\left|\boldsymbol{n}_{\mathrm{A},n}\right|^2\right\}\\&=\rho_{\mathrm{A}}(1-\rho_{\mathrm{A}})\mathbb{E}\left\{\operatorname{diag}\left((1-\rho_{\mathrm{D}})\frac{p_{\mathrm{b}}}{M}\boldsymbol{H}\boldsymbol{W}\boldsymbol{W}^{\mathrm{H}}\boldsymbol{H}^{\mathrm{H}}+\boldsymbol{H}\boldsymbol{C}_{\mathrm{D}}\boldsymbol{H}^{\mathrm{H}}+\mathfrak{R}\right)_{n,n}\right\}\\&=\rho_{\mathrm{A}}(1-\rho_{\mathrm{A}})\left[(1-\rho_{\mathrm{D}})\frac{p_{\mathrm{b}}(M-N)}{MN}+\rho_{\mathrm{D}}\frac{p_{\mathrm{b}}^2}{M}+(\delta_{\mathrm{t}}^2+\delta_{\mathrm{r}}^2)p_{\mathrm{b}}+1\right]\end{aligned}\tag{7.21}$$

其中，$\mathfrak{R}=\boldsymbol{H}\boldsymbol{C}_{\mathrm{D}}\boldsymbol{H}^{\mathrm{H}}+\boldsymbol{\eta}_{\mathrm{t}}^2\boldsymbol{H}\boldsymbol{H}^{\mathrm{H}}+\boldsymbol{\eta}_{\mathrm{r}}^2+\boldsymbol{I}_M$。将式（7.16）~式（7.21）代入式（7.15）并化简，即可得到式（7.14），证毕。

由定理 7.1 可知，非理想硬件下多用户大规模 MIMO 下行系统频谱效率近似表达式与 ADC/DAC 量化精度、基站信号发送功率、基站天线数、接收/发射机硬件损坏水平等因素相关。为便于对定理 7.1 的全面理解，下面将讨论几个特殊场景下的近似结果。

（1）固定 ADC/DAC 精度、基站天线数M和接收/发射机硬件损坏参数不变，当$p_{\mathrm{b}}\to\infty$时，式（7.14）的频谱效率可以简化为

$$R_n\to\log_2\left(1+\frac{(1-\rho_{\mathrm{A}})(1-\rho_{\mathrm{D}})(M-N)}{\rho_{\mathrm{D}}N+\rho_{\mathrm{A}}(1-\rho_{\mathrm{D}})(M-N)}\right)\tag{7.22}$$

由式（7.22）可知，当$p_{\mathrm{b}}\to\infty$时，非理想硬件下系统频谱效率将出现饱和现象，逐渐趋近于一个常数。同时，当$p_{\mathrm{b}}\to\infty$时，接收/发射机的硬件损坏可以忽略不计，此时系统的性能接近于理想系统。

（2）固定基站信号发送功率、基站天线数和接收/发射机硬件损坏参数不变，当$\rho_{\mathrm{A}}=\rho_{\mathrm{D}}=0$时，式（7.14）的频谱效率可以简化为

$$R_n\to\log_2\left(1+\frac{(M-N)p_{\mathrm{b}}^2}{Mp_{\mathrm{b}}^2+[(\delta_{\mathrm{t}}^2+\delta_{\mathrm{r}}^2)p_{\mathrm{b}}+1]MN}\right)\tag{7.23}$$

由式（7.23）可知，当$\rho_{\mathrm{A}}=\rho_{\mathrm{D}}=0$时，ADC 和 DAC 的量化失真可以忽略不计，此时系统频谱效率取决于基站信号发送功率、接收机和发射机的硬件损坏程度。

（3）固定基站信号发送功率、基站天线数、DAC 精度和接收/发射机

硬件损坏参数不变，当 $\rho_{\mathrm{A}}=0$ 时，则式（7.14）的频谱效率可以简化为

$$R_n \to \log_2\left(1+\frac{p_{\mathrm{b}}^2(1-\rho_{\mathrm{D}})(M-N)}{\rho_{\mathrm{D}}p_{\mathrm{b}}^2 N+[(\delta_{\mathrm{t}}^2+\delta_{\mathrm{r}}^2)p_{\mathrm{b}}+1]MN}\right) \tag{7.24}$$

由式（7.24）可知，当 $\rho_{\mathrm{A}}=0$ 时，系统接收机配置为高精度的 ADC，此时可以忽略 ADC 量化过程中产生的噪声。但是，DAC 的量化噪声却不能忽视，并且仍需要考虑接收机和发射机的硬件损坏水平。

（4）固定基站信号发送功率、基站天线数、ADC 精度和接收/发射机硬件损坏参数不变，当 $\rho_{\mathrm{D}}=0$ 时，式（7.14）的频谱效率可以简化为

$$R_n \to \log_2\left(1+\frac{p_{\mathrm{b}}^2(1-\rho_{\mathrm{A}})(M-N)}{\rho_{\mathrm{A}}p_{\mathrm{b}}^2(M-N)+[(\delta_{\mathrm{t}}^2+\delta_{\mathrm{r}}^2)p_{\mathrm{b}}+1]MN}\right) \tag{7.25}$$

由式（7.25）可知，系统基站发射机配置为高精度 DAC，此时可以忽略 DAC 失真引起的噪声。但是，ADC 的量化噪声，接收机和发射机的硬件损坏却无法忽视。

（5）固定 ADC/DAC 精度、基站信号发送功率和基站天线数不变，当 $\delta_{\mathrm{t}}^2=\delta_{\mathrm{r}}^2=0$（即发射机和接收机为理想硬件）时，则式（7.14）的频谱效率可以简化为

$$R_n \to \log_2\left(1+\frac{(1-\rho_{\mathrm{A}})(1-\rho_{\mathrm{D}})p_{\mathrm{b}}^2(M-N)}{[\rho_{\mathrm{D}}N+\rho_{\mathrm{A}}(1-\rho_{\mathrm{D}})(M-N)]p_{\mathrm{b}}^2+MN}\right) \tag{7.26}$$

由式（7.26）可知，当 $\delta_{\mathrm{t}}^2=\delta_{\mathrm{r}}^2=0$ 时，意味着该系统为理想系统，此时接收机和发射机的硬件损坏可以忽略不计。不难发现，式（7.26）与文献[134]中式（17）结果一致，则文献[134]的结论可视为定理 7.1 的一个特例。

7.2.2 非理想硬件系统能量效率分析

上一小节已经分析了理想 CSI 和非理想硬件条件下单小区多用户大规模 MIMO 下行系统频谱效率。为深入分析单小区多用户大规模 MIMO 下行系统的性能，本小节将对系统能量效率展开研究。能量效率定义为[96]

$$\eta_{\mathrm{EE}} \triangleq \frac{B \times R_{\mathrm{sum}}}{P_{\mathrm{total}}} \tag{7.27}$$

其中，$R_{\mathrm{sum}} = \sum_{i=1}^{N} R_n$ 表示系统总的频谱效率；B 表示设置为 20 MHz 的通信带宽；P_{total} 表示系统的总功耗。功耗模型 P_{total} 可以建模为[137]

$$P_{\mathrm{total}} = P_{\mathrm{FIX}} + M(P_{\mathrm{A,RF}} + P_{\mathrm{D,RF}}) \tag{7.28}$$

其中，P_{FIX} 为基站的固定功耗；$P_{\mathrm{A,RF}}$ 为连接低精度 ADC 的单根射频链功耗；$P_{\mathrm{D,RF}}$ 为连接低精度 DAC 的单根射频链功耗。因此，基站的固定功耗 P_{FIX} 表示为[127]

$$P_{\mathrm{FIX}} = P_{\mathrm{PA}} + P_{\mathrm{LO}} + P_{\mathrm{BB}} \tag{7.29}$$

其中，$P_{\mathrm{PA}} = p_{\mathrm{b}} / \tau_0$ 表示功率放大器功耗，τ_0 为功率放大器的效率指数；P_{LO} 和 P_{BB} 分别表示本地振荡器功耗和基带处理器功耗。此外，对于连接低精度 ADC 的单根射频链功耗可以表示为[127]

$$P_{\mathrm{A,RF}} = P_{\mathrm{LNA}} + P_{\mathrm{H}} + 2P_{\mathrm{M}} + 2P_{\mathrm{AGC}} + 2P_{\mathrm{ADC}} \tag{7.30}$$

其中，P_{LNA} 为低噪声放大器功耗；P_{H} 为 $\pi/2$ 混合和本地振荡缓冲器功耗；P_{M} 为混频器功耗；P_{AGC} 为自适应增益控制器功耗。此外，P_{ADC} 为低精度 ADC 的功耗，表示为 $P_{\mathrm{ADC}} = c_0 2^{b_{\mathrm{A}}}$，其中 $c_0 = 1\times10^4$，b_{A} 为 ADC 量化位数。

低精度 DAC 的功耗可以建模为[129]

$$P_{\mathrm{DAC}} = 1.5\times10^{-5} \times 2^{b_{\mathrm{D}}} + 9\times10^{-12} \times b_{\mathrm{D}} \times F_{\mathrm{s}} \tag{7.31}$$

其中，b_{D} 为 DAC 的量化位数；F_{s} 为 DAC 的采样频率。因此，对于连接低精度 DAC 的单根射频链的功耗可以表示为

$$P_{\mathrm{D,RF}} = 2P_{\mathrm{DAC}} \tag{7.32}$$

对非理想硬件条件下具有低精度 ADCs/DACs 架构的大规模 MIMO 下行系统的频谱效率和能量效率解析结果进行仿真验证，具体的参数设置如表 7.1 所示[123,134]。对于所有的仿真，大尺度衰落建模为 $\beta_n = z_n / (d_n / r_{\mathrm{d}})^{-\nu}$。本节针对单小区多用户大规模 MIMO 下行系统采用不同基站天线数、基站信号发送功率、硬件损耗水平、量化精度等对频谱

效率和能量效率进行仿真研究与分析。

表 7.1 仿真参数设置

参数描述	符号表示	参数值	参数描述	符号表示	参数值
用户数	N	10	功率放大器功率	P_{PA}	$P_{PA}=p_b/\tau_0$
基站发送功率	p_b	10 dB	本地振荡器功率	P_{LO}	22.5 mW
小区半径	d_n	1 000 m	基带处理器功率	P_{BB}	200 mW
用户到基站距离	r_d	100 m	低噪声放大器功率	P_{LNA}	5.4 mW
路径损耗指数	v	3.8	π/2 混合缓冲器	P_H	3 mW
阴影衰落指数	σ_{shadow}	8 dB	混频器功率	P_M	0.3 mW
高斯白噪声方差	σ^2	1	自动增益控制功率	P_{AGC}	2 mW
DAC 采样频率	F_s	1 MHz			

图 7.2 给出了不同 ADC/DAC 量化精度和接收/发射机硬件损耗的情况下，信噪比和频谱效率的关系。仿真中固定设置基站天线数 $M=80$，用户数 $N=10$，信噪比 $\gamma_0=p_b/\sigma^2\approx p_b$，接收/发射机硬件参数选取两组进行比较，包含理想硬件（$\delta_t^2=\delta_r^2=0$）和非理想硬件（$\delta_t^2=\delta_r^2=0.5$）。从图 7.2 可知，频谱效率对应的蒙特卡洛仿真和理论数值仿真曲线完全重合，这说明所推导的频谱效率近似表达式是完全正确的。随着信噪比的增加，频谱效率均呈现上升趋势，并逐渐趋近于理论上限值，这与式（7.22）的理论分析结果一致。同时，理想硬件下的系统频谱效率性能明显优于非理想硬件系统。由图 7.2（a）知，在 DAC 为全精度的情况下，随着 ADC 量化精度增加，系统频谱效率呈现上升趋势。同时，在 $b_D=b_A=3$ 时，其性能介于 $b_D=\infty$，$b_A=2$ 与 $b_D=b_A=\infty$ 之间。此外，由图 7.2（b）可知，在 ADC 为全精度的情况下，随着 DAC 精度增加，系统频谱效率也是呈现上升趋势。同时，在 $b_D=b_A=3$ 时，其性能是介于 $b_D=1$，$b_A=\infty$ 与 $b_D=2$，$b_A=\infty$。由此可知，当 ADC 的量化精度高于 DAC 精度时，其系统性能具有更加显著的提升，这意味着 ADC 量化精度相对于 DAC 精度而言，对系统频谱效率的影响更为突出。同时，随着硬件损耗系数的减小，非理想硬件下的系统性能逐渐接近于理想系统，这表明大规模 MIMO 系统的硬件电路损耗是不容忽视的。

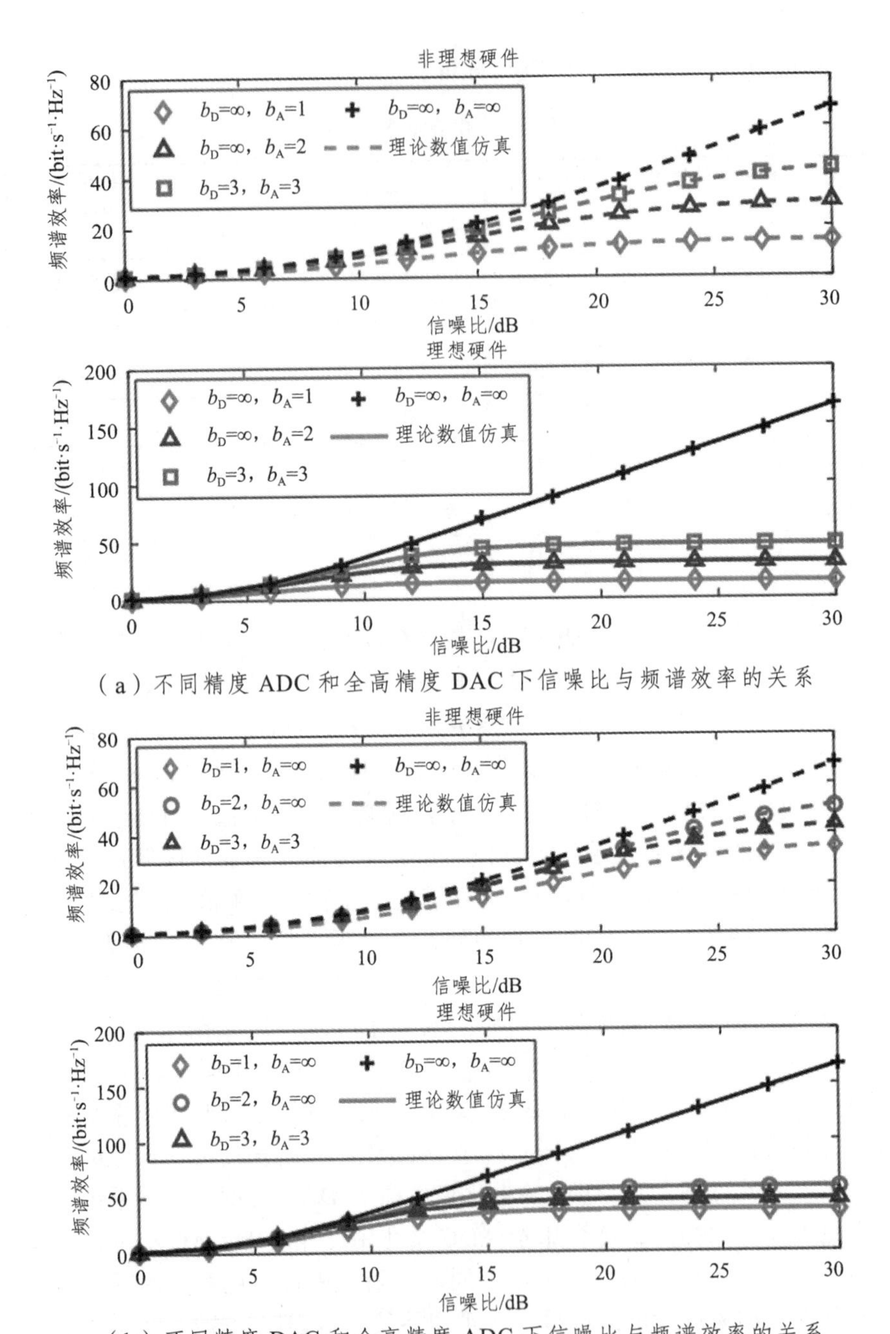

（a）不同精度 ADC 和全高精度 DAC 下信噪比与频谱效率的关系

（b）不同精度 DAC 和全高精度 ADC 下信噪比与频谱效率的关系

图 7.2　不同 ADC/DAC 量化精度和硬件损耗下的信噪比和频谱效率的关系

图 7.3 给出了不同 ADC/DAC 量化精度和接收/发射机硬件损耗的情况下，基站天线数与频谱效率的关系。仿真中固定设置用户数 $N=8$，基站信号发送功率 $p_b=10\,\text{dB}$。由图 7.3 可知，随着基站天线阵列的逐渐增加，理想硬件下的频谱效率性能远大于非理想硬件下的频谱效率。当基站天线数较少（$M<150$）时，增加基站天线数，系统的频谱效率得到了快速地提升；但随着基站天线数进一步增加（$M\geqslant 150$）后，系统频谱效率不再增加并逐渐达到了饱和值。同时，ADC/DAC 精度的增加，均会促进系统性能得到改善。不难发现，全精度 ADC 曲线所包含的可操作区域面积明显大于全精度 DAC 曲线所包含的区域面积，这与图 7.2 所得结论一致，即全精度 ADC 的系统性能优于全精度 DAC 的系统，这意味着改变 ADC 的量化精度对系统性能影响更为敏感。

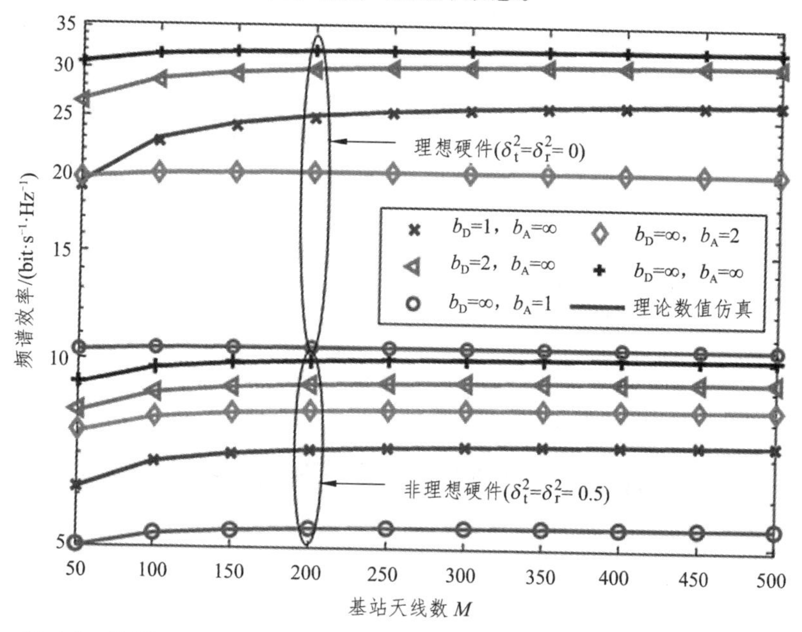

图 7.3　不同 ADC/DAC 量化精度下的基站天线数和频谱效率的关系

图 7.4 给出了不同基站天线数和收/发射机硬件损耗的情况下，用户数与频谱效率的关系。仿真中固定设置发送功率 $p_b=10\,\text{dB}$，ADC/DAC 量化位数 $b_D=b_A=2\,\text{bit}$，接收/发射机参数选取三组，包含理想硬件（$\delta_t^2=\delta_r^2=0$），非理想硬件：（$\delta_t^2=\delta_r^2=0.2$）和（$\delta_t^2=\delta_r^2=0.5$）。从图 7.4 可知，随着用户数逐渐地增加，频谱效率均呈现上升趋势，并且可以快

速达到理论上限值，但是理想硬件下频谱效率远大于非理想硬件下频谱效率。同时，随着硬件损耗参数的增加，频谱效率性能会有更加显著的损失。此外，在用户数较少 ($N \leqslant 15$)，增加基站天线数的过程中，各组频谱效率曲线之间的数值相差不大；当用户数进一步增加后，理想硬件下的频谱效率曲线之间间距逐渐增大，而非理想硬件下的各组频谱效率曲线却几乎不变。因此，在用户数较少时，增加基站天线数对频谱效率的提升效果不明显，这完全符合绿色通信减少硬件成本的目的。当用户数较多时，理想硬件下的系统通过增加基站天线数可以有效地改善系统频谱效率，而非理想硬件下的系统增加基站天线却得不到预期的目标，无法快速提升系统性能。

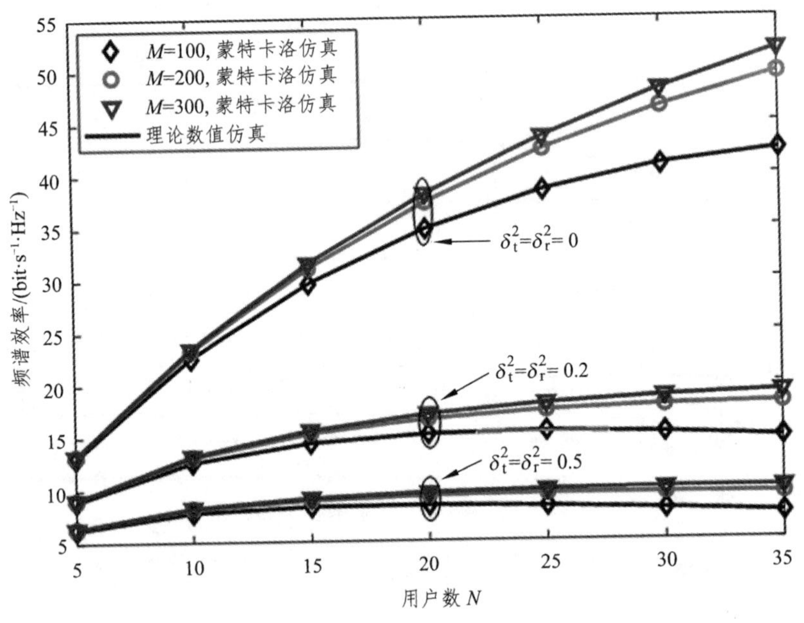

图 7.4　不同基站天线数和硬件损耗下用户数和频谱效率的关系

图 7.5 给出了不同用户数和接收/发射机硬件损耗的情况下，ADC/DAC 量化位数与频谱效率之间的关系。仿真中固定设置基站天线数 $M=200$，基站信号发送功率 $p_b=10\,\text{dB}$。由图 7.5 可知，当 ADC/DAC 量化位数较小（$b_D=b_A<3$）时，频谱效率得到了快速的提升；当 ADC/DAC 量化位数进一步增大（$b_D=b_A \geqslant 3$）时，频谱效率上升趋势减缓并逐渐到达理论上限值，这与式（7.23）的理论分析结果完全一致。同时，可以发

现，与图 7.2 至图 7.4 结论一致，随着接收/发射机硬件损耗数值的增加，频谱效率出现严重的损失。此外，当用户数增加一倍后，系统的频谱效率得到了明显的提升，但是增加幅度并不是同等倍数的，这是由于随着用户数的增加，用户间干扰也随之增加，导致系统性能得不到同等倍数的提升。

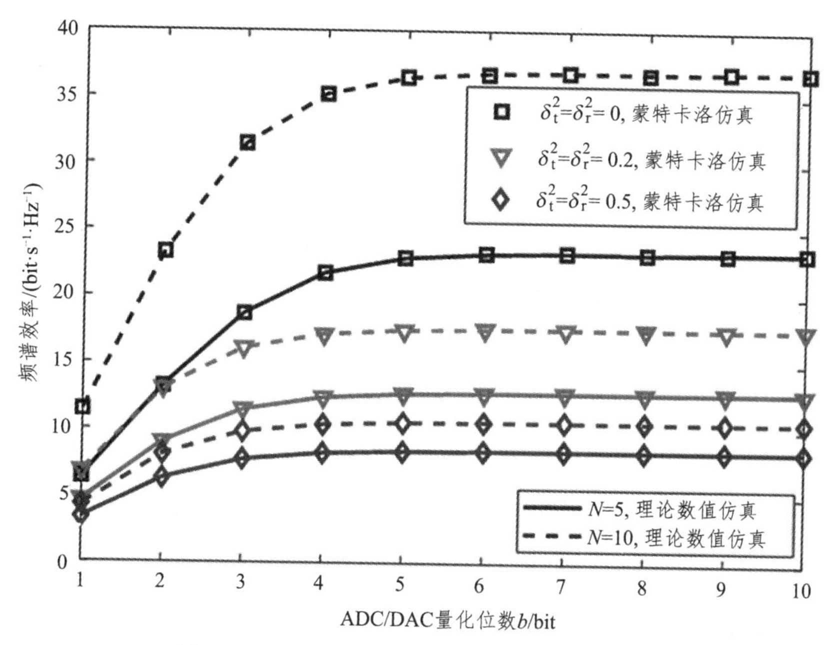

图 7.5　不同用户线数和硬件损耗水平下的
ADC/DAC 量化位数和频谱效率的关系

图 7.6 给出了不同 ADC/DAC 量化位数和基站天线数的情况下，接收/发射机硬件损耗水平和频谱效率之间的关系。仿真中固定设置用户数 $N=10$，基站信号发送功率 $p_b=10\,\text{dB}$。由图 7.6 可知，随着接收/发射机硬件损耗数值的增加，系统频谱效率曲线呈现非线性下降趋势，并且逐渐达到理论下限值。不难发现，在接收/发射机硬件损耗增加过程中，系统的频谱效率出现明显的下降，但是随着 ADC/DAC 量化精度的增加，系统的频谱效率能够得到适当的补偿，这意味着通过适当地提高 ADC/DAC 的量化精度可以弥补由于接收机与发射机硬件损耗引起的性能损失。此外，在基站天线数从 100 增加至 500 的过程中，系统频谱效率有略微的提升，但是效果不是很明显。

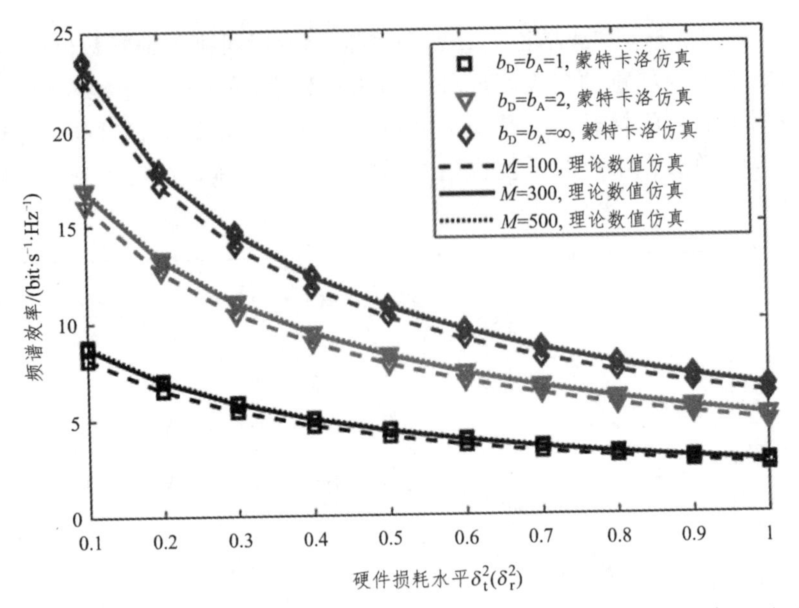

图 7.6　不同 ADC/DAC 精度和基站天线数下硬件损耗和频谱效率的关系

图 7.7 给出了不同接收/发射机硬件损耗水平和基站天线数的情况下，

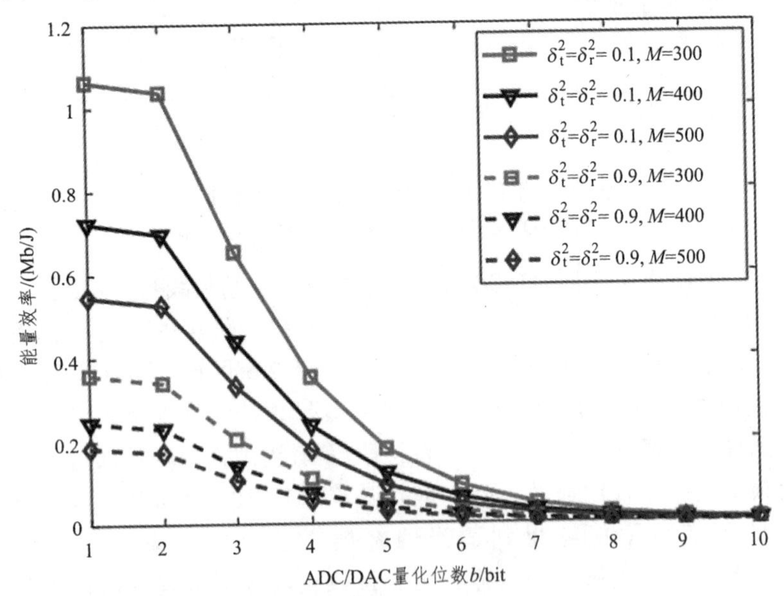

图 7.7　不同硬件损耗水平和基站天线数下
ADC/DAC 量化位数和频谱效率的关系

ADC/DAC 量化精度和频谱效率的关系。仿真中固定设置用户数 $N=10$，基站发送功率 $p_b=10$ dB。由图 7.7 可知，能量效率曲线是一个随着 ADC/DAC 量化位数增加而下降的减函数。这是由于随着 ADC/DAC 量化精度的增加，低精度 ADC/DAC 量化器的功耗将呈指数上升，此时系统的功耗将占据主导地位。此外，当基站天线从 300 增加至 500 时，这意味着系统射频链中 ADC/DAC 量化器会有同等倍数增加，那么系统的总功耗将急剧上升，因而导致能量效率出现大幅度的损失。此外，当 ADC/DAC 量化位数较小（$b_D=b_A<6$）时，随着接收/发射机硬件损耗数值增加（$\delta_t^2=\delta_r^2=0.1\to0.9$）时，系统的能量效率性能存在明显的损失。反之，则能量效率曲线几乎重合，这意味着使用相对较高精度 ADC/DAC 量化器时，无论接收/发射机硬件损耗水平为何值，对系统的能量效率几乎没有影响。

图 7.8 给出了不同基站天线数和接收/发射机硬件损耗水平的情况下，系统的总功率损耗与频谱效率之间的权衡关系。仿真中固定设置用户数 $N=10$，基站信号发送功率 $p_b=10$ dB，接收/发射机参数选取两组，包含理想硬件（$\delta_t^2=\delta_r^2=0$），非理想硬件（$\delta_t^2=\delta_r^2=0.2$）。由图 7.8 可知，随

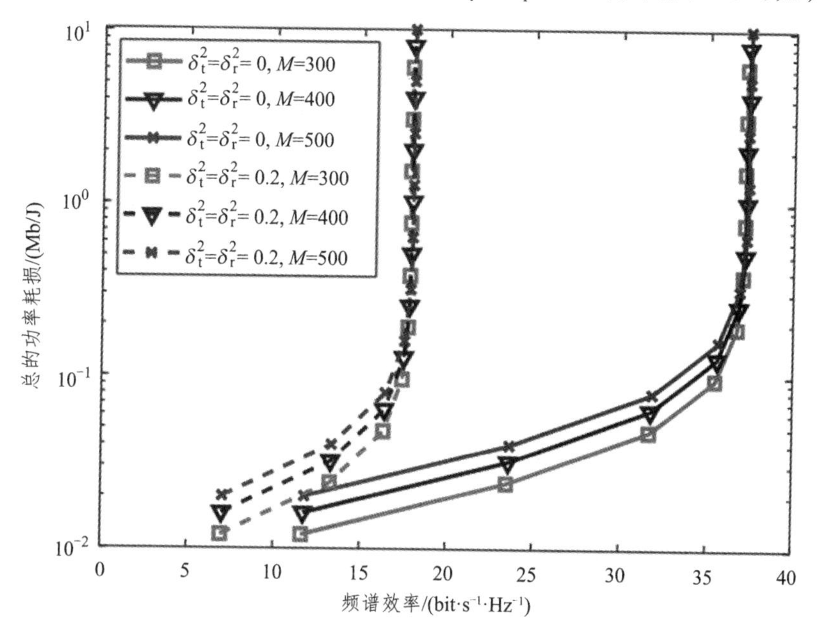

图 7.8 不同基站天线数和硬件损耗下总的功耗和频谱效率之间的权衡

着 ADC/DAC 量化精度的增加，频谱效率与系统的总功率损耗均呈上升趋势。在 ADC/DAC 量化精度较低（$b_D = b_A < 3$）时，频谱效率具有很好的性能。但是，随着 ADC/DAC 量化精度进一步提升，略微的提升频谱效率数值，将导致系统的总功率损耗呈指数级上升。另外，理想硬件下其所包含的可操作区域面积远大于非理想硬件下的系统，这意味着理想硬件下总功耗与频谱效率的折中曲线性能优于非理想硬件。此外，在 ADC/DAC 位数较低（$b_D = b_A < 6$）时，当基站部署的天线从 300 增加至 500 后，后者的系统功耗略微高于前者；反之，两者之间的系统功耗区别不大，这与图 7.8 的分析结果完全一致。

图 7.9 给出了不同基站天线数和接收/发射机硬件损耗的情况下，能量效率与频谱效率之间的权衡关系。仿真中参数设置同图 7.8。从图 7.9 可知，在低精度 ADC/DAC 量化精度较低（$b_D = b_A < 6$）时，系统频谱效率和能量效率具有很好的性能，其中频谱效率数值不断地增加，而能量效率几乎变化不大。但随着低精度 ADC/DAC 量化精度进一步提升，由于 ADC/DAC 量化器的功耗占主导作用，此时略微提升频谱效率的性能，将导致系统总功耗产生指数级别的上升，从而导致能量效率出现大

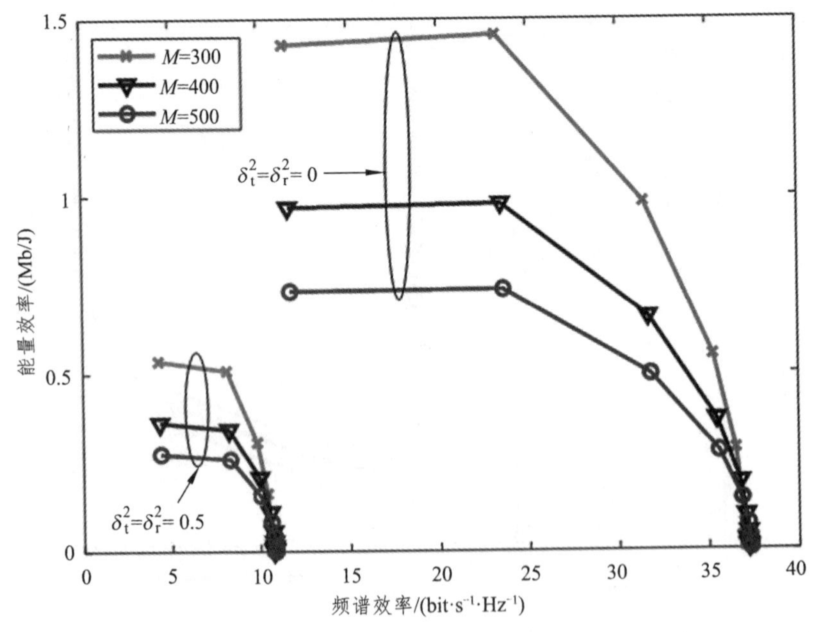

图 7.9　不同硬件损耗水平和基站天线数下能量效率和频谱效率之间的权衡

幅度的下降。对于理想硬件下的曲线其所包含的可操作区域面积明显大于非理想硬件，这意味着理想硬件下的系统性能优于非理想硬件下的系统，因此大规模系统中的硬件损耗问题不容忽视。此外，通过略微的降低能量效率，可以显著提高频谱效率性能，从而达到性能折中的目的。

7.3 本章小结

本章主要是分析非理想硬件场景下多用户大规模 MIMO 下行系统频谱效率和能量效率性能。在基站端部署低精度 DAC 发射机和用户端部署低精度 ADC 接收机，并采用 ZF 预编码算法处理信号，推导出频谱效率的近似表达式。基于此，构建系统功耗模型，并对能量效率进行仿真。仿真结果表明：通过适当地增加 ADC/DAC 精度和基站天线可以弥补硬件损耗和低精度量化带来的性能损失。此外，通过略微的降低能量效率，可以显著提高频谱效率性能。

第 8 章　轨道交通车地通信基于位置信息的越区切换技术

本章针对铁路环境下轨道交通车地通信中越区切换问题，提出了基于位置信息动态调整切换迟滞门限值的优化算法、基于位置信息的无缝切换优化算法以及基于模糊逻辑的切换优化算法，分别用于降低乒乓切换率、避免硬切换过程存在通信中断以及提高通信质量，为铁路的越区切换提供新思路。

8.1　基于位置信息的硬切换优化算法

8.1.1　基于位置信息的硬切换优化网络规划

1. 硬切换优化算法网络规划

本节主要针对移动终端在同一移动管理实体管理的不同基站之间的切换进行研究。在高铁场景下，若采用传统 LTE-R 无线网络架构，列车到达重叠带时，列车上移动用户设备集体触发越区切换，会出现切换信令交互激增的情况。为了避免信令激增引起信令风暴，出现信令堵塞，进而导致切换失败率增高的情况，在传统 LTE-R 无线网络架构中增加了车载中继站和接入点（Access Point，AP）。所提出的硬切换优化算法所采用的系统结构如图 8.1 所示。

车载中继站位于列车中间位置，在数据传输上具有“承上启下”的作用，作为传输中介将移动终端数据“化零为整”集体传输给基站，同时将基站发送的数据分散到各个移动用户设备上。将车载中继作为一个移动终端测量源 eNB 和目标 eNB 的信号强度，同时触发和执行越区切换，大大减少了信令开销，且能避免发生信令风暴。接入点由车载中继控制，用于收集用户数据，可支持各种制式网络接入[138]，如 WLAN、3G、LTE 等。

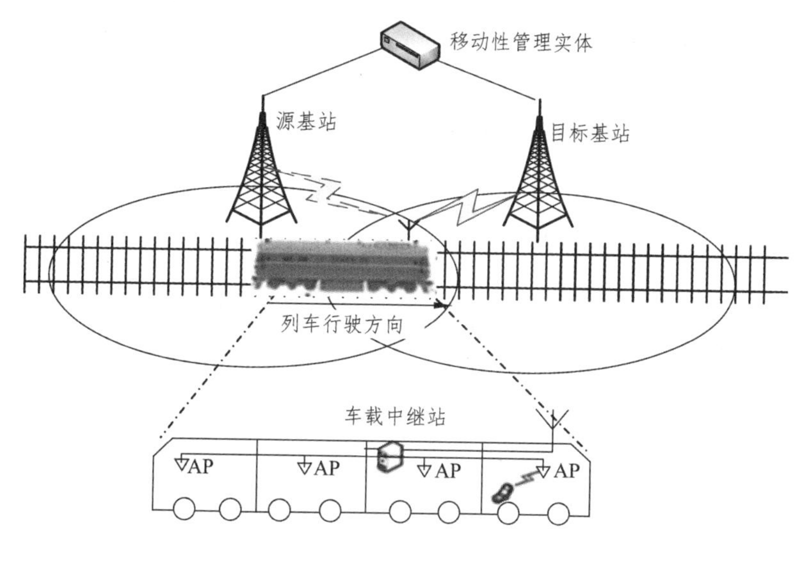

图 8.1　系统结构图

车内移动用户设备与基站直接通信时，基站发射的无线信号需要穿透高铁列车的合金车体损耗一定能量后，才能被移动用户设备接收。车载中继站作为一个移动终端与基站进行通信的另一个优势，就是无线信号不再需要穿透合金车体，可以有效避免穿透损耗。

2. 硬切换优化算法重叠带规划

相邻基站信号重叠覆盖的区域称为重叠带，相邻基站重叠带位置如图 8.2 所示，越区切换在重叠带内进行，合理规划重叠带的长度对切换具有至关重要的作用[139,140]。重叠带长度过大，会使相邻两个基站信号重复覆盖范围大，这会减小基站间距从而加剧高铁场景下切换频繁程度，还会增加建设成本并且造成资源浪费。另一方面，重叠带长度设置过小，可能造成高速移动的移动终端还未切换至目标 eNB 就已经驶离重叠带，导致切换失败，最后造成移动终端与源 eNB 通信链路连接失败。

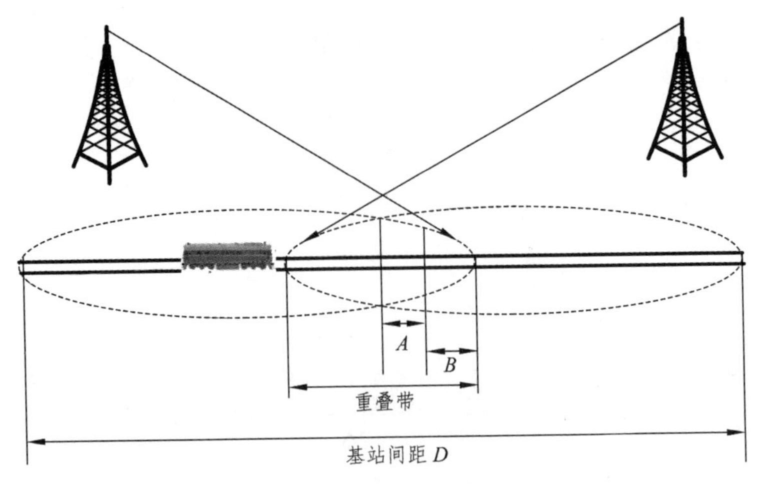

图 8.2　重叠带示意图

高速铁路场景下，为使高速移动的移动终端能够成功完成切换过程，需要对重叠带长度进行合理的设计。重叠带长度规划基本原则根据列车最高速度进行规划，其长度要能使终端以最高速度行驶时可以在此区域至少完成两次切换操作[141]，即可以使移动终端在一次切换失败时完成第二次切换操作。重叠带长度 L 可以表示为

$$L = 2\times(L_{\text{hys}} + 2\times L_{\text{exe}}) \tag{8.1}$$

其中，L_{hys} 为满足切换条件所需要的距离 A，$2\times L_{\text{exe}}$ 是移动终端完成两次切换所需要的距离 B。

8.1.2　硬切换优化算法切换过程

高速列车在行驶过程中移动终端频繁与轨旁基站进行切换，传统切换算法使用固定切换参数，提高切换成功率的同时伴随乒乓切换率升高的问题。本节提出基于位置信息的硬切换优化算法，其切换参数根据终端位于重叠带的不同位置而进行动态调整。切换优化算法划分为以下过程：切换测量、切换参数确定、切换判决和切换执行。切换测量过程移动终端完成对源 eNB 和目标 eNB 信号周期测量，切换参数确认过程是根据移动终端位置确认切换参数值，切换判决过程根据测量报告判决是否触发切换，切换执行过程进行从源 eNB 切换至目标 eNB 的一系列信令交

互。硬切换优化算法流程如图 8.3 所示。

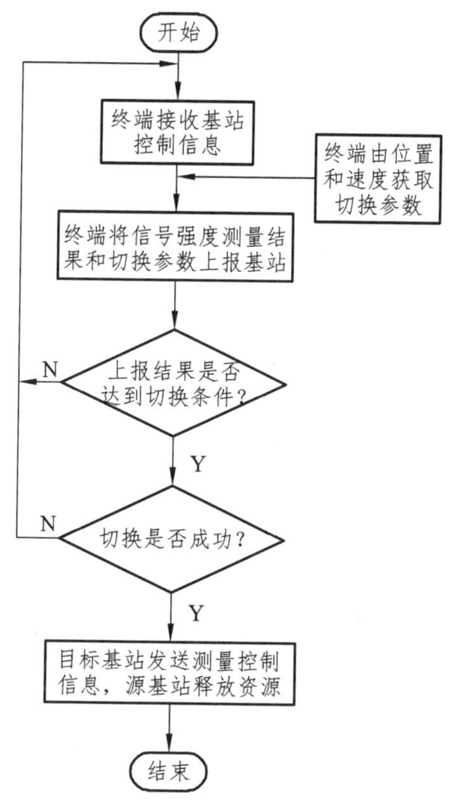

图 8.3　硬切换优化算法流程图

1. 信号测量过程

越区切换控制主体不同，执行信号测量过程的主体也要进行相应的调整。移动台控制的越区切换是以移动台为主导，由移动台监测到源 eNB 和目标 eNB 信号强度。当移动台测量到信号满足切换要求时，由移动台向目标 eNB 发送越区切换请求，然而移动台控制方式有容易引起切换冲突的弊端。网络控制的越区切换是由基站监测移动台的接收信号强度，当测量结果低于某个门限值后，网络侧开始进行越区切换操作。网络控制越区切换的缺点是用时较长。移动台辅助的越区切换是由移动台测量基站信号强度，然后将测量结果上报基站，由基站判决是否进行切换操作。相比较下，移动台控制的切换和网络控制的切换都不适合在高速移动场景下应用，而移动台辅助的方式具有切换时间短的优势，因此被广泛引用。

本节采用移动台辅助越区切换的方式，切换测量过程由移动终端对源 eNB 和目标 eNB 的信号强度进行测量并上报基站，切换判决过程由基站根据移动终端上报的测量结果进行切换判决，切换执行由移动终端和基站共同完成。测量过程流程如图 8.4 所示。

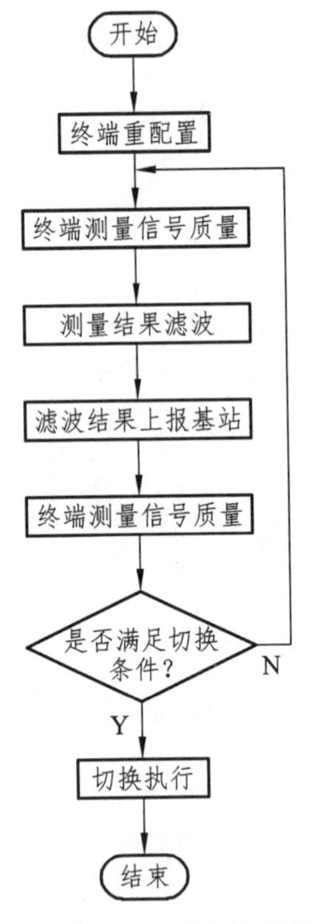

图 8.4　测量过程流程图

高速环境下受信道突变影响，移动终端测量到的源 eNB 和目标 eNB 信号强度为瞬时值，需要经过滤波处理后，才能正确反映移动终端与基站之间的无线信道状况[142]。在 t 时刻时，移动终端与源 eNB 的直线距离为 x，移动终端测量到的源 eNB 信号强度可以表示为

$$P_{\mathrm{s}}(d)=P-P_{\mathrm{L}}(d)+\theta_1+\theta_2+\theta_3 \tag{8.2}$$

其中，P 为源 eNB 发射功率；$P_L(d)$ 为终端路径损耗值；$d=\sqrt{x^2+d_s^2}$ 为移动终端距离基站的直线距离，d_s 为基站与铁轨的垂直距离；θ_1 为阴影衰落影响；θ_2 为快衰落对信号的影响；θ_3 为高斯噪声。

基站发射功率相同时，可得到移动终端位于 x 位置时测量到目标 eNB 信号强度为

$$P_s(d)=P-P_L(d_1)+\theta_1+\theta_2+\theta_3 \tag{8.3}$$

其中，移动终端在 x 位置时，距离目标 eNB 的距离为 d_1，则

$$d_1=\sqrt{(D-x)^2+{d_s}^2} \tag{8.4}$$

其中，D 为相邻基站间隔。

移动终端测量的瞬时值经过滤波，去除对最后结果没有影响的快衰落和高斯噪声后，终端测量源 eNB 信号强度可以表示为

$$R_s(d)=c_0-10\gamma\lg d+\varphi \tag{8.5}$$

其中，c_0 为常数；γ 为路径损耗系数；φ 表示均值为 0，标准差为 σ 的对数高斯阴影衰落。

同理，移动终端测量到目标 eNB 信号强度可以表示为

$$R_t(d)=c_0-10\gamma\lg d_L+\varphi \tag{8.6}$$

2. 切换判决过程和切换参数确定过程

传统硬切换算法基于 A3 事件触发切换，触发切换参数固定，可以满足低速运动时通信需求。而在高速铁路场景下，传统硬切换算法切换成功率较低，无法满足现行高速铁路无线通信系统服务质量要求。本节提出基于位置信息的硬切换优化算法，其切换条件中的迟滞门限值根据移动终端在重叠带的位置不同而动态调整，使切换发生在适当的时机。

如图 8.5 所示，相邻两个基站之间重叠带定义为 AB，将重叠带 AB 划分为 AC 和 BC 两段，其中 C 为重叠带中点。当终端位于 AC 段时，因为移动终端与源 eNB 之间的距离更近，根据无线信号传播特性，移动终端接收源 eNB 信号强度优于目标 eNB。传统切换算法中使用固定切换迟滞门限值，若切换迟滞门限值设置较小时，根据 A3 事件触发规律，移动终端在 AC 段触发切换的概率变高，此时过早切换发生概率高，同时切换

至目标 eNB 后再次触发切换的概率也会升高；反之，当切换迟滞门限值较大时，移动终端在 CB 段触发切换的难度增大，若移动终端在驶离重叠带位置时还未切换至目标 eNB，最后可能会因为距离源 eNB 距离较远导致通信连接失败。

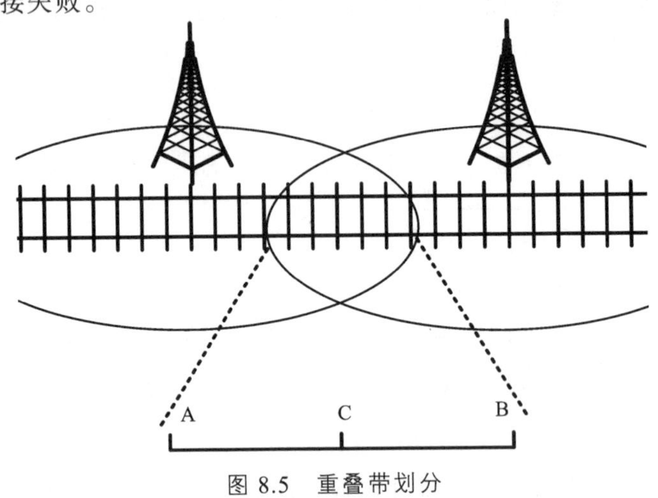

图 8.5　重叠带划分

在铁路场景下，根据列车控制系统和 GPS 可以实时获取列车位置。当列车以速度 v 行驶至位置 x 时，基于位置信息的硬切换优化算法中切换迟滞门限值可以表示为

$$Hys(x) = f(x)hys \tag{8.7}$$

其中，hys 为常数，单位为 dB，表示根据传统切换算法选择的预设切换迟滞门限值；$f(x)$ 表示以移动终端位置 x 为自变量的预设切换迟滞门限值的调整函数。

通过对移动终端位置与切换迟滞门限值对通信质量的影响分析后，可发现在 AC 段设置较大的切换迟滞门限值，可以保持终端与源 eNB 连接，在 CB 段时使用较小切换迟滞门限值，可使终端尽快切换至目标 eNB。针对这一点，本节提出基于位置信息的切换优化算法，使得移动终端与源 eNB 之间的距离和切换迟滞门限值应呈反比例关系，即当终端位于 A 点时，切换迟滞门限取得最大值，此时 $f(x) > 1$，在移动终端驶过 B 点时，切换迟滞门限值取最小值，$f(x) < 1$。

传统切换算法是基于 A3 事件进行切换判决，其触发条件是在迟滞时间内目标 eNB 信号和源 eNB 信号强度满足

$$R_t(x)-R_s(x)\geqslant hys \tag{8.8}$$

其中，$R_t(x)$ 为移动终端位于 x 位置时接收到目标 eNB 信号强度；$R_s(x)$ 为移动终端位于 x 位置时接收到源 eNB 信号强度；hys 为常数，是基于 A3 事件的传统切换算法使用的预设切换迟滞门限值。

同理，本节提出的基于位置信息的硬切换优化算法的触发条件为在切换迟滞时间内，移动终端接收到目标 eNB 信号强度和源 eNB 信号强度应满足

$$R_t(x)-R_s(x)\geqslant f(x)hys \tag{8.9}$$

移动终端位于 x 位置时，接收的目标 eNB 信号强度比源 eNB 信号强度高，预设迟滞门限值的概率为

$$P_{\text{tra1}}(x)=P[R_t(x)-R_s(x)\geqslant hys] \tag{8.10}$$

经过切换迟滞时间后，目标 eNB 信号强度与源 eNB 信号强度仍然满足式（8.10），即概率如式（8.11）。

$$P_{\text{tra2}}(x+vt_T)=P[R_t(x+vt_T)-R_s(x+vt_T)\geqslant hys] \tag{8.11}$$

其中，t_T 为切换迟滞时间。

由式（8.10）和式（8.11），可得传统切换算法切换触发概率为

$$\begin{aligned}P_{\text{tra}}(x)&=P_{\text{tra1}}(x)P_{\text{tra2}}(x+vt_T)\\&=P\left[10\gamma\lg\frac{d_s(x)}{d_t(x)}+\varphi_{ij}\geqslant hys\right]P\left[10\gamma\lg\frac{d_s(x+vt_T)}{d_t(x+vt_T)}+\varphi_{ij}\geqslant hys\right]\\&=Q\left\{\left[hys-10\gamma\lg\frac{d_s(x)}{d_t(x)}\right]/\sigma_{ij}\right\}Q\left\{\left[hys-10\gamma\lg\frac{d_s(x+vt_T)}{d_t(x+vt_T)}\right]/\sigma_{ij}\right\}\end{aligned} \tag{8.12}$$

其中，$d_s(x)$、$d_t(x)$ 分别为终端位于 x 位置时距离源 eNB 和目标 eNB 的距离；φ_{ij} 为均值为 0，标准差为 $\sigma_{ij}=\sqrt{\sigma_i^2+\sigma_j^2}$ 的对数高斯阴影衰落，其中 σ_i、σ_j 分别为源 eNB 和目标 eNB 信号阴影衰落标准差。

同理，基于位置信息的硬切换优化算法切换触发概率为

$$\begin{aligned}P_{\text{pro}}(x)&=P_{\text{pro1}}(x)P_{\text{pro2}}(x+vt_T)\\&=P\left[10\gamma\lg\frac{d_s(x)}{d_t(x)}+\varphi_{ij}\geqslant Hys(x)\right]P\left[10\gamma\lg\frac{d_s(x+vt_T)}{d_t(x+vt_T)}+\varphi_{ij}\geqslant Hys(x+vt_T)\right]\end{aligned}$$

$$=Q\left\{\left[f(x)hys-10\gamma\lg\frac{d_s(x)}{d_t(x)}\right]/\sigma_{ij}\right\}Q\left\{\left[f(x+vt_T)hys-10\gamma\lg\frac{d_s(x+vt_T)}{d_t(x+vt_T)}\right]/\sigma_{ij}\right\}$$

（8.13）

比较传统切换算法和优化算法，切换触发概率都与终端位置有关。根据式（8.12），传统硬切换算法中，当移动终端所处位置较靠近源 eNB，当切换迟滞门限值若设置较大时，切换触发概率较低；相反，当切换迟滞门限值较小时，切换触发难度降低，触发率高。设定位置 x_0，在优化算法中，当 $x > x_0$ 使得 $f(x) < 1$，此时 $Hys(x) < hys$，即当终端驶过 x_0 位置后，优化切换算法使用比传统切换算法小的切换迟滞门限值。比较式（8.13）和式（8.12）可以发现，若 $x > x_0$，理论上 $P_{pro}(x) > P_{tra}(x)$。在 $x > x_0$ 时，优化切换算法切换触发概率是大于传统切换算法的，切换触发率得到有效提高，能够避免移动终端驶离重叠带还未切换至目标 eNB 的情况发生。反之，当 $x < x_0$ 使得 $f(x) > 1$，此时 $Hys(x) > hys$，优化算法切换触发率低于传统切换算法，可以有效降低过早切换发生概率。

3. 切换执行过程

基站根据移动终端上报的测量结果进行切换判决，满足触发切换条件后，系统开始切换执行过程。切换执行成功的条件是在切换执行时间内，移动终端接收目标 eNB 信号强度要大于满足通信的最小阈值。当移动终端在位置 x 时触发切换，切换执行成功概率可以表示为

$$P_{exe}(x)=\frac{1}{vt_{exe}}\int_{x}^{x+vt_{exe}}P(R_t(x)\geqslant T)\mathrm{d}x \tag{8.14}$$

其中，t_{exe} 为切换执行时间；v 为终端运行速度；T 为满足通信的最小阈值；$R_t(x)$ 为终端在 x 位置接收到目标 eNB 信号强度。

由式（8.14）可以看出，列车速度、位置对切换执行成功率影响较大。当其他参数固定时，切换执行成功率与位置有关，终端执行切换的位置距离目标 eNB 越近，切换执行成功率越高。

8.1.3 硬切换优化算法性能分析

1. 切换成功概率

高速场景下，移动终端快速穿越基站覆盖小区，频繁发生切换，硬

切换失败将会产生通信延时，严重影响用户通信的质量[143]。移动终端测量的源 eNB 和目标 eNB 信号强度满足切换触发条件后，移动终端成功从源 eNB 至目标 eNB，则切换操作成功。因此切换成功率与切换触发率和切换执行成功率有密切关系。传统切换算法中，切换成功率可以表示为

$$P_{\mathrm{suc\_tra}}(x)=P_{\mathrm{tra}}(x)P_{\mathrm{exe}}(x+vt_{\mathrm{T}}) \tag{8.15}$$

将式（8.12）和式（8.14）代入式（8.15），可得传统硬切换算法切换成功率为

$$\begin{aligned}P_{\mathrm{suc\_tra}}(x)&=P_{\mathrm{tra1}}(x)P_{\mathrm{tra2}}(x+vt_{\mathrm{T}})P_{\mathrm{exe}}(x+vt_{\mathrm{T}})\\&=P_{\mathrm{exe}}(x+vt_{\mathrm{T}})Q\left\{\left[hys-10\gamma\lg\frac{d_{\mathrm{s}}(x)}{d_{\mathrm{t}}(x)}\right]/\sigma_{ij}\right\}\cdot\\&\quad Q\left\{\left[hys-10\gamma\lg\frac{d_{\mathrm{s}}(x+vt_{\mathrm{T}})}{d_{\mathrm{t}}(x+vt_{\mathrm{T}})}\right]/\sigma_{ij}\right\}\end{aligned} \tag{8.16}$$

同理，优化切换算法切换成功率为

$$\begin{aligned}P_{\mathrm{suc\_pro}}(x)&=P_{\mathrm{pro1}}(x)P_{\mathrm{pro2}}(x+vt_{\mathrm{T}})P_{\mathrm{exe}}(x+vt_{\mathrm{T}})\\&=P_{\mathrm{exe}}(x+vt_{\mathrm{T}})Q\left\{\left[f(x)hys-10\gamma\lg\frac{d_{\mathrm{s}}(x)}{d_{\mathrm{t}}(x)}\right]/\sigma_{ij}\right\}\cdot\\&\quad Q\left\{\left[f(x+vt_{\mathrm{T}})hys-10\gamma\lg\frac{d_{\mathrm{s}}(x+vt_{\mathrm{T}})}{d_{\mathrm{t}}(x+vt_{\mathrm{T}})}\right]/\sigma_{ij}\right\}\end{aligned} \tag{8.17}$$

由式（8.16）和式（8.17）可以看出，当其他参数确定时，切换成功率与切换迟滞门限值有关。理论上，在同一位置时，移动终端接收目标 eNB 通信信号不变，切换迟滞门限值减小，切换成功率相应提高；反之，当切换迟滞门限值增大时，切换成功率减小。传统切换算法中使用固定的切换迟滞门限值，当切换迟滞门限值设置较大时，切换触发率低，造成切换成功率较小。在优化切换算法中，将切换迟滞门限值与终端位置进行关联。终端越靠近目标 eNB，终端接收的信号强度越好，切换优化算法将切换迟滞门限值降低，提高切换触发率的同时提高切换成功率。

2. 乒乓切换触发概率

由于信道的剧烈波动，终端在穿越重叠带时常发生乒乓切换现象。

所谓乒乓切换是指终端相邻两个基站之间来回进行切换，即终端成功切换至目标 eNB 后，短时间内再次触发切换，然后切换回源 eNB 的情况[144]。在硬切换方式下，切换会导致通信中断，发生乒乓切换会切换次数增加，不仅使通信中断增加，严重影响移动终端通信质量，而且会造成信令资源浪费。乒乓切换属于无效切换，对切换而言不利于性能提高，因此切换算法中要实现乒乓切换触发率最小化[145]。使用传统切换算法，移动终端通过切换操作，成功建立与目标 eNB 链接后，在迟滞时间内移动终端测量到的信号强度满足式（8.18），乒乓切换就会被触发。

$$R_{\mathrm{s}}(x)-R_{\mathrm{t}}(x)>hys \tag{8.18}$$

类比传统切换算法移动终端从源 eNB 切换至目标 eNB 的切换触发概率，乒乓切换触发率可以表示为

$$\begin{aligned}P_{\mathrm{tra\_pp}}(x)&=P_{\mathrm{tra1\_pp}}(x)P_{\mathrm{tra2\_pp}}(x)\\&=P\left[10\gamma\lg\frac{d_{\mathrm{t}}(x)}{d_{\mathrm{s}}(x)}+\varphi_{ij}\geqslant hys\right]P(10\gamma\lg\frac{d_{\mathrm{t}}(x+vt_{\mathrm{T}})}{d_{\mathrm{s}}(x+vt_{\mathrm{T}})}+\varphi_{ij}\geqslant hys)\\&=Q\left\{\left[hys-10\gamma\lg\frac{d_{\mathrm{t}}(x)}{d_{\mathrm{s}}(x)}\right]/\sigma_{ij}\right\}Q\left\{\left[hys-10\gamma\lg\frac{d_{\mathrm{t}}(x+vt_{\mathrm{T}})}{d_{\mathrm{s}}(x+vt_{\mathrm{T}})}\right]/\sigma_{ij}\right\}\end{aligned} \tag{8.19}$$

本节提出的基于位置信息的硬切换优化算法，其切换迟滞门限值根据位置动态调整。在移动终端切换至目标 eNB 后，其乒乓切换被触发的条件是在迟滞时间内满足

$$R_{\mathrm{s}}(x)-R_{\mathrm{t}}(x)>f(x)hys \tag{8.20}$$

类比传统切换算法乒乓切换触发概率，使用基于位置信息的硬切换优化算法时，乒乓切换触发率可以表示为

$$\begin{aligned}P_{\mathrm{pro\_pp}}(x)&=P_{\mathrm{pro\_pp}}(x)P_{\mathrm{pro\_pp}}(x+vt_{\mathrm{T}})\\&=P\left[10\gamma\lg\frac{d_{\mathrm{t}}(x)}{d_{\mathrm{s}}(x)}+\varphi_{ij}\geqslant f(x)hys\right]P\left[10\gamma\lg\frac{d_{\mathrm{t}}(x+vt_{\mathrm{T}})}{d_{\mathrm{s}}(x+vt_{\mathrm{T}})}+\varphi_{ij}\geqslant f(x)hys\right]\\&=Q\left\{\left[f(x)hys-10\gamma\lg\frac{d_{\mathrm{t}}(x)}{d_{\mathrm{s}}(x)}\right]/\sigma_{ij}\right\}Q\left\{\left[f(x)hys-10\gamma\lg\frac{d_{\mathrm{t}}(x+vt_{\mathrm{T}})}{d_{\mathrm{s}}(x+vt_{\mathrm{T}})}\right]/\sigma_{ij}\right\}\end{aligned} \tag{8.21}$$

当终端位置 $x>x_0$，基于位置信息的优化切换算法使用比传统切换算

法大的切换迟滞门限值，即 $hys < f(x)hys$ 。比较式（8.19）和式（8.21），可以看出 $hys < f(x)hys$ 时，基于位置信息的优化切换算法乒乓切换触发率略低于传统切换算法。

通过以上分析，高速场景下，切换迟滞对切换成功率和乒乓切换触发率有很大的影响，合理设置切换条件可以提高切换成功率和降低乒乓切换触发率。本节在 Matlab 平台进行仿真，仿真参数如表 8.1 所示。

表 8.1　仿真参数表

参数描述	参数值	参数描述	参数值
带宽/MHz	20	切换执行时间/ms	100
载频/GHz	2	阴影衰落标准差/dB	4
基站发射功率/dBm	86	基站高度/m	30
热噪声/(dBm/Hz)	− 145	基站铁轨距离/m	100
小区半径/m	1500	最小通信阈值/dBm	− 58
重叠带长度/m	400	预设迟滞余量/dB	4
路径损耗模型/dB	$PL = 31.5+35\lg(x)$		

移动终端位于 AC 段距离源 eNB 较近时终端接收到源 eNB 信号强度相对较好，使用较大的切换迟滞门限值可以降低切换触发概率，同时使切换后乒乓切换触发概率也较低；反之，当终端距离目标 eNB 较近时，使用较大的切换迟滞门限值，可能造成终端驶离重叠带还未切换至目标 eNB。另一方面，终端靠近目标 eNB 时，接收到目标 eNB 信号强度好，切换执行成功率高，因此终端位于 CB 段时适合降低切换迟滞门限值，增加切换触发概率。通过前面理论分析，切换迟滞门限值与终端位置建立减函数关系时，可以满足提高切换成功率和降低乒乓切换率的要求。本节提出的基于位置信息的切换优化算法中，切换迟滞门限调整函数 $f(x)$ 是位置 x 的减函数，且 $f(x)$ 应满足

$$\begin{cases} f(x_{\mathrm{A}}) > 1 \\ f(x_{\mathrm{B}}) < 1 \end{cases} \tag{8.22}$$

其中，x_{A}、x_{B} 分别为终端进入和离开重叠带的位置。

为了使仿真结果具有代表性，本章选取 $f(x_{\mathrm{A}}) - f(x_{\mathrm{B}}) = 1$，即令所提

算法在重叠带内使用的最大的切换迟滞门限值与最小值的差不超过预设切换迟滞门限值。假设，存在某一位置 x_c，使得 $f(x_c)=1$，此时基于位置信息的硬切换优化算法的切换迟滞门限等于速度优化算法。仿真选取 3 个满足上述条件的函数，即

$$\begin{cases} f_1(x) = -2.5(x-1\,300)/1\,000+1 \\ f_2(x) = -2.5(x-1\,365)/1\,000+1 \\ f_3(x) = -2.5(x-1\,430)/1\,000+1 \end{cases} \tag{8.23}$$

列车速度为 350 km/h 时，速度优化算法、传统 A3 切换算法和基于位置信息的硬切换优化算法三种切换算法终端位置与切换迟滞门限值关系图如图 8.6 所示。速度优化算法根据终端速度不同选择切换迟滞门限值，本仿真中速度为 350 km/h 时，选择的切换迟滞门限值为 4 dB，如图中曲线 1；传统 A3 算法使用固定的切换迟滞门限值，本节仿真中使用的门限值为 4 dB，如图中曲线 2。曲线 1 和曲线 2 重合并与横坐标轴平行，速度优化算法和传统 A3 切换算法的切换难度不会随终端移动而改变；曲线 3、曲线 4 和曲线 5 为取不同 x_c 时，基于位置信息的硬切换优化算法的切换迟滞门限值与终端位置函数关系曲线。

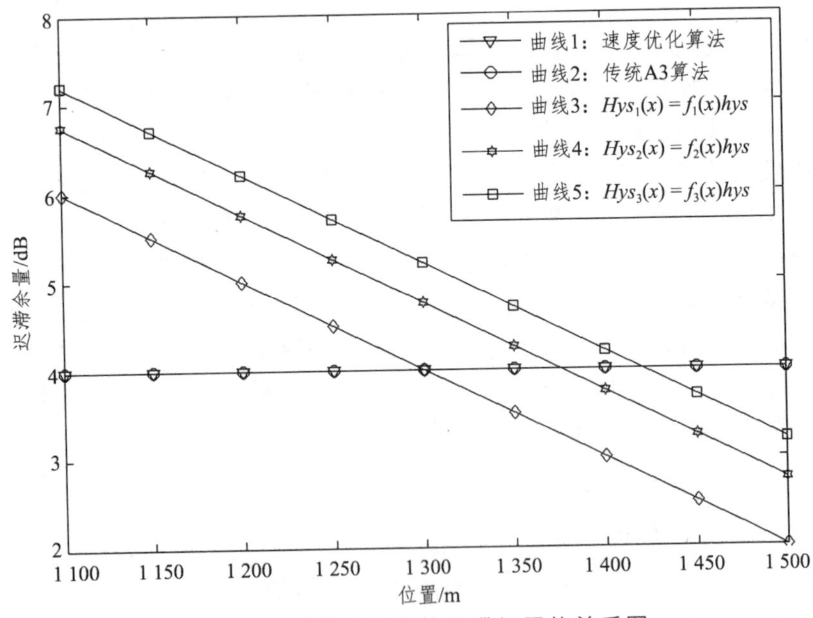

图 8.6　终端位置与切换迟滞门限值关系图

以曲线 3 为例，对所提出的基于位置信息的优化算法切换迟滞门限值与另外两种算法的区别，进行说明。曲线 3 切换迟滞门限调整函数为 $f_1(x)=-2.5(x-1\,300)/1\,000+1$，即当 $x_c=1\,300$ 时，$f(x_c)=1$，由图 8.6 可看出当 $x=1\,300$ 时，曲线 1、曲线 2 和曲线 3 相交，此时三种切换算法的切换迟滞门限值大小相等；当 $x<1\,300$ 时，基于位置信息的硬切换优化算法为了降低乒乓切换触发率而增加切换难度，其迟滞门限值高于另外两种切换算法，即 $Hys_1(x)>hys$；反之，当 $x>1\,300$ 时，基于位置信息的硬切换优化算法为防止发生过晚切换而降低切换难度，其迟滞门限值低于另外两种切换算法，即 $Hys_1(x)<hys$。

基于 A3 切换算法中切换条件：切换迟滞门限值、迟滞时间。不同的切换迟滞门限值和迟滞时间组合可以调整切换难度。所提出的硬切换优化算法的迟滞时间根据速度优化算法进行取值，取值大小可以保证终端可以在重叠带内完成两次切换操作。切换迟滞时间取值为

$$t_T=\begin{cases}400, & 0<v<120\\ 160, & 120\leqslant v\leqslant 250\\ 100, & v<250\end{cases} \tag{8.24}$$

其中，速度 v 单位为 km/h，迟滞时间 t_T 单位为 ms。

图 8.7 为移动终端速度 $v=350\,\text{km/h}$、迟滞时间为 120 ms 时，不同切换算法下，移动终端在重叠带内的切换触发率。其中曲线 1 和曲线 2 分别为使用速度优化算法和传统 A3 切换算法时的触发率，曲线 3、曲线 4 和曲线 5 是本节提出的基于位置信息的硬切换优化算法使用不同切换迟滞调节函数时的切换触发率。图 8.7 中，横坐标数值变大，表示移动终端与源 eNB 距离越来越大。随着移动终端远离源 eNB，三种算法切换触发率均呈上升趋势。

以曲线 3 为例，对所提出的基于位置信息的优化算法与另外两种算法的不同点进行说明。曲线 3 的切换迟滞门限调整函数为 $f_1(x)=-2.5(x-1\,300)/1\,000+1$，即当 $x_c=1\,300$ 时，$f(x_c)=1$，曲线 1、曲线 2 和曲线 3 相交，此时基于位置信息的硬切换优化的切换触发条件与速度优化算法相同。当 $x<1\,300$ 时，对应图 8.6 可以看出基于位置信息的硬切换优化算法曲线 3 的迟滞门限值高于另外两种切换算法，理论分析本节所提出的优化算法的切换触发率低于另外两种切换算法，由切换触发率仿真图 8.7 可以看出基于位置信息的硬切换算法切换触发率低于另外两

种切换算法。当 $x>1\,300$ 时，所提出的优化切换算法的切换难度低于另外两种切换算法，在图 8.7 中，其切换触发率高于传统切换算法和速度优化算法。

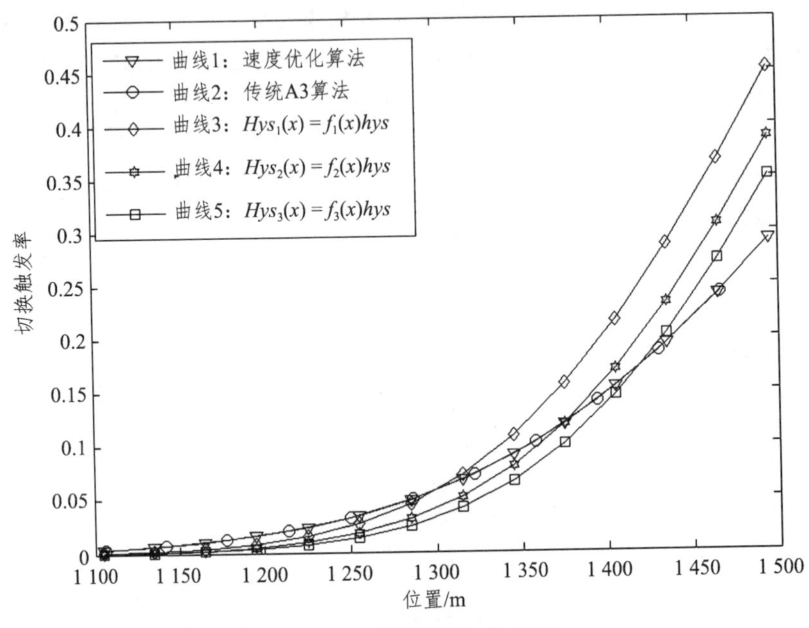

图 8.7　切换触发率仿真图

图 8.8 为移动终端以不同速度行驶时，三种切换算法的切换成功率仿真图，从图中可以看出，切换成功率随着移动终端速度加快而降低。传统 A3 切换算法使用固定的切换迟滞门限值和迟滞时间，当终端速度较快时，曲线 2 的切换成功率迅速降低。高速列车运行速度较快，采用传统 A3 切换算法会使切换成功率降低，进而会严重影响移动终端的通信质量。速度优化算法是基于终端速度动态调整切换条件，有效改善了高速移动场景下用户的通信质量。速度优化算法使用的切换迟滞门限值固定，而迟滞时间随速度的加快而减小。

本节基于终端在不同位置触发切换时，由于接收到源 eNB 和目标 eNB 信号的不同，从而导致切换成功率和乒乓切换触发率的不同，提出了基于位置信息动态调整切换迟滞门限值的切换优化算法。图 8.8 中曲线 3、曲线 4 和曲线 5 分别为使用不同切换迟滞调整函数时的切换成功率。由图 8.8 可以看出，当使用切换迟滞门限调整函数

$f_1(x)=-2.5(x-1\ 300)/1\ 000+1$ 和 $f_2(x)=-2.5(x-1\ 365)/1\ 000+1$ 来描述切换迟滞与终端位置时，终端切换成功率高于速度优化算法。结合图 8.7 可以看出，基于位置信息的硬切换优化算法迟滞门限值曲线与速度优化算法切换迟滞门限曲线交点的横坐标越小，前者小于后者部分越多，说明所提出的基于位置信息的切换算法的切换难度低于速度优化算法的部分越多，切换成功率提高越多；反之，交点横坐标越大，基于位置信息的切换算法切换难度越大，切换成功率会低于速度优化算法，如图 8.8 中曲线 5 的切换成功率。

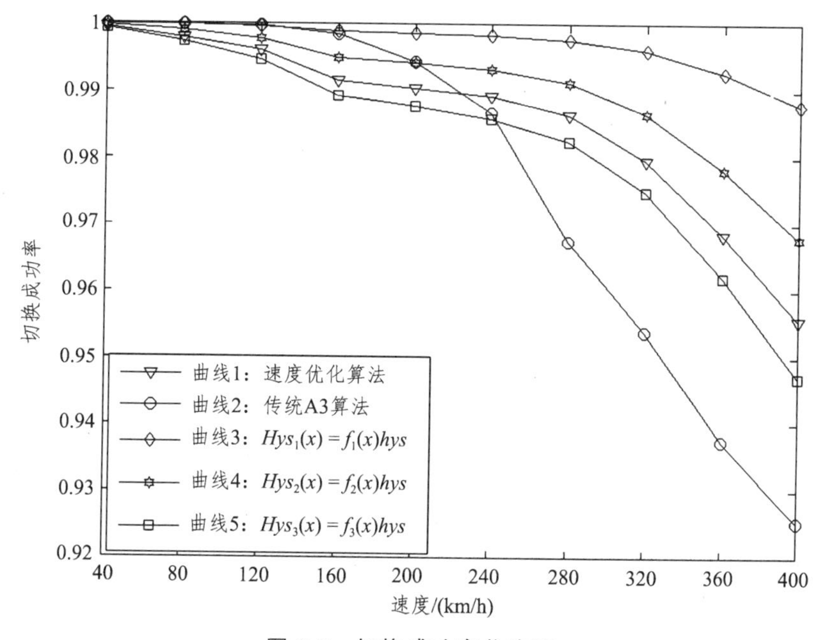

图 8.8　切换成功率仿真图

图 8.9 为速度优化算法、传统 A3 切换算法和基于位置信息的硬切换优化算法乒乓切换触发率在不同运行速度下的仿真图。移动终端低速运动时，在重叠带内运行时间延长，过早切换至目标 eNB 可能会触发乒乓切换，最后发生在相邻基站反复进行多次切换的情况。传统 A3 切换算法使用固定的切换算法，考虑高速时的切换成功率，设置的切换难度低，则切换后乒乓切换触发率较高，如图 8.9 中曲线 2 所示。速度优化算法中基于速度选择切换参数，在终端低速移动时使用较大的切换参数，有效降低乒乓切换触发率，如图 8.9 中的曲线 1。结合仿真图 8.9 和图 8.7，可

以看出当基于位置信息的硬切换优化算法切换迟滞门限值与速度优化算法迟滞门限值曲线交点越小，前者切换成功率比后者高的越多，乒乓切换触发概率也较高。

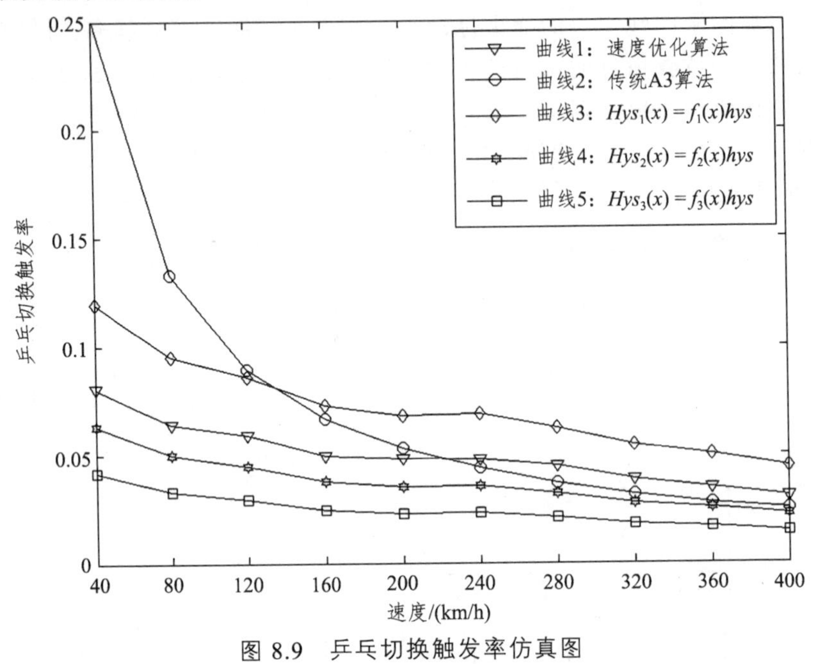

图 8.9　乒乓切换触发率仿真图

结合图 8.9 和图 8.7，当切换迟滞门限调整函数为 $f_2(x)=-2.5(x-1\ 365)/1\ 000+1$ 时，所提出的优化切换算法的切换成功率高于速度优化算法的同时，可以使乒乓切换触发率低于速度优化算法。当所提算法切换迟滞门限值进一步降低时，切换成功率升高，但是乒乓切换触发率会高于速度优化算法。

8.2　基于位置信息的无缝切换优化算法研究

8.2.1　基于位置信息的无缝切换算法网络规划

1. 无缝切换优化算法网络规划

本节利用双天线结构实现基于位置信息的无缝切换算法，两个收发天线分别安装于列车尾部和首部，两天线皆与车载中继相连[146]。同时，为了避免信令风暴和穿透损耗，由车载中继作为一个移动终端设备与基站进行通信。在列车每个车厢安装接入点，接入点收集车内用户上传数据后，发送至车载中继，由车载中继与基站进行通信。本节所提出的无缝切换算法网络架构如图 8.10 所示。

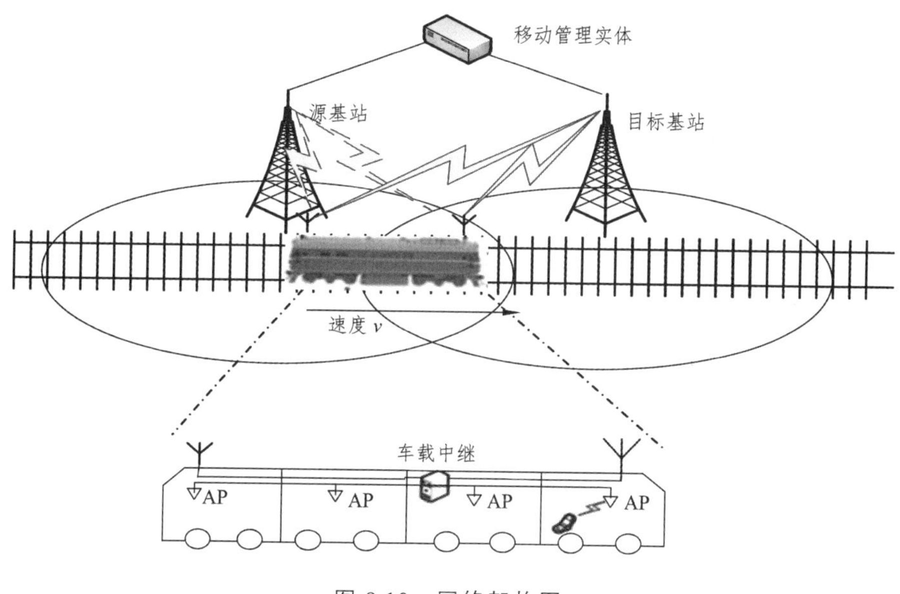

图 8.10　网络架构图

图 8.11 为基于位置信息的无缝切换优化算法切换过程示意图，在无特殊说明时，本节首部天线所在位置就是移动终端位置。当移动终端未到达重叠带时，由所在小区基站提供通信服务，如图 8.11（a）所示。当移动终端驶入重叠带时，列车首部天线根据基站发送的控制信息测量基站信号强度并上报基站，如图 8.11（b）所示。当列车首部天线测量到当前基站信号强度满足切换条件时，列车首部天线执行切换至目标 eNB 的过程，如图 8.11（c）所示。直到列车首部天线成功切换至目标 eNB 之前，列车尾部天线保持与源 eNB 的连接。列车首部天线成功切换至目标 eNB 后，列车尾部天线断开与源 eNB 连接，并将通信频率调至目标 eNB 频率，如图 8.11（d）所示。

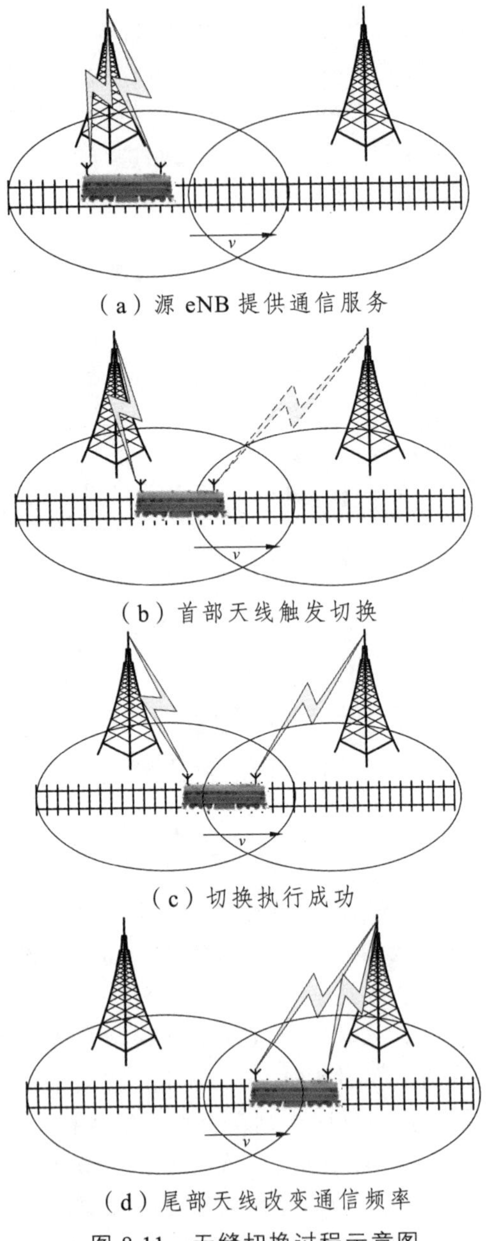

（a）源 eNB 提供通信服务

（b）首部天线触发切换

（c）切换执行成功

（d）尾部天线改变通信频率

图 8.11　无缝切换过程示意图

2. 无缝切换优化算法相关技术

高速场景下移动终端进行切换时，不仅要降低切换失败率和通信中断概率，而且要避免数据包丢失。目前针对切换过程数据包丢失问题存在两种解决方案：一种是数据转发，另一种是双播[78]。

数据转发方式在传统 LTE-R 系统切换方案中经常使用。这种方式中，数据网关将数据包发送给源 eNB 后，再由源 eNB 数据包转发给移动终端和目标 eNB。目标 eNB 还未为移动终端提供通信服务时，会丢弃接收到的数据包。数据转发方式网络通信延时主要包括两方面，一部分是数据网关与源 eNB 之间的延时，另一部分为源 eNB 到移动终端设备和目标 eNB 的网络延时。整个过程如图 8.12 所示。

图 8.12　数据转发过程

双播方式是数据网关同时发送数据包给源 eNB 和目标 eNB，双播示意图如图 8.13 所示。与数据转发方式相同，在未完成切换前，双播方式下目标 eNB 也会丢弃接收到的数据包。双播方式下，网络通信延时主要是数据网关至基站之间的延时，故与数据转发方式相比，双播方式从源 eNB 到目标 eNB 之间可以有效避免因为数据转发而产生的延时。在移动终端使用的视频、语音和在线娱乐等实时业务都需要尽可能短的网络延时，因此双播方式更能满足用户需求。为了降低时延，本节所提出的无缝切换优化算法选用双播方式。

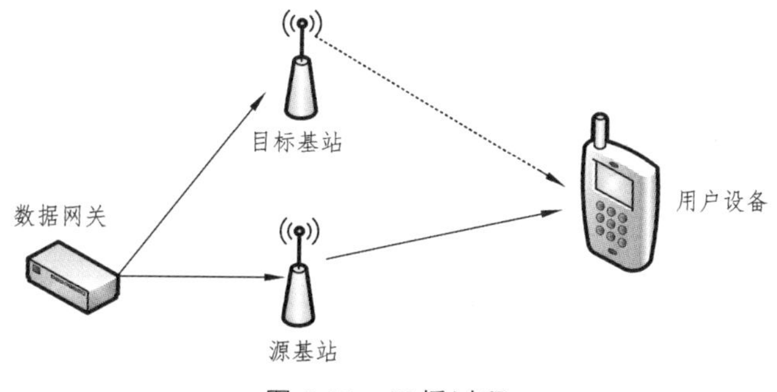

图 8.13　双播过程

8.2.2 基于位置信息的无缝切换优化算法切换过程

针对硬切换算法存在通信中断的弊端，高速场景下的无缝切换算法被提出[79]。无缝切换算法中在列车首部和尾部各安装一部收发天线，当列车首部天线进行切换时，列车尾部天线与源 eNB 进行通信，解决了硬切换算法中切换时通信中断的问题。但是列车首部天线切换执行失败后，尾部天线代替列车首部天线进行切换，此时为硬切换算法，仍会产生较高通信中断。本节针对无缝切换算法中列车尾部天线进行切换时存在通信中断的问题，提出仅使用首部天线进行切换的方案。同时，移动终端位于重叠带不同位置时，接收到源 eNB 和目标 eNB 信号的强度不同，需要根据位置信息动态调整切换迟滞门限值，使切换失败率和通信中断概率都保持较低水平。优化算法的切换流程图如图 8.14 所示。

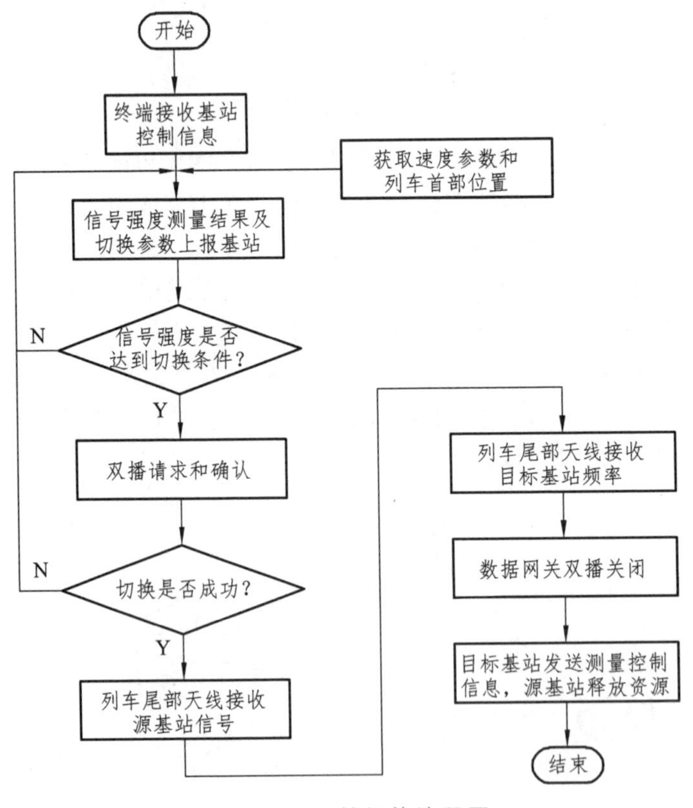

图 8.14 无缝切换流程图

1. 切换触发概率

图 8.15 为列车位置示意图，图中列车由基站 eNB1 驶向基站 eNB2，基站 eNB1 为源 eNB，基站 eNB2 为目标 eNB，列车位置为 x，列车长为 L_{t}，基站与铁路的垂直距离为 d_{s}，A_{f}、A_{r} 分别代表列车首部和尾部天线位置，D 表示相邻基站的间隔距离。

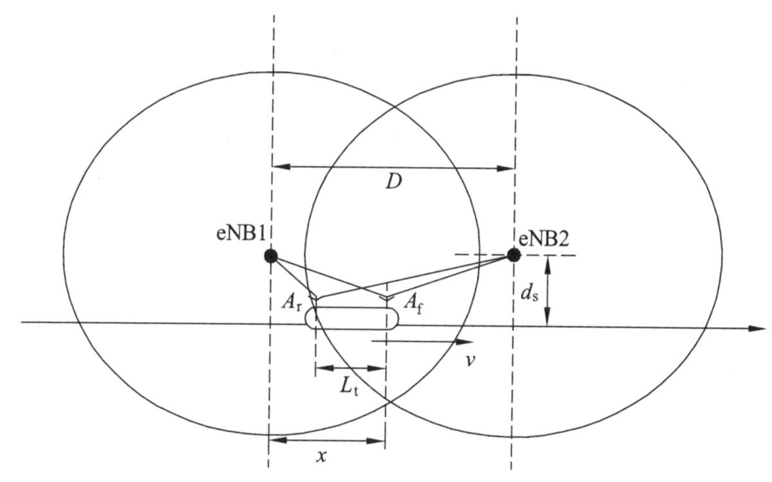

图 8.15　列车与基站距离分析模型

无缝切换算法与硬切换算法一样，切换触发通常都是基于 A3 事件进行的。无缝切换算法中，当列车首部天线接收目标 eNB 信号强度与源 eNB 信号强度的差值大于切换门限值时，触发切换操作。无缝切换算法中，列车首部天线接收源 eNB 信号强度为

$$R_{f,s}(x)=c_0-10\gamma\lg x+\varphi \tag{8.25}$$

其中，c_0 为常数；γ 为路径损耗系数；φ 是均值为 0，标准差为 σ 的对数高斯阴影衰落。

同理，可以得到列车尾部天线接收源 eNB 信号强度为

$$R_{r,s}(x)=c_0-10\gamma\lg(x-L_t)+\varphi \tag{8.26}$$

其中，L_t 为列车长度。

同理，列车首部天线接收目标 eNB 信号和列车尾部天线接收目标 eNB 信号强度可以表示为

$$R_{\mathrm{f,t}}(x)=c_0-10\gamma\lg(D-x)+\varphi \tag{8.27}$$

$$R_{\mathrm{r,t}}(x)=c_0-10\gamma\lg(D-x+L_{\mathrm{t}})+\varphi \tag{8.28}$$

在无缝切换算法中，当列车首部天线测量结果满足式（8.29）时，切换被触发。

$$P_{\mathrm{dt\_tr1}}(x)=P[R_{\mathrm{f,t}}(x)-R_{\mathrm{f,s}}(x)\geqslant hys_{\mathrm{s}}] \tag{8.29}$$

其中，hys_{s} 表示无缝切换算法的预设切换迟滞门限值。

同理，本节所提出的基于位置信息的无缝切换优化算法切换触发概率可以表示为

$$P_{\mathrm{dp\_tr1}}(x)=P[R_{\mathrm{f,t}}(x)-R_{\mathrm{f,s}}(x)\geqslant g(x)hys_{\mathrm{s}}] \tag{8.30}$$

其中，$g(x)$ 为切换迟滞调整系数，表示位置对预设切换迟滞门限值的调整幅度。

在双天线无缝切换算法中，当列车首部天线切换失败时，切换操作过程由列车尾部天线代替进行，即第二次切换操作过程。第二次切换触发概率可以表示为

$$P_{\mathrm{dp\_tr2}}(x)=P[R_{\mathrm{r,t}}(x)-R_{\mathrm{r,s}}(x)\geqslant hys_{\mathrm{s}}] \tag{8.31}$$

本节提出的基于位置信息的无缝切换优化算法仅由列车首部天线进行切换操作，则在首部天线一次切换失败后，可继续进行第二次切换尝试，所提出切换优化算法第二次切换触发概率与式（8.30）相同。

2. 切换失败概率

切换过程中，移动终端需要与基站进行一系列信令交互，这就需要与基站之间的信号强度保持在一定水平。本节定义切换失败率为移动终端接收到的信号强度满足目标 eNB 信号强度至少大于源 eNB 迟滞门限值的要求，但接收到的目标 eNB 信号强度不能维持最低通信的事件发生的概率。无缝切换算法中，列车首部天线切换失败时，由尾部天线进行切换，则切换失败概率可以表示为

$$P_{\mathrm{dt\_fail}}(x)=P_{\mathrm{fail}}^{\mathrm{f}}(x)\frac{1}{D+L_{\mathrm{t}}-x_{\mathrm{r}}}\int_{x_{\mathrm{r}}}^{D+L_{\mathrm{t}}}P_{\mathrm{fail}}^{\mathrm{r}}(y)\mathrm{d}y \tag{8.32}$$

其中，$P_{\text{fail}}^{\text{f}}(x)$、$P_{\text{fail}}^{\text{r}}(x)$分别为列车首部和尾部天线切换执行失败的概率，$x_{\text{r}}$为列车首部天线切换失败后尾部天线进入重叠带时的位置。

本节提出的基于位置信息的无缝切换优化算法中，仅由首部天线执行切换操作，即在列车首部天线切换失败后，可继续进行切换操作，直到成功切换至目标 eNB。所提切换优化算法切换失败概率可以表示为

$$P_{\text{dp\_fail}}(x) = P_{\text{fail}}^{\text{f}}(x)\frac{1}{D - x_{\text{f}}}\int_{x_{\text{f}}}^{D} P_{\text{fail}}^{\text{f}}(y)\text{d}y \tag{8.33}$$

其中，x_{f}为列车首部天线切换失败的位置。

无缝切换算法列车首部天线切换失败概率可以表示为

$$\begin{aligned} P_{\text{fail}}^{\text{f}}(x) &= P[R_{\text{f,t}}(x) \leqslant T | R_{\text{f,t}}(x) - R_{\text{f,s}}(x) > hys_{\text{s}}] \\ &= \frac{P[R_{\text{f,t}}(x) \leqslant T, R_{\text{f,t}}(x) - R_{\text{f,s}}(x) > hys_{\text{s}}]}{P[R_{\text{f,t}}(x) - R_{\text{f,s}}(x) > hys_{\text{s}}]} \\ &= \frac{1}{P_{\text{dt\_tr1}}}\int_{-\infty}^{\alpha_{\text{f}}} P\left(SD_{\text{f,s}} \leqslant 10\gamma \lg\frac{D_{\text{f,s}}}{D_{\text{f,t}}} + \varphi - hys_{\text{s}} | \text{SD}_{\text{f,t}} = \varepsilon\right) \cdot \\ &\quad P(SD_{\text{f,t}} = \varepsilon)\text{d}\varepsilon \end{aligned} \tag{8.34}$$

其中，$\alpha_{\text{f}} = T - c_0 + 10\gamma \lg D_{\text{f,t}}$；$T$为满足通信的最小通信阈值；$SD_{\text{f,s}}$、$SD_{\text{f,t}}$分别为终端接收源 eNB 信号、目标 eNB 信号时受到的对数高斯阴影衰落，其均值都是 0，方差为σ。

同理，所提出的基于位置信息的无缝切换优化算法首部天线切换失败概率可以表示为

$$\begin{aligned} P_{\text{fail}}^{\text{f}}(x) &= P[R_{\text{f,t}}(x) \leqslant T | R_{\text{f,t}}(x) - R_{\text{f,s}}(x) > g(x)hys_{\text{s}}] \\ &= \frac{P[R_{\text{f,t}}(x) \leqslant T, R_{\text{f,t}}(x) - R_{\text{f,s}}(x) > g(x)hys_{\text{s}}]}{P[R_{\text{f,t}}(x) - R_{\text{f,s}}(x) > g(x)hys_{\text{s}}]} \\ &= \frac{1}{P_{\text{dp\_tr1}}}\int_{-\infty}^{\alpha_f} P\left[SD_{\text{f,s}} \leqslant 10\gamma \lg\frac{D_{\text{f,s}}}{D_{\text{f,t}}} + \varphi - g(x)hys_{\text{s}} | SD_{\text{f,t}} = \varepsilon\right] \cdot \\ &\quad P(SD_{\text{f,t}} = \varepsilon)\text{d}\varepsilon \end{aligned} \tag{8.35}$$

第一次切换失败后，无缝切换算法使用列车尾部天线进行第二次切换操作，则第二次切换失败概率可以表示为

$$
\begin{aligned}
P_{\text{fail}}^{\text{r}}(x) &= P[R_{\text{r,t}}(x) \leqslant T | R_{\text{r,t}}(x) - R_{\text{r,s}}(x) > hys_{\text{s}}] \\
&= \frac{P[R_{\text{r,t}}(x) \leqslant T, R_{\text{r,t}}(x) - R_{\text{r,s}}(x) > hys_{\text{s}}]}{P[R_{\text{r,t}}(x) - R_{\text{r,s}}(x) > hys_{\text{s}}]} \\
&= \frac{1}{P_{\text{dt\_tr2}}} \int_{-\infty}^{\alpha_{\text{r}}} P\left(SD_{\text{r,s}} \leqslant 10\gamma \lg \frac{D_{\text{r,s}}}{D_{\text{r,t}}} + \varphi - hys_{\text{s}} | \text{SD}_{\text{r,t}} = \varepsilon \right) \cdot \\
&\quad P(\text{SD}_{\text{r,t}} = \varepsilon) \mathrm{d}\varepsilon
\end{aligned} \tag{8.36}
$$

其中，$\alpha_{\text{f}} = T - c_0 + 10\gamma \lg D_{\text{r,t}}$；$SD_{\text{r,s}}$、$SD_{\text{r,t}}$ 分别为列车尾部天线接收源 eNB 信号、目标 eNB 信号时受到的对数高斯阴影衰落，其均值都是 0，方差为 σ。

3. 切换中断概率

无缝切换算法与硬切换算法相比，具有明显降低通信中断概率的优势。但在切换执行过程中，若列车尾部天线接收到源 eNB 信号强度小于满足通信的最小阈值，也会导致通信中断。无缝切换算法中，列车首部天线切换时，通信中断概率可以表示为

$$
P_{\text{t\_int}}^{\text{f}}(x) = [1 - P_{\text{fail}}^{\text{f}}(x)] P_{\text{int}}^{\text{r}}(x - L_{\text{t}}) \tag{8.37}
$$

其中，$P_{\text{int}}^{\text{r}}(x - L_{\text{t}})$ 为列车尾部接收源 eNB 信号强度低于满足通信最小阈值的概率，则

$$
P_{\text{int}}^{\text{r}}(x) = P[R_{\text{r,s}}(x) < T] \tag{8.38}
$$

无缝切换首部天线切换失败后，由列车尾部天线进行切换操作，其步骤与硬切换一致，因此列车尾部天线进行切换时必然存在通信中断。列车尾部天线切换通信中断概率与列车首部天线切换失败概率有关，则

$$
P_{\text{t\_int}}^{\text{r}}(x) = P_{\text{fail}}^{\text{f}}(x) \times 1 \tag{8.39}
$$

无缝切换算法通信中断概率可以表示为

$$
\begin{aligned}
P_{\text{t\_int}}(x) &= P_{\text{t\_int}}^{\text{f}}(x) + P_{\text{t\_int}}^{\text{r}}(x) \\
&= [1 - P_{\text{fail}}^{\text{f}}(x)] P_{\text{int}}^{\text{r}}(x - L_{\text{t}}) + P_{\text{t\_int}}^{\text{r}}(x)
\end{aligned} \tag{8.40}
$$

所提出的基于位置信息的无缝切换优化算法切换操作都由列车首部天线完成，所以通信中断概率与列车尾部接收到的源 eNB 信号强度有关，则

$$
P_{\text{p\_int}}^{\text{f}}(x) = [1 - P_{\text{p\_fail}}^{\text{f}}(x)] P_{\text{int}}^{\text{r}}(x - L_{\text{t}}) \tag{8.41}
$$

通过比较两种无缝切换算法通信终端概率可以发现，都进行一次切换操

作时，两种切换算法通信中断概率与列车首部天线切换失败率有关。当进行第二次切换操作时，切换优化算法的通信中断概率低于无缝切换算法。

通过以上分析，比较了无缝切换算法和基于位置信息的无缝切换优化算法在切换失败率和通信中断概率等方面的性能。为验证以上分析，本节在 Matlab 平台进行仿真，仿真参数如表 8.2 所示。

表 8.2　仿真参数表

参数描述	参数值	参数描述	参数值
带宽/MHz	20	基站铁轨距离/m	50
载频/GHz	2	最小通信阈值/dBm	− 58
基站发射功率/dBm	86	预设迟滞余量/dB	3
小区半径/m	1 500	列车长度/m	200
重叠带长度/m	400	切换执行时间/ms	100
路径损耗模型/dB	$PL = 31.5+35\lg(x)$	列车速度/(km/h)	360
阴影衰落标准差/dB	4	仿真次数	10 000
基站高度/m	32		

图 8.16 为终端移动过程中接收到源 eNB 和目标 eNB 信号强度。由图 8.16 可以看出,在移动终端驶过源 eNB，驶向目标 eNB 过程中，列车首部天线接收到的目标 eNB 信号强度高于列车尾部天线接收目标 eNB 信号强度，同时列车尾部天线接收源 eNB 信号强度高于列车首部天线接收源 eNB 信号强度。

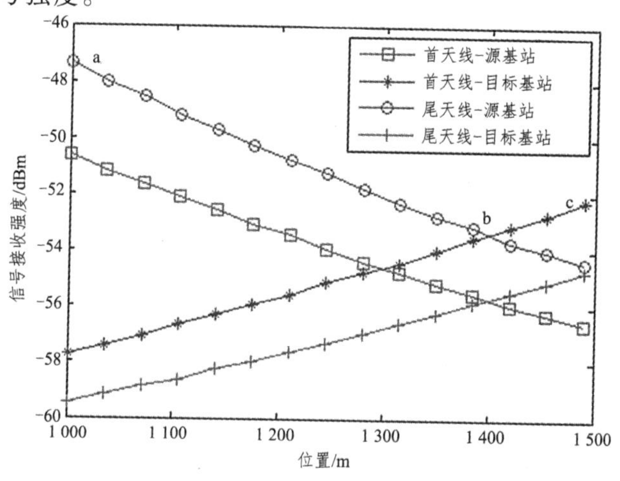

图 8.16　接收信号强度仿真图

从图 8.16 中可以看出,当切换发生在图中 a、b 之间时，列车尾部天线接收源 eNB 信号强度在理论上是优于列车首部天线接收目标 eNB 信号强度的，此时终端保持与源 eNB 的连接能得到更高的通信质量，所以在此范围内应提高切换难度。当位于 bc 段时，列车首部天线接收到的目标 eNB 信号强度理论上是优于列车尾部天线接收源 eNB 信号的。因此本节提出基于位置信息动态调整切换迟滞门限，在 ab 段内使用较大的切换门限值，增加切换难度，使终端保持与信号强度良好基站的连接。当列车位于 bc 段时，降低切换难度，使终端尽快切换至通信较好的目标 eNB。

根据图 8.16 中位置对接收信号的影响，本节仿真中调整切换迟滞门限值的调整函数为

$$g(x) = -2.5(x - 1\,385)/1\,000 + 1 \tag{8.42}$$

图 8.17 为三种算法切换失败概率仿真图。传统硬切换算法和无缝切换算法中切换参数是不随位置改变的，结合图 8.16 和图 8.17 可以看出，在移动终端靠近目标 eNB 的过程中，切换失败概率呈下降趋势。切换位置对切换失败概率的影响主要是由于移动终端进行切换的位置不同，导致移动终端接收到的基站信号强度不同。切换执行过程中造成切换失败的原因在于切换执行过程中终端接收到的目标 eNB 信号强度不足以满足通信需求，当移动终端在靠近目标 eNB 位置进行切换操作，由于能够接收到良好的信号强度，切换失败的概率就可大大减低。

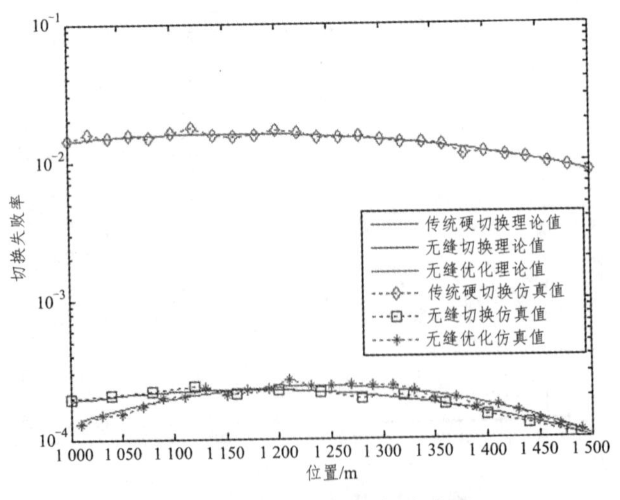

图 8.17　切换失败概率仿真图

比较传统硬切换算法、无缝切换算法和所提出的无缝切换优化算法这三种切换算法切换失败率曲线，传统硬切换算法的切换失败概率比另外两种切换算法都要最高。这主要是因为传统硬切换算法切换失败后，需要重新建立与源 eNB 的连接。与传统硬切换算法相比，基于位置信息的无缝切换算法采用双天线架构，在切换过程中列车首部天线切换失败后就可以向目标 eNB 进行多次切换操作，而列车尾部天线保持移动终端与基站之间的通信，在保持通信连接方面具有巨大优越性。

所提出的无缝切换优化算法与无缝切换算法相比，切换失败率较接近。但在移动终端距离源 eNB 较近时，所提出的优化算法切换失败率明显比无缝切换算法低。这主要是由于这两种算法切换迟滞门限值不同，导致切换触发率有所差异造成的。所提出的无缝优化切换算法的切换迟滞门限值随移动终端所处位置不同进行动态调整，而无缝切换算法中使用固定切换迟滞门限值。由式（8.42）可知，当移动终端在相对靠近源 eNB 的位置时，由于接收到目标 eNB 信号微弱，若触发切换，切换失败率较高。所提出的优化切换算法在此位置时，使用的切换迟滞门限值大于无缝切换算法，增加了切换难度，使触发切换减少。通过前面对切换失败率的理论分析，可知理论上增大切换迟滞门限值可降低切换失败率，仿真结果也验证了这一结论。而移动终端较为靠近目标 eNB 时，需要避免过晚切换，所以无缝切换优化算法通过使用较小切换迟滞门限值，提高了切换触发，但是由于切换触发增多，导致切换失败率略高于无缝切换算法。

图 8.18 为通信中断概率仿真图。所提的通信中断仅指在切换过程中发生中断。图 8.18 中没有绘制传统硬切换算法通信中断概率，这是由于传统硬切换算法中，移动终端需要先断开与源 eNB 的连接，然后才能建立与目标 eNB 的通信连接，因此这种切换方式下的通信中断概率为 1，始终高于无缝切换算法和基于位置的无缝切换优化算法。

从仿真图 8.18 可以看出，在移动终端远离源 eNB 过程中，无缝切换算法和基于位置信息的无缝切换优化算法的通信中断概率都呈上升趋势。这是由于无线信号在传播过程中，随着传播距离增加，接收信号功率呈下降趋势。结合信号接收图 8.16 也可看出，当移动终端与源 eNB 的距离越远，列车尾部天线接收到的源 eNB 信号强度就越差，接收到源 eNB 信号低于最小通信阈值的概率就越大。当源 eNB 和目标 eNB 信号强度满足切换条件后，列车首部天线在进行切换操作，而列车尾部天线接收到的源 eNB 信号强度又小于满足通信的最小阈值,这时就会产生通信中断。

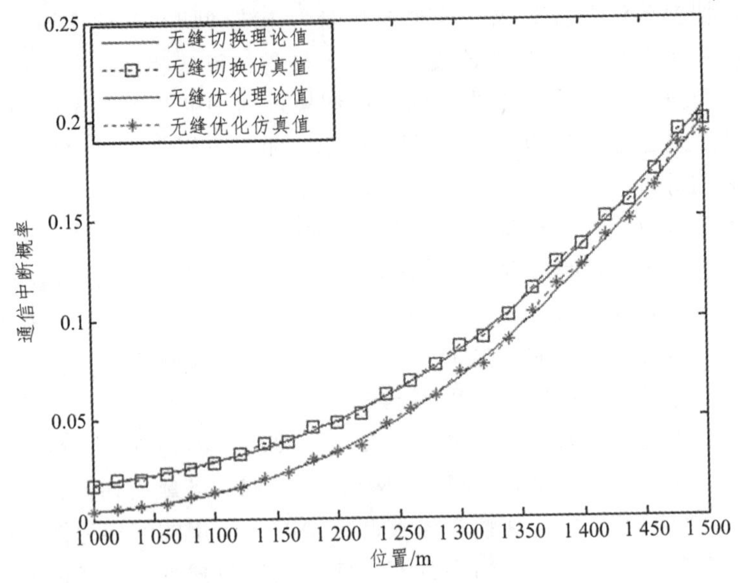

图 8.18　通信中断概率仿真图

由仿真图 8.18 可以看出，基于位置的无缝切换优化算法的通信中断概率低于无缝切换算法。无缝切换算法产生通信中断的原因可以分为两个方面：一方面是在列车首部天线进行切换过程时，列车尾部天线接收到的源 eNB 信号强度低于满足通信的最小阈值；另一方面是由于列车首部天线切换执行失败后，由列车尾部天线代替列车首部天线进行切换时，其切换方式为硬切换，这时通信中断概率为 1。而基于位置的无缝切换优化算法列车首部和尾部两支天线执行不同的工作。该优化算法中仅有列车首部天线进行切换操作，列车首部天线在一次切换失败后，可以向目标 eNB 进行多次切换。列车尾部天线则始终保持与源 eNB 的连接，不参与切换执行过程。因为列车尾部天线不参与切换，所提出算法只有在列车首部天线进行切换尝试而列车尾部天线失去与源 eNB 的通信连接时，才会产生通信中断，所以基于位置的无缝优化切换算法的通信中断率低于无缝切换算法。

图 8.18 中，在终端远离源 eNB 的过程中，本节所提出的无缝切换优化算法与无缝切换算法通信中断率的差值逐渐减小。本节所提出的无缝

优化切换算法的切换迟滞门限值随位置进行动态调整，当移动终端位置靠近源 eNB 时，接收到的源 eNB 信号强度原本就高，与此同时所提出的切换优化算法切换迟滞门限值较大，降低了切换触发率，在两者作用下，通信中断概率明显降低。在移动终端将驶出重叠带时，两种算法通信中断概率较接近。这是因为在本节所提出的无缝切换优化算法中，在移动终端将要驶离重叠带时使用较小的切换迟滞门限值，使切换触发增多，这样的调整可以避免因切换难度大致使发生过晚切换进而影响通信质量。

结合图 8.17 和图 8.18，可以看出本节所提出的优化切换算法仅使用列车首部天线进行多次切换操作，并将切换迟滞门限值与移动终端位置建立减函数关系，可以实现与无缝切换算法接近的切换失败率同时明显低于硬切换算法。由于采用列车尾部天线始终保持与源 eNB 的通信连接，通信中断概率又低于无缝切换算法。同时，所提出的无缝切换优化算法仅使用列车首部天线进行切换，与无缝切换算法中首尾天线都可进行切换相比，前者切换流程复杂度要低于后者。

8.3 基于模糊逻辑的切换优化算法研究

8.3.1 模糊逻辑及模糊规则

人脑可根据先前经验和当前感知经验对模糊事件做出合理的判断，如进行语音识别、视觉分析和模式辨别等。利用人脑的这一优势，美国 L.A.Zadeh 教授模仿人脑对不确定性概念判断的能力和利用经验进行推理的思维方式[147]，提出模糊集理论。经过进一步的研究，又提出了用模糊语言进行系统描述的方法，为模糊逻辑奠定了理论基础。在铁路通信中，通信场景复杂多变，同时信号传播过程中会受到阴影衰落和信道在高速场景下会发生突变，都会对信号接收产生复杂影响。在高铁场景下，无缝切换根据天线接收基站信号是否满足 A3 事件进行切换触发，且没有对首天线接收目标 eNB 信号强度与切换前尾天线接收源 eNB 信号强度进行比较，可能造成切换后通信质量变差的情况。考虑到这一问题，本节提出基于模糊逻辑的无缝切换算法。为选择合适的切换时机，该算法将首天线接收目标 eNB 信号强度、尾部天线接收源 eNB 信号强度以及移动终端的位置作为模糊逻辑系统的输入，利用模糊逻辑系统推理出合适的切换迟滞门限值。

模糊逻辑是对模糊的、自然语言的表达和描述进行操作与利用。模糊逻辑系统如图 8.19 所示，可分为四部分：模糊化模块、知识库模块、模糊推理模块和去模糊化模块。其各模块功能如下：

（1）模糊化模块：模糊推理需要的输入是模糊变量，而终端测量的信号值以及所在位置都是精确值，因此需要此模块将这些精确变量做离散化处理后，转变为模糊语言变量[147]。

（2）知识库模块：该模块包含了输入变量的模糊隶属度函数，用于刻画输入变量对模糊语言集合元素的隶属程度，通过隶属度函数曲线描述精确变量对模糊集合元素的相关强度。另外，此模块还包含模糊规则，模糊规则本质是模糊系统输入和输出的二元模糊关系，就是当输入某个模糊变量集则系统输出特定输出值。

（3）模糊推理模块：此模块是模糊逻辑系统的核心，推理机制是评估模糊输入集与每条模糊规则的相关度，然后综合相关度得到一个模糊集合。

（4）去模糊化集合：本节要利用模糊逻辑系统输出确定的切换迟滞门限值，而模糊推理的结果是模糊集合，这就需使用去模糊化方法对推理结果进行去模糊化，本节选择使用最大隶属度函数法。

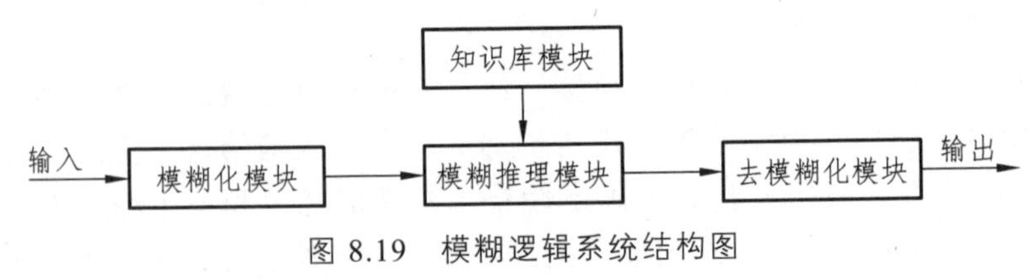

图 8.19　模糊逻辑系统结构图

8.3.2　基于模糊逻辑的切换算法设计

高速场景下，列车在穿越基站覆盖区域，会频繁进行切换。通常情况下切换根据 A3 事件，以移动终端接收到的信号作为判决切换触发的条件。而移动终端接收信号强度、列车所在位置和基站资源使用情况等因素都可以作为切换判决条件。当选择多个影响因素进行判决并选择合适的切换时机时，使用精确数学模型处理这一问题具有较大难度。而模糊逻辑参考人脑对模糊信息的处理能力，为解决这一问题提供了强有力的工具，例如，以信号强度、系统成本和数据速率为切换条件，适用于异系统网络的基于模糊的垂直切换算法[148]。

1. 模糊逻辑系统输入变量设计

传统算法中，切换触发根据移动终端接收到的源 eNB 和目标 eNB 的信号强度进行，而切换时机也与切换迟滞门限值大小有密切关系。无缝切换算法中首尾天线可分别进行切换和通信的任务，若切换前尾部天线与源 eNB 的通信状况要优于首部天线接收到的目标天线信号，而首部天线接收基站信号强度又满足切换条件，则切换后移动终端的通信质量将可能低于切换前。由此，为避免切换后通信质量下降，需要将尾部天线接收到源 eNB 信号强度值 $R_{\mathrm{r}}(x)$ 和首部天线接收目标 eNB 的信号强度值 $R_{\mathrm{f}}(x)$ 作为模糊逻辑系统的输入变量，用作调整切换迟滞门限值的参考指标。

移动终端接收到的基站信号强度与所处位置具有密切关系，所以终端位置 $D(x)$ 也可以看作模糊逻辑系统的一个输入变量。无线信号在传播过程中，能量损失与传播距离遵循一定规律。移动终端发生切换的位置会对切换后通信性能产生一定的影响，其影响的实质是终端与基站距离不同，导致接收信号的差异。根据无线信号传播特性，终端切换至目标 eNB 时，所处的位置距离目标 eNB 越近，切换后接收的信号强度越高，链路失效的概率也会减小。由此，可以将终端所处的位置 $D(x)$ 作为调整切换条件的参考指标。

切换判决仅根据 A3 事件依据终端接收到的基站信号强度差，不利于提高切换性能。本节引入模糊逻辑系统，利用模糊逻辑对多参数复杂情况的处理能力，根据终端首部天线接收到目标 eNB 信号强度差值 $R_{\mathrm{f}}(x)$、尾部天线接收源 eNB 信号强度 $R_{\mathrm{r}}(x)$ 和列车所处的位置 $D(x)$ 推理得到切换迟滞门限值。

2. 模糊逻辑系统模糊化模块设计

基于模糊逻辑的无缝切换优化算法的切换迟滞门限值由移动终端首部天线接收到目标 eNB 信号强度差值 $R_{\mathrm{f}}(x)$、尾部天线接收源 eNB 信号强度 $R_{\mathrm{r}}(x)$ 和列车所处的位置 $D(x)$ 综合决定。终端测量接收到的信号强度都是具体的数值，而模糊逻辑系统进行模糊推理时，输入变量是模糊语言变量，因此需要对 $R_{\mathrm{f}}(x)$、$R_{\mathrm{r}}(x)$ 和 $D(x)$ 进行模糊化处理。模糊化处理关键是选取隶属度函数，在对精度要求不高时，一般选用计算简单、灵敏度高的隶属函数。三角形隶属函数是常用的隶属函数，关于向量 x 的三角形隶属函数为

$$\mu_{\tilde{A}}(x)=\begin{cases}0, & x<a\\ \dfrac{x-a}{b-c}, & a\leqslant x<b\\ 1, & x=b\\ \dfrac{c-x}{c-b}, & b<x\leqslant c\\ 0, & x>c\end{cases} \tag{8.43}$$

其中，b 位于三角形隶属函数曲线的顶端，a、c 分别是函数的两端。向量 x 的三角形隶属函数就是由 a、b 和 c 这三个参数决定的。

S 曲线隶属函数和 Z 形隶属函数也都是较为常用的隶属函数，关于向量 x 的 S 曲线隶属函数用数学表达式可以表示为

$$\mu_{\tilde{A}}(x)=\begin{cases}0, & x<\alpha\\ 2\left(\dfrac{x-\alpha}{\gamma-a}\right)^2, & \alpha\leqslant x<\beta\\ 1-2\left(\dfrac{x-\gamma}{\gamma-a}\right)^2, & \beta\leqslant x<\gamma\\ 1, & x\geqslant\gamma\end{cases} \tag{8.44}$$

关于向量 x 的 Z 形隶属函数用数学表达式可以表示为

$$\mu_{\tilde{A}}(x)=\begin{cases}1, & x<\alpha\\ 1-2\left(\dfrac{x-\alpha}{\gamma-a}\right)^2, & \alpha\leqslant x<\beta\\ 2\left(\dfrac{x-\gamma}{\gamma-a}\right)^2, & \beta\leqslant x<\gamma\\ 0, & x\geqslant\gamma\end{cases} \tag{8.45}$$

设计模糊逻辑系统的第一步需要对模糊化模块的模糊语言变量进行设定。终端接收到的信号强度小于满足通信的最小阈值时，表示当前通

信连接情况不佳。本节仿真环境满足通信的最小阈值为 - 58 dB，根据这一标准，将终端首部天线接收到的目标 eNB 信号强度 $R_f(x)$ 的模糊语言值定义为三档，分别为较差（Bad）、中等（Middle）、良好（Good），其隶属函数如图 8.20 所示。

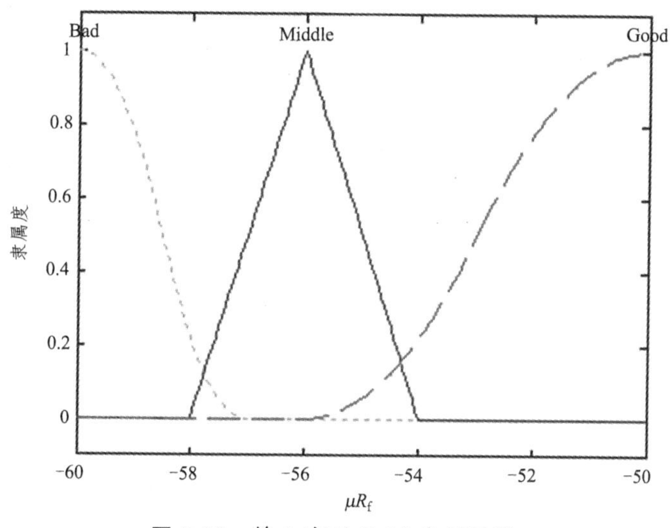

图 8.20　输入变量 $R_f(x)$ 隶属函数

同理，尾天线接收到源 eNB 信号强度值 $R_r(x)$ 的模糊语言值定义为良好（Good）、中等（Middle）、较差（Bad），其隶属函数如图 8.21 所示。

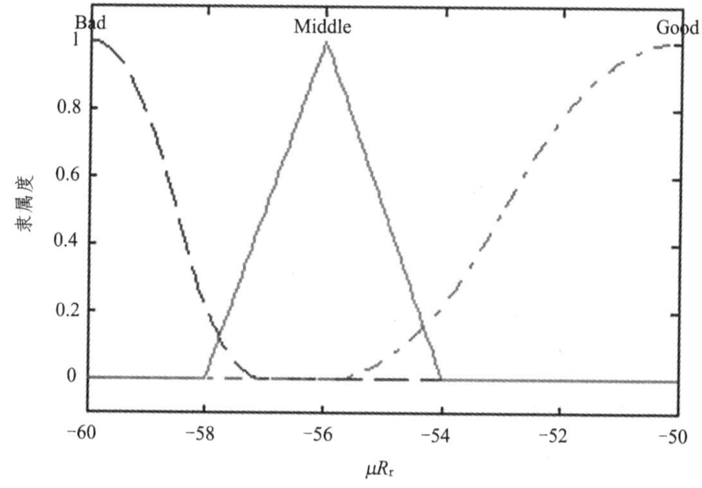

图 8.21　输入变量 $R_r(x)$ 隶属函数

高铁场景下，通常相邻基站网络覆盖范围和发射功率相同，移动终端在重叠带完成切换，可以使切换性能较好。而移动终端在未进入重叠带就切换至目标 eNB 会增加乒乓切换发生概率；相反，在驶离重叠带还未进行切换就会因为与源 eNB 距离较远，接收到的信号微弱造成原有链路连接失败，而导致过晚切换。本节设置列车所处的位置 $D(x)$ 的模糊语言值为近（Near）、适中（Middle）、远（Far），其隶属函数如图 8.22 所示。

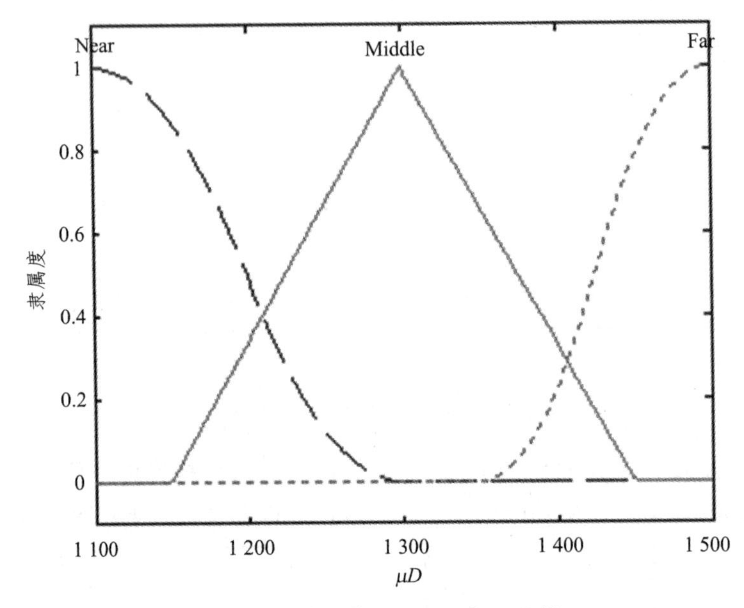

图 8.22　输入变量 $D(x)$ 隶属函数

3. 模糊逻辑系统模糊规则设计

模糊规则是根据输入参数对输出特性的影响并融入人的丰富经验而制定的规则。综合考虑高速铁路场景下通信特点和用户通信质量，总结出以下原则：

（1）当移动终端首部天线接收到的目标 eNB 信号强度 $R_{\mathrm{f}}(x)$ 较大，而尾部天线接收到的源 eNB 信号强度 $R_{\mathrm{r}}(x)$ 较小时，说明切换至目标 eNB 能够获得较好的通信服务。此时需降低切换难度促使切换完成，应输出较小的切换迟滞门限值，使终端切换至信号较好的目标基站。

（2）当终端首部天线接收到的目标 eNB 信号强度 $R_{\mathrm{f}}(x)$ 较小，而移动终端所处的位置位于重叠带中点附近时，移动终端接收到两边基站信号强度相近，不宜增加切换难度，应输出适中的切换迟滞门限值。

（3）当终端首部天线接收到的目标 eNB 信号强度 $R_{\mathrm{f}}(\mathrm{x})$ 较小时，且尾部天线接收到的信号强度 $R_{\mathrm{r}}(x)$ 较大，说明移动终端与源 eNB 通信良好，此时应增加切换难度，避免切换至目标 eNB，即输出较大的切换迟滞门限值。

本算法中，将模糊推理模块的输出切换迟滞门限值划分为三个等级，分别为大（Big）、中（Middle）、低（Low）。模糊逻辑系统的输出和三个输入均划分为 3 个等级，依据高速场景下无线网络特点和专家经验，总结得到表 8.3 所示的 27 条模糊推理规则。

表 8.3　模糊规则表

规则编号	μ_{D}	μR_{f}	μR_{r}	μhys
1	Near	Bad	Bad	L
2	Near	Bad	Middle	H
3	Near	Bad	Good	H
4	Near	Middle	Bad	M
5	Near	Middle	Middle	M
6	Near	Middle	Good	H
7	Near	Good	Bad	M
8	Near	Good	Middle	M
9	Near	Good	Good	M
10	Middle	Bad	Bad	L
11	Middle	Bad	Middle	M
12	Middle	Bad	Good	M
13	Middle	Middle	Bad	L
14	Middle	Middle	Middle	M
15	Middle	Middle	Good	H
16	Middle	Good	Bad	M
17	Middle	Good	Middle	M

续表

规则编号	μ_D	μR_f	μR_r	μhys
18	Middle	Good	Good	M
19	Far	Bad	Bad	L
20	Far	Bad	Middle	M
21	Far	Bad	Good	M
22	Far	Middle	Bad	L
23	Far	Middle	Middle	M
24	Far	Middle	Good	L
25	Far	Good	Bad	L
26	Far	Good	Middle	L
27	Far	Good	Good	L

为了验证基于模糊逻辑的切换算法在高速场景下的优越性，本节进行仿真统计。本节以无缝切换算法为参考，与基于模糊逻辑的切换算法进行切换性能比较，包括切换失败率、链路切换连接失败情况和乒乓切换情况等，仿真参数设置如表 8.4 所示。

表 8.4 仿真参数表

参数描述	参数值	参数描述	参数值
带宽/MHz	20	基站高度/m	32
载频/GHz	2	基站铁轨距离/m	50
基站发射功率/dBm	43	最小通信阈值/dBm	−58
小区半径/m	1 500	无缝切换迟滞余量/dB	2
重叠带长度/m	400	列车长度/m	200
路径损耗模型/dB	$PL = 31.5+35\lg(x)$	列车速度/(km/h)	360
阴影衰落标准差/dB	4	仿真次数/次	10 000

高速场景下，移动终端切换频繁，为减少用户与基站之间通信的丢包率，无缝切换方式被提出来。无缝切换使用两根天线完成切换过程，借鉴软切换“先连接，后断开”的切换过程，切换由一支天线完成，而另一支保持与基站的通信。然而，无缝切换触发大部分以列车首部天线接收到的信号强度为依据，却忽略了尾部天线距离源 eNB 位置相对较近，所接收到的信号强度可能高于首部天线接收到的目标 eNB 信号强度。为解决移动终端切换后通信质量变差的问题，将利用模糊逻辑将首部天线接收目标 eNB 信号、尾部天线接收源 eNB 信号强度以及位置都作为影响切换触发时机的因素。

图 8.23 为根据 10 000 次仿真用户接收信号平均值得到的列车天线接收信号差值，图中绘制出列车首部天线接收到目标 eNB 信号强度 $R_{\text{f-t}}(x)$ 与首部天线接收源 eNB 信号强度 $R_{\text{f-s}}(x)$ 的差的曲线，以及列车尾部天线接收到源 eNB 信号强度 $R_{\text{r-s}}(x)$ 和 $R_{\text{f-t}}(x)$ 的差的曲线。

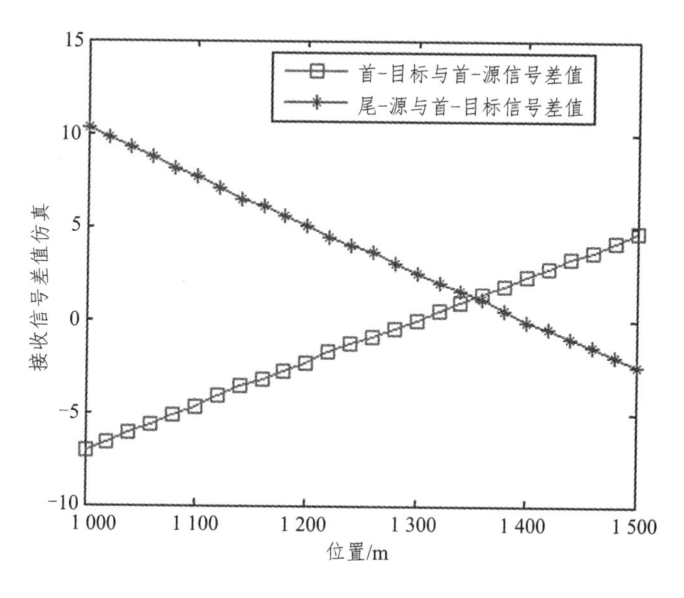

图 8.23　天线接收信号差值

图 8.23 中列车所在位置以列车首部天线所在位置为准。从图中可以看到，在列车位置 $x \leqslant 1\,300$ 时，尾部天线接收到源 eNB 信号强度

$R_{\text{r-s}}(x)$大于列车首部天线接收目标 eNB 信号强度 $R_{\text{f-t}}(x)$，如式（8.46）所示。

$$R_{\text{r-s}}(x) \geqslant R_{\text{f-t}}(x) \qquad (x \leqslant 1\,300) \tag{8.46}$$

从列车首部天线接收基站信号 $R_{\text{f-t}}(x)$ 和 $R_{\text{f-s}}(x)$ 的差值曲线可以看出，$x = 1\,400$ 时，$R_{\text{f-t}}$ 与 $R_{\text{f-s}}$ 的差值为 2 dB。另一方面，列车在 $x = 1\,400$ 的位置时，将驶出重叠带，此时为避免过晚切换需尽快进行切换。综合考虑，无缝切换的切换迟滞门限值设置为 2 dB 较为合适。

模糊逻辑系统推理出的切换迟滞门限参考无缝切换的切换迟滞门限值，其隶属函数如图 8.24 所示，基于模糊逻辑的切换算法的切换迟滞门限值模糊语言分为三档，分别为高（H）、中（M）、低（L）。

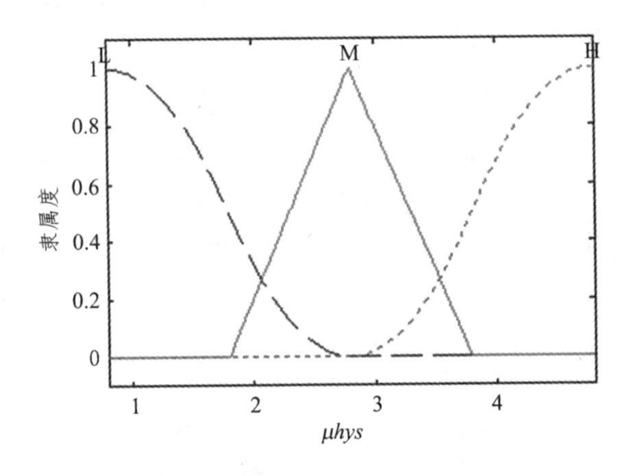

图 8.24　输出变量 $hys(x)$ 隶属函数

图 8.25 为 10 000 次仿真统计切换触发率，从图中可以看出，在图中前面部分，无缝切换触发率是高于基于模糊逻辑的切换优化算法的，而在移动终端即将离开重叠带时，基于模糊逻辑的切换优化算法的触发率却略高于无缝切换算法。结合图 8.23 可以看出，移动终端位于重叠带前部分区域时，尾部天线接收源 eNB 信号强度高于首部天线接收目标 eNB 信号强度。为使移动终端尽可能保持与通信质量较好的源 eNB 的通信连接，模糊逻辑系统推理出的切换迟滞门限值是高于无缝切换算法的，由此就抑制了切换触发。而在移动终端即将离开重叠带位置时，首部天线

接收到的目标 eNB 信号较好。为了促使移动终端尽快切换至较好链路，基于模糊逻辑的切换优化算法就要使用较小的切换迟滞门限值，切换触发率也因此得到提高了。

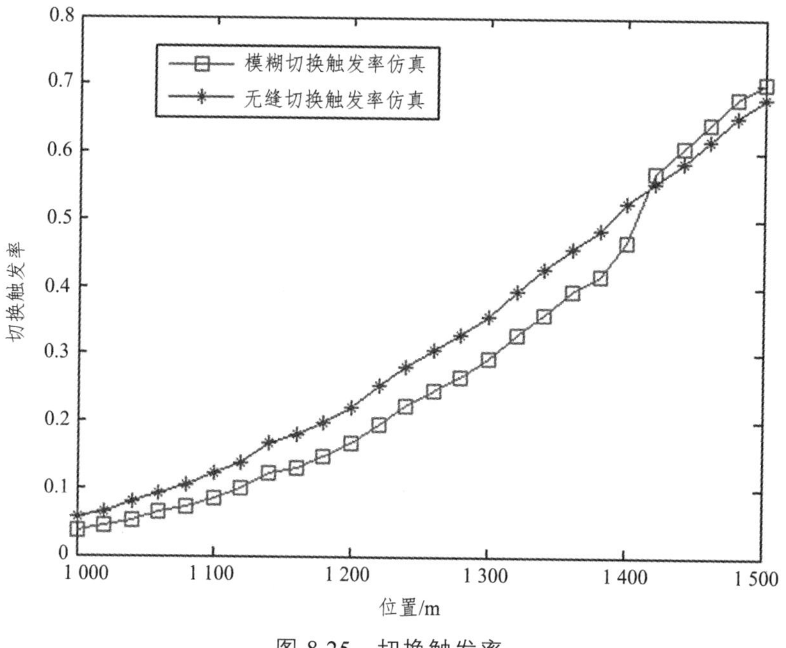

图 8.25　切换触发率

图 8.26 为乒乓切换概率仿真图，由图可以看出，以 10 000 次仿真统计，两种切换算法的乒乓切换率都呈下降趋势，而基于模糊逻辑算法的乒乓切换概率大部分区域低于无缝切换算法。乒乓切换是由于受信道突变影响，切换条件暂时满足，在终端过早切换至目标 eNB，经历短暂时间后，终端测量到源 eNB 信号强度优于目标 eNB，再次触发切换，切换回源 eNB 的情况。在移动终端远离源 eNB 过程中，接收到的源 eNB 信号强度越来越弱，就会使得乒乓切换条件难以达成，所以乒乓切换呈下降趋势。基于模糊逻辑的切换算法中切换迟滞门限值受天线接收信号和位置影响，源 eNB 信号好时，输出较大的切换迟滞门限值，抑制切换触发，避免过早切换至目标 eNB，所以其乒乓切换率略低于无缝切换；在较为靠近目标 eNB 时，输出较小的切换门限值，切换触发增加，所以在即将离开重叠带时，两算法乒乓切换率相近。

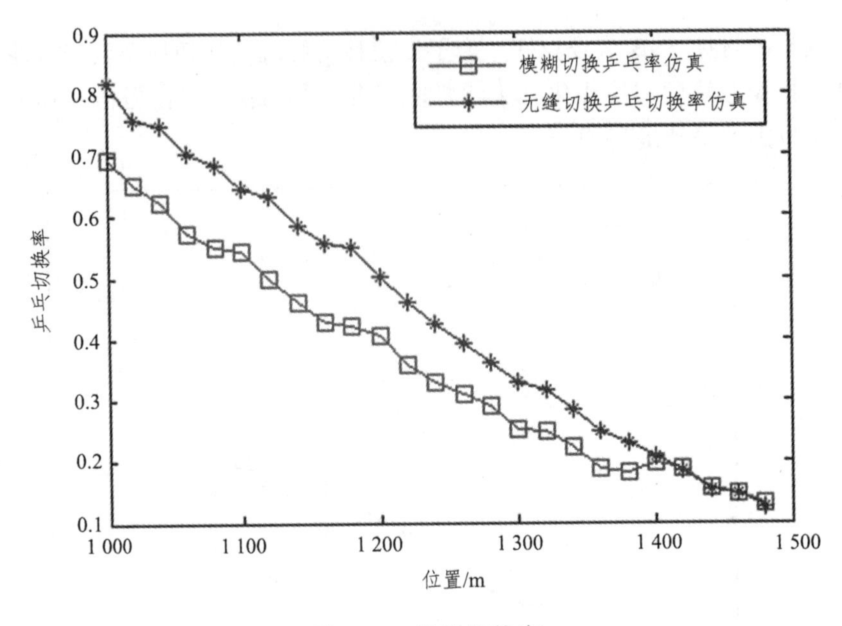

图 8.26　乒乓切换率

图 8.27 是链路切换失效率仿真图，本节中链路切换失效是指移动终端因为触发切换，导致接收基站信号强度低于最小通信阈值的情况。两曲线整体趋势呈先上升后下降的趋势。终端在远离源 eNB 过程中，切换触发率逐渐升高，如图 8.25，所以链路切换失效率呈上升趋势；而在移动终端靠近目标 eNB 的过程中，目标 eNB 信号逐渐变好，接收信号低于最小通信阈值的概率越来越小，则链路切换失效率呈下降趋势。而两条曲线之间的差异主要是由于切换迟滞门限值不同导致。图中重叠带前面部分区域基于模糊逻辑的切换算法的链路失败率低于无缝切换算法。这是由于在此区域内，基于模糊逻辑的切换算法的切换迟滞门限值设置较大，移动终端测量到的信号达不到该算法的切换条件，但是满足了无缝切换的切换条件。然而在切换至目标 eNB 后接收信号强度恶化，导致链路切换失败。在后面部分，无缝切换算法的链路失败率较小，主要是因为基于模糊逻辑的切换算法为了避免过晚切换，使用了较小的切换迟滞门限值，切换触发率增加的原因。

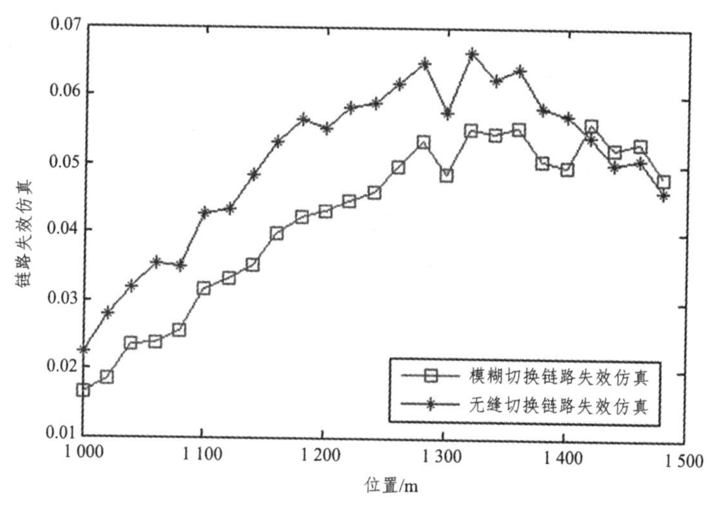

图 8.27 链路切换失效率

图 8.28 为切换中断概率仿真图，由图可以看出，以 100 000 次仿真统计，基于模糊逻辑算法的切换中断概率低于无缝切换算法。无缝切换算法中，首尾天线都可进行切换操作，而首天线切换失败，尾天线进行切换与硬切换方式相同，此时中断概率为 1。而基于模糊逻辑的切换算法只使用首部天线进行切换，这种情况下，就避免了尾部天线参与切换造成中断概率增加的问题。

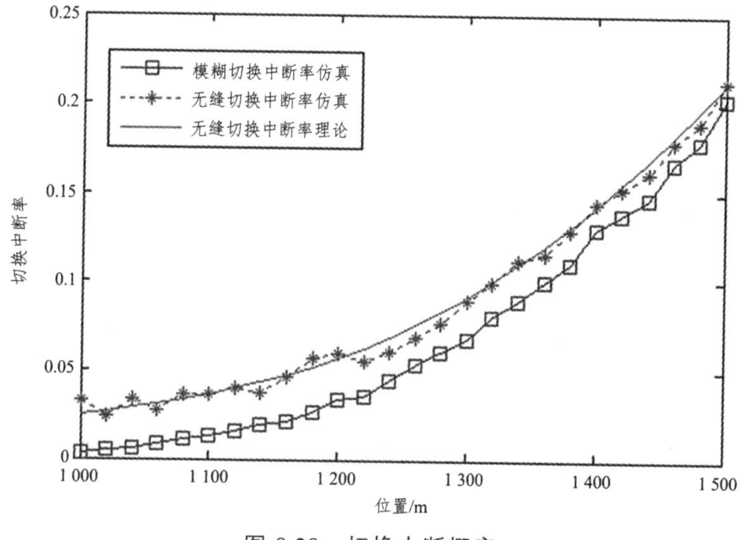

图 8.28 切换中断概率

图 8.29 为切换失败率仿真图，可以看出，无缝切换算法切换失败率在靠近目标 eNB 的过程中呈下降趋势，这主要是因为终端与基站距离越近接收到的信号强度越好。而基于模糊逻辑的切换算法的切换失败率虽然始终低于无缝切换算法，整体趋势有先上升后下降的波动。产生这一变化主要是因为模糊逻辑对切换迟滞门限值调整规则，使得切换触发率变化趋势与使用固定切换迟滞门限值有所不同。在移动终端的位置距离源 eNB 较近时，尾天线与源 eNB 之间通信良好，同时首部天线与目标 eNB 通信较差，由模糊逻辑得到的切换迟滞值较大，抑制切换触发，从而降低了切换失败概率。当移动终端行驶至重叠带中间部分时，接收到的源 eNB 和目标 eNB 信号相差不多，切换迟滞门限值选择适中，切换失败率向无缝切换靠近。而在即将驶离重叠带时，由于靠近目标 eNB，接收到的目标 eNB 信号低于最小通信阈值的情况减少，从而使得切换失败率降低。整体而言，根据输入变量动态调整切换迟滞门限值的基于模糊逻辑的无缝切换算法切换失败率是低于使用固定切换参数的无缝切换算法的。

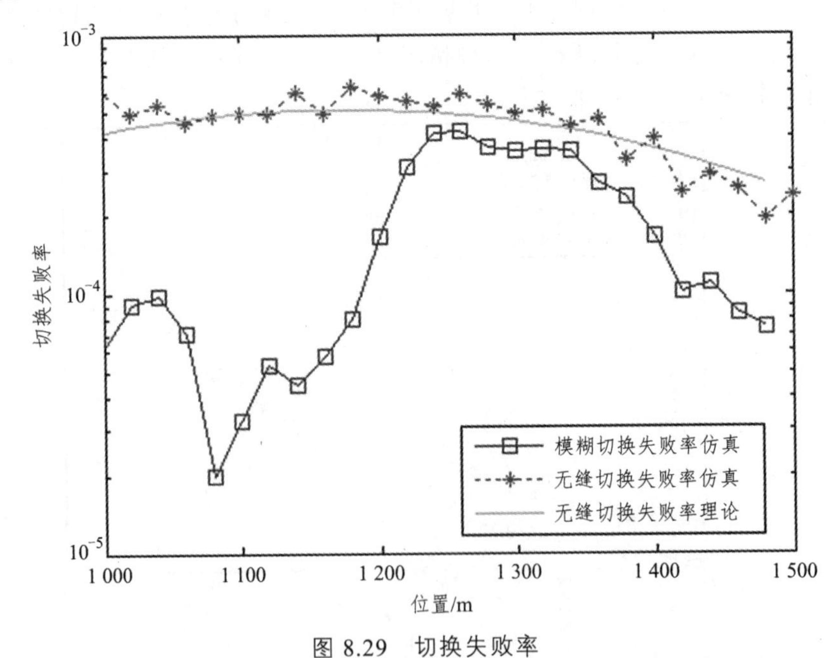

图 8.29 切换失败率

8.4 本章小结

本节首先针对使用固定切换参数的切换算法在提高切换成功率时存在的乒乓切换触发率高的问题，提出了基于位置信息的硬切换优化算法，并且详细介绍了基于位置信息的硬切换优化算法的切换过程。同时，为了解决穿透损耗和信令风暴的问题，系统模型中引入了车载中继，用车载中继作为移动终端代替车内所有用户与基站进行通信。其次，为了进一步降低无缝切换算法的通信中断概率，提出基于位置信息的无缝切换优化算法。无缝切换中列车首部天线和尾部天线依次进行切换，而列车尾部天线进行切换时，通信中断概率为 1，针对这一问题，提出了仅由列车首部天线进行切换的基于位置信息的无缝切换优化算法。同时根据无线信号分布规律和切换迟滞门限值对切换失败率的影响，将切换迟滞门限值与列车位置建立了函数关系。最后，基于模糊逻辑的切换算法对基于 A3 事件进行了改进，为了降低乒乓切换率，将终端行驶的位置作为影响切换迟滞余量值的因素之一。同时为了使用户得到更好的通信服务，将列车尾部天线接收源 eNB 信号强度值也作为调整切换迟滞余量值的影响因素。仿真结果表明，与传统 A3 切换算法、速度优化算法相比，基于位置信息的硬切换优化算法在提高切换成功率时，可以有效避免乒乓切换触发剧增的问题。同时，基于位置信息的无缝切换优化算法在降低通信中断概率方面具有优越的表现。此外，与使用固定切换迟滞门限值的无缝切换算法相比，所提出的基于模糊逻辑的切换算法在降低乒乓切换率和降低切换失败率方面具有优越的表现。

参考文献

[1] 杨维，朱刚，谈振辉，等. 新一代移动通信及其应用[J]. 铁道学报，2004（05）：115-120.

[2] PARK H K. Spectrum Requirements for the Tuture Development of IMT-2000 and Systems Beyond IMT-2000[J]. Journal of Communications & Networks, 2006, 8(2): 169-174.

[3] BOLCSKEI H, BORGMANN M, PAULRAJ A J. Impact of the Propagation Environment on the Performance of Space-frequency Coded MIMO-OFDM[J]. IEEE Journal on Selected Areas in Communications, 2003, 21(3): 427-439.

[4] SHOKRI-GHADIKOLAEI H, FISCHIONE C, FODOR G, et al. Millimeter Wave Cellular Networks: A MAC Layer Perspective[J]. IEEE Transactions on Communications, 2015, 63(10): 3437-3458.

[5] 蓝维旱，张鹏飞，李小云. 铁塔公司模式下高铁通信基站建设研究探讨[J]. 通信电源技术，2017，34（05）：133-134.

[6] 廖勇，李瑜锋，沈轩帆. 基于 DoA 的高速场景下大规模 MIMO 自适应波束成形[J]. 通信学报，2017，38（06）：58-67.

[7] GUAN K, AI B, PENG B, et al. Towards Realistic High-Speed Train Channels at 5G Millimeter-Wave Band—Part I: Paradigm, Significance Analysis, and Scenario Reconstruction[J]. IEEE Transactions on Vehicular Technology, 2018, 67(10): 9112-9128.

[8] ZHAO X, WANG Z, GENG S, et al. Channel Sounding, Modelling, and Characterisation in A Large Waiting Hall of A High-speed Railway Station at 28 GHz[J]. IET Microwaves, Antennas & Propagation, 2019, 13(15): 2619-2624.

[9] 肖静，李瑜锋，夏洪. 高铁环境下基于大规模多入多出自适应波束成形的干扰对齐[J]. 科学技术与工程，2018，18（28）：99-108.

[10] GUPTA A, JHA R K. A Survey of 5G Network: Architecture and Emerging Technologies[J]. IEEE Access, 2015, 3: 1206-1232.

[11] BIANCHI G, BITON E, BLEFARI-MELAZZI N, et al. Superfluidity: A Flexible Functional Architecture for 5G Networks[J]. Transactions on Emerging Telecommunications Technologies, 2016, 8(2): 156-169.

[12] XIONG K, ZHANG Y, FAN P, et al. Evaluation Framework for User Experience in 5G Systems: On Systematic Rateless-Coded Transmissions[J]. IEEE Access, 2016, 4: 9108-9118.

[13] 李德威. 高速铁路 LTE-R 切换算法优化研究[D]. 兰州交通大学，2017.

[14] LUAN L, WU M, SHEN J, et al. Optimization of Handover Algorithms in LTE High-speed Railway networks[J]. International Journal of Digital Content Technology & Its Applications, 2012, 6(5): 79-87.

[15] 丁青锋，王丽姚. 高速场景下基于位置信息的切换优化算法[J]. 计算机工程与应用，2019，55（16）：64-69.

[16] 刘静静，徐家品. LTE-A 系统中 FSHO 切换的优化方案[J]. 计算机系统应用，2015，24（05）：227-231.

[17] 丁青锋，韦民. 判决反馈的车车通信快时变信道估计算法[J]. 计算机应用研究，2019，36（11）：3431-3433+3480.

[18] 刘伟. LTE 系统高速场景下切换机制优化研究[D]. 吉林大学, 2014.

[19] 贺柳杰. 高速铁路 TD-LTE 网络覆盖方案设计及应用[D]. 华南理工大学，2017.

[20] 方旭明，崔亚平，闫莉，等. 高速铁路移动通信系统关键技术的演进与发展[J]. 电子与信息学报，2015，37（01）：226-235.

[21] 徐岩，王子瑞. 基于协作多 agent 机制的高速 LTE-R 无线网络覆盖与容量优化算法研究[J]. 铁道学报，2017，39（09）：89-94.

[22] LI H, WANG T Q, HUANG X, et al. Low-Complexity Multiuser Receiver for Massive Hybrid Array mmWave Communications[J]. IEEE Transactions on Communications, 2019, 67(5): 3512-3524.

[23] MEZZAVILLA M, ZHANG M, POLESE M, et al. End-to-End Simulation of 5G mmWave Networks[J]. IEEE Communications

Surveys & Tutorials, 2018, 20(3): 2237-2263.

[24] SHU C, WANG J, HU S, et al. A Wideband Dual-Circular-Polarization Horn Antenna for mmWave Wireless Communications[J]. IEEE Antennas and Wireless Propagation Letters, 2019, 18(9): 1726-1730.

[25] 查培. 毫米波大规模 MIMO 系统中混合预编码技术研究[D]. 重庆邮电大学，2018.

[26] 李人敏，黄劲松，陈琛，等. 基于改进粒子群算法的毫米波大规模 MIMO 混合预编码方案[J]. 计算机应用，2018，38(08): 2365-2369.

[27] BUSARI S A, HUQ K M S, MUMTAZ S, et al. Millimeter-Wave Massive MIMO Communication for Future Wireless Systems: A Survey[J]. IEEE Communications Surveys & Tutorials, 2018, 20(2): 836-869.

[28] 仵姣.毫米波大 MIMO 混合波束赋形系统的信道估计研究[D]. 电子科技大学，2018.

[29] 翟雄飞. 5G 毫米波大规模天线系统预编码优化算法研究[D]. 浙江大学，2018.

[30] ABBAS W B, GOMEZ-CUBA F, ZORZI M. Millimeter Wave Receiver Efficiency: A Comprehensive Comparison of Beamforming Schemes With Low Resolution ADCs[J]. IEEE Transactions on Wireless Communications, 2017, 16(12): 8131-8146.

[31] 董未未. 毫米波大规模 MIMO 系统中能量高效的混合预编码研究[D]. 北京邮电大学，2019.

[32] CHEN Y, CHEN D, TIAN Y, et al. Spatial Lobes Division-Based Low Complexity Hybrid Precoding and Diversity Combining for mmWave IoT Systems[J]. IEEE Internet of Things Journal, 2019, 6(2): 3228-3239.

[33] DONG F, WANG W, WEI Z. Low-Complexity Hybrid Precoding for Multi-User MmWave Systems With Low-Resolution Phase Shifters[J]. IEEE Transactions on Vehicular Technology, 2019, 68(10): 9774-9784.

[34] XU L, SUN L, XIA G, et al. Secure Hybrid Digital and Analog Precoder for mmWave Systems With Low-Resolution DACs and Finite-Quantized Phase Shifters[J]. IEEE Access, 2019, 7:

109763-109775.

[35] GAO M, AI B, NIU Y, et al. On Hybrid Beamforming of mmWave MU-MIMO System for High-Speed Railways[C]. ICC 2019 - 2019 IEEE International Conference on Communications (ICC), Shanghai, China, 2019: 1-6.

[36] GAO M, AI B, NIU Y, et al. Dynamic MmWave Beam Tracking for High Speed Railway Communications[C]. 2018 IEEE Wireless Communications and Networking Conference Workshops (WCNCW), Barcelona, Spain, 2018: 278-283.

[37] GUAN K, LIN X, HE D, et al. Scenario Modules and Ray-tracing Simulations of Millimeter Wave and Terahertz Channels for Smart Rail Mobility[C]. 2017 11th European Conference on Antennas and Propagation (EUCAP), Paris, France, 2017: 113-117.

[38] 窦祖芳. 高铁两跳接入系统中数据传输机制的研究[D]. 兰州理工大学，2019.

[39] AI B, GUAN K, RUPP M, et al. Future Railway Services-oriented Mobile Communications Network[J]. IEEE Communications Magazine, 2015, 53(10): 78-85.

[40] XU K, SHEN Z, WANG Y, et al. Location-Aided mMIMO Channel Tracking and Hybrid Beamforming for High-Speed Railway Communications: An Angle-Domain Approach[J]. IEEE Systems Journal, 2020, 14(1): 93-104.

[41] CUI Y, FANG X, YAN L. Hybrid Spatial Modulation Beamforming for mmWave Railway Communication Systems[J]. IEEE Transactions on Vehicular Technology, 2016, 65(12): 9597-9606.

[42] JIANG R, ZHAO J, XU Y, et al. Low-Complexity Beam Selection Scheme for High Speed Railway Communications[J]. IEEE Access, 2020, 8: 16022-16032.

[43] WU K, NI W, SU T, et al. Recent Breakthroughs on Angle-of-Arrival Estimation for Millimeter-Wave High-Speed Railway Communication[J]. IEEE Communications Magazine, 2019, 57(9): 57-63.

[44] YAN L, FANG X, FANG Y. Stable Beamforming With Low Overhead

for C/U-Plane Decoupled HSR Wireless Networks[J]. IEEE Transactions on Vehicular Technology, 2018, 67(7): 6075-6086.

[45] KUTTY S, SEN D. Beamforming for Millimeter Wave Communications: An Inclusive Survey[J]. IEEE Communications Surveys & Tutorials, 2016, 18(2): 949-973.

[46] 李瑜锋. 高速移动下的大规模 MIMO 系统预编码研究[D]. 重庆大学，2017.

[47] LIN Y, ZHONG Z, HE D, et al. Channel Simulation of Adaptive Beamforming at 60GHz Millimeter-wave Band under High-speed Railway Scenario[C]. 2017 IEEE International Symposium on Antennas and Propagation & USNC/URSI National Radio Science Meeting, San Diego, California, USA, 2017: 1905-1906.

[48] GUAN K, AI B, PENG B, et al. Scenario Modules, Ray-tracing Simulations and Analysis of Millimetre Wave and Terahertz Channels for Smart Rail Mobility[J]. IET Microwaves, Antennas & Propagation, 2018, 12(4): 501-508.

[49] 崔亚平. 高铁移动通信系统多天线传输技术研究[D]. 西南交通大学，2017.

[50] 韩双锋,王森,谢天,等.高铁通信高谱效 MIMO 技术研究[J].信息通信技术, 2019, 13(04): 25-31.

[51] MOLISCH A F, RATNAM V V, HAN S, et al. Hybrid Beamforming for Massive MIMO: A Survey[J]. IEEE Communications Magazine, 2017, 55(9): 134-141.

[52] AYACH O E, RAJAGOPAL S, ABU-SURRA S, et al. Spatially Sparse Precoding in Millimeter Wave MIMO Systems[J]. IEEE Transactions on Wireless Communications, 2014, 13(3): 1499-1513.

[53] ALKHATEEB A, AYACH O E, LEUS G, et al. Channel Estimation and Hybrid Precoding for Millimeter Wave Cellular Systems[J]. IEEE Journal of Selected Topics in Signal Processing, 2014, 8(5): 831-846.

[54] ZHANG L, GUI L, YING K, et al. Clustering Based Hybrid Precoding Design for Multi-User Massive MIMO Systems[J]. IEEE Transactions on Vehicular Technology, 2019, 68(12): 12164-12178.

[55] AHN Y, KIM T, LEE C. A Beam Steering Based Hybrid Precoding for MU-MIMO mmWave Systems[J]. IEEE Communications Letters, 2017, 21(12): 2726-2729.

[56] GAO X, DAI L, HAN S, et al. Energy-Efficient Hybrid Analog and Digital Precoding for MmWave MIMO Systems With Large Antenna Arrays[J]. IEEE Journal on Selected Areas in Communications, 2016, 34(4): 998-1009.

[57] HE S, QI C, WU Y, et al. Energy-Efficient Transceiver Design for Hybrid Sub-Array Architecture MIMO Systems[J]. IEEE Access, 2016, 4: 9895-9905.

[58] HANIF M, YANG H, BOUDREAU G, et al. Low-complexity Hybrid Precoding for Multi-user Massive MIMO Systems: A hybrid EGT/ZF approach[J]. IET Communications, 2017, 11(5): 765-771.

[59] SELEEM H, SULYMAN A I, ALSANIE A. Hybrid Precoding-Beamforming Design With Hadamard RF Codebook for mmWave Large-Scale MIMO Systems[J]. IEEE Access, 2017, 5: 6813-6823.

[60] CUI M, ZOU W. Low Complexity Joint Hybrid Precoding for Millimeter Wave MIMO Systems[J]. China Communications, 2019, 16(2): 49-58.

[61] 钱旸，何雪云，梁彦. 毫米波大规模 MIMO 系统基于最大等效信道增益的混合预编码方案[J]. 南京邮电大学学报(自然科学版)，2019, 39（05）：14-19.

[62] 袁玥. 基于动态天线子阵列的毫米波混合预编码设计[D]. 西安邮电大学，2019.

[63] ZHANG J, WEI Y, BJÖRNSON E, et al. Performance Analysis and Power Control of Cell-Free Massive MIMO Systems With Hardware Impairments[J]. IEEE Access, 2018, 6: 55302-55314.

[64] WU Y, GU Y, WANG Z. Efficient Channel Estimation for mmWave MIMO With Transceiver Hardware Impairments[J]. IEEE Transactions on Vehicular Technology, 2019, 68(10): 9883-9895.

[65] JAVED S, AMIN O, IKKI S S, et al. Multiple Antenna Systems With

Hardware Impairments: New Performance Limits[J]. IEEE Transactions on Vehicular Technology, 2019, 68(2): 1593-1606.
[66] ZHANG X, GUO D, AN K, et al. Secure Communications Over Cell-Free Massive MIMO Networks With Hardware Impairments[J]. IEEE Systems Journal, 2019, 6(2): 1-12.
[67] WANG Z, YANG X, WAN X, et al. Energy Efficiency Optimization for Wireless Power Transfer Enabled Massive MIMO Systems With Hardware Impairments[J]. IEEE Access, 2019, 7: 113131-113140.
[68] XU L, LU X, JIN S, et al. On the Uplink Achievable Rate of Massive MIMO System with Low-Resolution ADC and RF Impairments[J]. IEEE Communications Letters, 2019, 23(3): 502-505.
[69] 丁青锋，奚韬，杨倩，等. 有限字符输入下基于截断速率的安全空间调制天线选择算法[J]. 通信学报，2020，41（03）：136-144.
[70] WANG Q, REN G, TU J. A Soft Handover Algorithm for TD-LTE System in High-speed Railway Scenario[C]. 2011 IEEE International Conference on Signal Processing, Communications and Computing (ICSPCC), Xi'an, China, 2011: 1-4.
[71] LUO W, FANG X, CHENG M, et al. An Optimized Handover Trigger Scheme in LTE Systems for High-speed Railway[C]. Proceedings of the Fifth International Workshop on Signal Design and Its Applications in Communications, Guilin, China, 2011: 193-196.
[72] 陈永刚，李德威，张彩珍. 一种基于速度的 LTE-R 越区切换优化算法[J]. 铁道学报，2017，39（07）：67-72.
[73] CHENG M, FANG X, LUO W. Beamforming and Positioning-assisted Handover Scheme for Long-term Evolution System in High-speed Railway[J]. IET Communications, 2012, 6(15): 2335-2340.
[74] DENG T, ZHANG Z, WANG X, et al. A Network Assisted Fast Handover Scheme for High Speed Rail Wireless Networks[C]. 2016 IEEE 83rd Vehicular Technology Conference (VTC Spring), Nanjing, China, 2016: 1-5.
[75] 米根锁，马硕梅. 基于速度触发的提前切换算法在 LTE-R 中的应用研究[J]. 电子与信息学报，2015，37（12）：2852-2857.

[76] LUO W, ZHANG R, FANG X. A CoMP Soft Handover Scheme for LTE Systems in High Speed Railway[J]. Eurasip Journal on Wireless Communications & Networking, 2012, 2012(1): 1-9.
[77] YANG B, WU Y, CHU X, et al. Seamless Handover in Software-Defined Satellite Networking[J]. IEEE Communications Letters, 2016, 20(9): 1768-1771.
[78] TIAN L, LI J, HUANG Y, et al. Seamless Dual-Link Handover Scheme in Broadband Wireless Communication Systems for High-Speed Rail[J]. IEEE Journal on Selected Areas in Communications, 2012, 30(4): 708-718.
[79] YU X, LUO Y, CHEN X. An Optimized Seamless Dual-Link Handover Scheme for High-Speed Rail[J]. IEEE Transactions on Vehicular Technology, 2016, 65(10): 8658-8668.
[80] LIU X, ZOU W, CHEN S. Joint Design of Analog and Digital Codebooks for Hybrid Precoding in Millimeter Wave Massive MIMO Systems[J]. IEEE Access, 2018, 6: 69818-69825.
[81] XU C, YE R, HUANG Y, et al. Hybrid Precoding for Broadband Millimeter-Wave Communication Systems With Partial CSI[J]. IEEE Access, 2018, 6: 50891-50900.
[82] HUANG W, LU Z, HUANG Y, et al. Hybrid Precoding for Single Carrier Wideband Multi-Subarray Millimeter Wave Systems[J]. IEEE Wireless Communications Letters, 2019, 8(2): 484-487.
[83] NEUPANE K, HADDAD R J, Moore D L. Secrecy Analysis of Massive MIMO Systems with MRT Precoding Using Normalization Methods[C]. SoutheastCon 2018, Tamba Bay Area, Florida, USA, 2018: 1-6.
[84] LIN Y, LI X, FU W, et al. Spectral Efficiency Analysis for Downlink Massive MIMO Systems with MRT Precoding[J]. China Communications, 2015, 12(Supplement): 67-73.
[85] SOHRABI F, LIU Y, YU W. One-Bit Precoding and Constellation Range Design for Massive MIMO With QAM Signaling[J]. IEEE Journal of Selected Topics in Signal Processing, 2018, 12(3): 557-570.

[86] FATEMA N, HUA G, XIANG Y, et al. Massive MIMO Linear Precoding: A Survey[J]. IEEE Systems Journal, 2018, 12(4): 3920-3931.

[87] 王辉，孙中杰. 基于子流选择 BD 预编码的 MIMO 可见光通信系统[J].光电子技术，2015，35（02）：126-130+134.

[88] 邱玉. MIMO-OQAM/FBMC 通信系统中基于 SVD 的预编码研究[D]. 华中科技大学，2017.

[89] 郑溢淳，胡耀明. 基于 SVD 与 GMD 的毫米波 MIMO 系统混合预编码方法[J]. 信息通信，2017（12）：75-78.

[90] BAI Q, MEZGHANI A, NOSSEK J A. On the Optimization of ADC Resolution in Multi-antenna Systems[C]. ISWCS 2013; The Tenth International Symposium on Wireless Communication Systems, Ilmenau, Germany, 2013: 1-5.

[91] 丁青锋，丁旭，林知明. 一种采用权重因子的低复杂度空间调制检测算法[J]. 北京邮电大学学报，2019，42（02）31-35.

[92] SAXENA A K, FIJALKOW I, SWINDLEHURST A L. Analysis of One-Bit Quantized Precoding for the Multiuser Massive MIMO Downlink[J]. IEEE Transactions on Signal Processing, 2017, 65(17): 4624-4634.

[93] LI Y, TAO C, SWINDLEHURST A L, et al. Downlink Achievable Rate Analysis in Massive MIMO Systems With One-Bit DACs[J]. IEEE Communications Letters, 2017, 21(7): 1669-1672.

[94] ISABONA J, SRIVASTAVA V M. Downlink Massive MIMO Systems: Achievable Sum Rates and Energy Efficiency Perspective for Future 5G Systems[J]. Wireless Personal Communications, 2017, 8(3): 56-69.

[95] WANG X, ZHANG D. On the Energy/Spectral Efficiency of Multi-user Full-duplex Massive MIMO Systems with Power Control[J]. Eurasip Journal on Wireless Communications & Networking, 2017, 8(1): 12-36.

[96] DING Q, JING Y. Receiver Energy Efficiency and Resolution Profile Design for Massive MIMO Uplink With Mixed ADC[J]. IEEE Transactions on Vehicular Technology, 2018, 67(2): 1840-1844.

[97] ROY A, SHIN J, SAXENA N. Multi-objective Handover in LTE Macro/Femto-cell Networks[J]. Journal of Communications and Networks, 2012, 14(5): 578-587.
[98] 格列布. 高速铁路 LTE 系统切换过程及算法研究[D]. 北京邮电大学，2014.
[99] 何弦. 高速铁路 TD-LTE 系统切换过程及算法研究[D]. 北京邮电大学，2013.
[100] 邓德位. 高铁环境中 TD-LTE 系统内切换流程及算法研究[D].北京邮电大学，2014.
[101] CHENG P, TAO M, ZHANG W. A New SLNR-Based Linear Precoding for Downlink Multi-User Multi-Stream MIMO Systems[J]. IEEE Communications Letters, 2010, 14(11): 1008-1010.
[102] KUANG L, WANG Z, XU M, et al. An Adaptive Handoff Triggering Mechanism for Vehicular Networks[J]. The Institute of Electronics, Information and Communication Engineers, 2012, E95.A(1): 278-285.
[103] DING Q, DENG Y, GAO X, et al. Hybrid Precoding for mmWave Massive MIMO Systems with Different Antenna Arrays[J]. China Communications, 2019, 16(10): 45-55.
[104] YU X, SHEN J, ZHANG J, et al. Alternating Minimization Algorithms for Hybrid Precoding in Millimeter Wave MIMO Systems[J]. IEEE Journal of Selected Topics in Signal Processing, 2016, 10(3): 485-500.
[105] CHEN J. Hybrid Beamforming With Discrete Phase Shifters for Millimeter-Wave Massive MIMO Systems[J]. IEEE Transactions on Vehicular Technology, 2017, 66(8): 7604-7608.
[106] GONG J, HAYES J F, SOLEYMANI M R. The Effect of Antenna Physics on Fading Correlation and the Capacity of Multielement Antenna Systems[J], 2007, 56(4): 1591-1599.
[107] DING Q, LIAN Y. Performance Analysis of Mixed-ADC Massive MIMO Systems Over Spatially Correlated Channels[J]. IEEE Access, 2019, 7: 6842-6852.
[108] BJÖRNSON E, HOYDIS J, KOUNTOURIS M, et al. Massive MIMO Systems With Non-Ideal Hardware: Energy Efficiency, Estimation,

and Capacity Limits[J]. IEEE Transactions on Information Theory, 2014, 60(11): 7112-7139.

[109] LOYKA S L. Channel Capacity of MIMO Architecture Using the Exponential Correlation Matrix[J]. IEEE Communications Letters, 2001, 5(9): 369-371.

[110] Ding Q, Jing Y. Spectral-Energy Efficiency Tradeoff in Mixed-ADC Massive MIMO Uplink with Imperfect CSI[J]. Chinese Journal of Electronics, 2019, 28(3): 618-624.

[111] DING Q, JING Y. Outage Probability Analysis and Resolution Profile Design for Massive MIMO Uplink With Mixed-ADC[J]. IEEE Transactions on Wireless Communications, 2018, 17(9): 6293-6306.

[112] PIRZADEH H, RAZAVIZADEH S M, BJÖRNSON E. Subverting Massive MIMO by Smart Jamming[J]. IEEE Wireless Communications Letters, 2016, 5(1): 20-23.

[113] AKHLAGHPASAND H, BJÖRNSON E, Razavizadeh S M. Jamming Suppression in Massive MIMO Systems[J]. IEEE Transactions on Circuits and Systems II: Express Briefs, 2019: 1-1.

[114] TAN W, JIN S, WEN C, et al. Spectral Efficiency of Mixed-ADC Receivers for Massive MIMO Systems[J]. IEEE Access, 2016, 4: 7841-7846.

[115] MAX J. Quantizing for Minimum Distortion[J]. IEEE Transactions on Information Theory, 1960, 6(1): 7-12.

[116] DONG P, ZHANG H, XU W, et al. Performance Analysis of Multiuser Massive MIMO With Spatially Correlated Channels Using Low-Precision ADC[J]. IEEE Communications Letters, 2018, 22(1): 205-208.

[117] ZHANG Q, JIN S, WONG K, et al. Power Scaling of Uplink Massive MIMO Systems With Arbitrary-Rank Channel Means[J]. IEEE Journal of Selected Topics in Signal Processing, 2014, 8(5): 966-981.

[118] FAN L, JIN S, WEN C, et al. Uplink Achievable Rate for Massive MIMO Systems With Low-Resolution ADC[J]. IEEE Communications Letters, 2015, 19(12): 2186-2189.

[119] AKHLAGHPASAND H, BJÖRNSON E, RAZAVIZADEH S M. Jamming Suppression in Massive MIMO Systems[J]. IEEE Transactions on Circuits and Systems II: Express Briefs, 2020, 67(1): 182-186.
[120] WANG S, LIU Y, ZHANG W, et al. Achievable Rates of Full-Duplex Massive MIMO Relay Systems Over Rician Fading Channels[J]. IEEE Transactions on Vehicular Technology, 2017, 66(11): 9825-9837.
[121] DING Q, LIU M, DENG Y. Secrecy Outage Probability Analysis for Full-Duplex Relaying Networks Based on Relay Selection Schemes[J]. IEEE Access, 2019, 7: 105987-105995.
[122] DAI J, LIU J, WANG J, et al. Achievable Rates for Full-Duplex Massive MIMO Systems With Low-Resolution ADCs/DACs[J]. IEEE Access, 2019, 7: 24343-24353.
[123] ZHANG J, DAI L, HE Z, et al. Mixed-ADC/DAC Multipair Massive MIMO Relaying Systems: Performance Analysis and Power Optimization[J]. IEEE Transactions on Communications, 2019, 67(1): 140-153.
[124] ZHANG J, DAI L, SUN S, et al. On the Spectral Efficiency of Massive MIMO Systems With Low-Resolution ADCs[J]. IEEE Communications Letters, 2016, 20(5): 842-845.
[125] DING Q, WEI M, LIU M, et al. Performance Analysis of Mixed-ADC Receiver Multiuser Massive MIMO Relaying System under Imperfect CSI[J]. IET Communications, 2019, 13(20): 3409-3414.
[126] HE C, SHENG B, ZHU P, et al. Energy Efficient Comparison between Distributed MIMO and Co-Located MIMO in the Uplink Cellular Systems[C]. 2012 IEEE Vehicular Technology Conference (VTC Fall), Quebec City, Canada, 2012: 1-5.
[127] ZHANG J, DAI L, HE Z, et al. Performance Analysis of Mixed-ADC Massive MIMO Systems Over Rician Fading Channels[J]. IEEE Journal on Selected Areas in Communications, 2017, 35(6): 1327-1338.
[128] SHUGUANG C, GOLDSMITH A J, BAHAI A. Energy-constrained

Modulation Optimization[J]. IEEE Transactions on Wireless Communications, 2005, 4(5): 2349-2360.

[129] DING Q, DENG Y, GAO X. Spectral and Energy Efficiency of Hybrid Precoding for mmWave Massive MIMO With Low-Resolution ADCs/DACs[J]. IEEE Access, 2019, 7: 186529-186537.

[130] LI N, WEI Z, YANG H, et al. Hybrid Precoding for mmWave Massive MIMO Systems With Partially Connected Structure[J]. IEEE Access, 2017, 5: 15142-15151.

[131] RIBEIRO L N, SCHWARZ S, RUPP M, et al. Energy Efficiency of mmWave Massive MIMO Precoding With Low-Resolution DACs[J]. IEEE Journal of Selected Topics in Signal Processing, 2018, 12(2): 298-312.

[132] LU Z, ZHANG Y, ZHANG J. Quantized Hybrid Precoding Design for Millimeter-wave Large-scale MIMO Systems[J]. China Communications, 2019, 16(4): 130-138.

[133] SOHRABI F, YU W. Hybrid Digital and Analog Beamforming Design for Large-Scale Antenna Arrays[J]. IEEE Journal of Selected Topics in Signal Processing, 2016, 10(3): 501-513.

[134] XU J, XU W, GONG F. On Performance of Quantized Transceiver in Multiuser Massive MIMO Downlinks[J]. IEEE Wireless Communications Letters, 2017, 6(5): 562-565.

[135] DING Q, JING Y. SE Analysis for Mixed-ADC Massive MIMO Uplink With ZF Receiver and Imperfect CSI[J]. IEEE Wireless Communications Letters, 2020, 9(4): 438-442.

[136] ZHANG X, MATTHAIOU M, BJÖRNSON E, et al. On the MIMO Capacity with Residual Transceiver Hardware Impairments[C]. 2014 IEEE International Conference on Communications (ICC), Sydney, Australia, 2014: 5299-5305.

[137] ZHAO F, ZHONG C, CHEN X, et al. Energy Efficiency of Massive MIMO Downlink WPT With Mixed-ADCs[J]. IEEE Communications Letters, 2019, 23(12): 2316-2320.

[138] ZHANG C, FAN P, XIONG K, et al. Optimal Power Allocation With

Delay Constraint for Signal Transmission From a Moving Train to Base Stations in High-Speed Railway Scenarios[J]. IEEE Transactions on Vehicular Technology, 2015, 64(12): 5775-5788.

[139] DONG Y, ZHANG C, FAN P, et al. Power-space Functions in High Speed Railway Wireless Communications[J]. Journal of Communications and Networks, 2015, 17(3): 231-240.

[140] LI J, JIE Z, XIN S, et al. Self-Optimization of Coverage and Capacity in LTE Networks Based on Central Control and Decentralized Fuzzy Q-Learning[J]. International Journal of Distributed Sensor Networks, 2012, 2012(1550-1329): 1018-1020.

[141] 刘洋. 高速铁路 LTE 通信系统切换算法和关键技术研究[D]. 北京邮电大学，2014.

[142] JOO Y I. Design Strategy for Measurement Scheduler in LTE Small Cell-Associated User Equipment[M]. Kluwer Academic Publishers, Holland, 2015.

[143] LIU Z, FAN P. An Effective Handover Scheme Based on Antenna Selection in Ground–Train Distributed Antenna Systems[J]. IEEE Transactions on Vehicular Technology, 2014, 63(7): 3342-3350.

[144] WU J, FAN P. A Survey on High Mobility Wireless Communications: Challenges, Opportunities and Solutions[J]. IEEE Access, 2016, 4: 450-476.

[145] TSAI K L, LIU H Y, LIU Y W. Using Fuzzy Logic to Reduce Ping-pong Handover Effects in LTE Networks[J]. Soft Computing, 2016, 20(5): 1683-1694.

[146] LU Y, XIONG K, ZHAO Z, et al. Remote Antenna Unit Selection Assisted Seamless Handover for High-Speed Railway Communications with Distributed Antennas[C]. 2016 IEEE 83rd Vehicular Technology Conference (VTC Spring), Nanjing, China, 2016: 1-6.

[147] LEE E, CHOI C, KIM P. Intelligent Handover Scheme for Drone Using Fuzzy Inference Systems[J]. IEEE Access, 2017, 5: 13712-13719.

[148] ALHAN A E, CELAL. An Optimum Vertical Handoff Decision Algorithm Based on Adaptive Fuzzy Logic and Genetic Algorithm[J]. Wireless Personal Communications, 2012, 64(4): 647-664.

主要符号说明

$\mathbb{E}\{\cdot\}$	取期望；
$\otimes$	克罗内克积
$\lVert\cdot\rVert$	取模
$\lVert\cdot\rVert_0$	取零范数
$\lVert\cdot\rVert_F$	取 F-范数
$(\cdot)^T$	向量或矩阵的转置
$(\cdot)^H$	向量或矩阵的共轭转置
$(\cdot)^{-1}$	向量或矩阵的求逆
$(\cdot)_{l,l}$	表示矩阵的第 l 第 l 列
$\boldsymbol{I}_M$	表示 M 维的单位矩阵
$\angle(x)$	表示复数 x 的相位
$tr(\boldsymbol{X})$	表示取矩阵 $\boldsymbol{X}$ 的迹
$\mathrm{diag}(\boldsymbol{X})$	表示取矩阵 $\boldsymbol{X}$ 的对角矩阵
$\mathbb{Z}$	表示整数集合
Re( )	取实部
Im( )	取虚部